メソッド革命

世界で最もイノベーティブな洗剤会社

業界の常識をひっくり返す
品質とデザインはいかにして生まれたか

エリック・ライアン＋アダム・ローリー著
須川綾子訳

The Method

7 Obsessions That Helped Our Scrappy Start-up Turn an Industry Upside Down

ダイヤモンド社

THE METHOD METHOD

by

Eric Ryan and Adam Lowry

This edition published by arrangement with Portfolio, a member of Penguin Group (USA) Inc.
through Tuttle-Mori Agency, Inc., Tokyo

people against dirty

汚いもの反対同盟

本書を、メソッドを支えてくれた汚いもの反対同盟のすべての方々に捧げます。揺るぎない情熱と勇気と大変な努力によって、僕たちに素晴らしい10年間を与えてくれたチームのメンバー。メソッドを購入して自宅に持ち帰り、僕たちの革命を広める手助けをしてくれた支持者のみなさん。僕たちを笑うことなく、多くの犠牲を払って僕たちの夢の実現を支えてくれた家族。資金を提供してくれた投資家のみなさん。僕たちの善意が詰まった小さなボトルを棚に置き、メソッドを支えてくれた小売店のみなさん。本書をみなさんに贈ります！

INTRODUCTION

はじめに

こんにちは。タイトルからお察しのことと思いますが、これはメソッドについての本です。カリフォルニア州に本社を置くメソッドは、環境に優しくてスタイリッシュな家庭用洗剤を提供する、かなり変わった会社です。その舞台裏について余すところなくお伝えしようと張り切っていますが（ただし、去年のプロムの写真は公開できませんのであしからず）、まずは落ち着いて、本書がメソッドのただの社史ではないことをお断りしておきます。本書には、ビジネスに関する先進的なアイディアがふんだんに詰まっています。僕らはまさにそのアイディアを実践して、『ファスト・カンパニー』や『タイム』が選ぶ世界でもっともイノベーティブな企業のリストに名を連ね、「インク500」では七位に入り、「動物の倫理的扱いを求める人々の会」（ＰＥＴＡ）のパーソン・オブ・ザ・イヤーに輝き、その他にも優秀なデザイン、製品、サステナビリティについて多くの賞を受賞してきました（自慢しているように聞こえるかもしれませんが、編集者が受賞歴に触れたほうが信用してもらえると言うものですから）。ちょっとしたビジネスの秘訣、ケーススタディ、好きな言葉、情けない失敗談——本書は僕らが起業してからの一〇年間で学んだことの集大成です。執筆しながら、あらためて気づいたこともあります。

僕らが知っていることはすべて、あなたから学んだのです。

うそじゃありません。この本を手に取ったあなたはもう――まだ買っていないなら、レジへどうぞ。待ってますから――僕らのブランドに日々接してくださる数百万人の顧客のコミュニティーの一員です。僕らはいつも、そのコミュニティーから、いろいろな形で、もっとうまく仕事をする方法を学んでいるのです。僕らは耳を傾けています。メソッドはみなさんのお力を借り、わずか一〇年で大きく成長しました。車の後部座席に四種類の商品を積み込み、二人で営業活動に走り回っていた僕らが、環境に優しい新たなカテゴリーを牽引し、社会と共存し、ビジネスのやり方を変革するグローバル企業へと成長したのです。本当に、みなさんのおかげです。

一〇歳の誕生日を迎え、これまでに学んだことを一冊の本にまとめて多くの人と分かち合い、感謝の気持ちを表したいと思い立ちました。良かったことも、そうでなかったことも、顧問弁護士がそわそわし始めそうな内部情報についてもお話しします。アイディアを盗まれて、真似されることは心配していません。みなさんを信頼していますし、そもそも、僕らのこだわりを実践するのはなかなか難しいのです。あなたがどんな業界でどんな仕事をしていようと、僕らのアイディアから何かを感じ取り、自分のものにすることを期待しています。そして、僕らの失敗をみなさんが繰り返さずにすんだら何よりです。そう、僕たちは山ほど失敗してきました。

僕らの挑戦を支えているのは、「こだわり」と呼んでいる七つの行動規範です。これらは一般には「戦略」と呼ばれたりしますが、戦略というとどうも使い古された組織用語で、会社のために何かするという感じがしてなりません。こだわりというのは、もっと大きなものです。それは家に帰ってもあなたの内側にあるものです。もっと探求し、もっと懸命に働き、業界全体を変えてしまうような行動に打って出るように起業家を駆り立てるものです。七つのこだわりのなかには、最初から貫いてきたものもあれば、苦労の末にようやく学んだものもあります。一〇年を振り返ってみると、これらは若かった頃の自分たちが、初心を忘れるなよと、いまの自分たちに向けて起草した憲章だったのだと実感します。

道のりは平坦ではありませんでした。僕らを取り巻く競争環境を想像してみてください。歴史上、もっとも早い時期に多国籍企業となり、マスメディアの活用に先鞭をつけたのが、せっけん会社でした（せっけん会社がスポンサーをしていた昼のメロドラマを「ソープオペラ」というのはそのなごり）。ライバルは、一〇〇年前からせっけんを売っていただけでなく、何万人もの社員と数百万人の忠実な顧客を味方につけていました。周囲の人々からは、せっけん会社を興すなんて自殺行為だと諭されました。それでも僕らには、活気を失いかけていたこの業界にはいくらでも改善の余地があるという確信がありました。そして、大きな一歩を踏みだしたのです。成功するには、イノベーションを一つ起こすくらいでは足りないし、ルールを一つくらい壊してもだめだと覚悟していました。戦いのルールを可能な限り大きく変更し、ライバルの弱みを自分の強みにしなければならないと。相手には規模と力があるけれども、こちらにはスピードと敏捷性がある。相手がシックスシグマでくるなら、こちらは新しいものを創造する発想力と、意見を真剣にぶつけ合う率直さに満ち溢れたカルチャーで対抗する。相手がすべての消費者に向けた商品を提供するなら、僕らは少数の支持者の心に火をつける。熱心な支持者たちは、まわりの人々を新たな支持者に改宗させながら、ブランドをさらに広めてくれます。本書では七つの章でこだわりを一つずつ取り上げ、なぜそれが重要なのか、どうやって実行するのか、僕らはどこでつまずいたのか、その過程で何を学んだのかを話してゆきます。また、これまで僕らを支え、インスピレーションを与えてくれた掛けがえのない人たちに敬意を表し、各章の終わりで、そのこだわりを僕らよりもうまく実践している人物（僕らが敬愛する「ミューズ」）を紹介します。

みなさんが僕らと同じような気質の持ち主だとすれば、きっとビジネスのあり方を変革し、社会に良い変化を起こしたくて、うずうずしているに違いありません。ひょっとしたら、あなたはMBAコースを修了し、新しいアイディアの実現方法を考えているビジネスリーダーでしょうか。あるいは業界の常識をひっくり返そうとチャンスをうかがう起業家でしょうか。あなたが大企業のパーテションに座っていようと、ガレージで汗水たらしていようと、どんな思いかはよく分かります。僕たちもかつてそこにいたのですから。僕たちから、ぜひとも何かをつかみ取ってください。変化は起こせます。それに向かってこだわりをもち続けることさえできれば。

今日ほどビジネスの世界が急速に変化している時代はありません。技術革新だけでなく、仕事を取り巻く環境のすべてが変化しています。設計、製造、物流、販売の手法。あるいは情報を探し、集め、共有する手段。それからさらに、価値基準、つまり、バランスシート上の資産の評価方法は言うに及ばず、個人あるいは職業人として何に重きをおくかという考え方が変化しています。これら一つ一つの変化が起業家に大きな課題を突きつけているといえるでしょう。僕たちのこだわりのそれぞれがこういった課題に立ち向かい、カルチャーシフトをチャンスに変えるうえで役立つはずです。

本書に収められた教訓（自分よりずっと大きくて資金の豊富なライバルの一歩先を進もうと努力する過程で拾い集めてきた、すべてが真実で、ありのままで、検証済みの教訓）が、仕事というものを違った視点から捉え直すきっかけになれば幸いです。また、本書を通して、いままでの仕事のやり方から前進し、企業の利益、社会の利益、環境の利益を調和させる新しいビジネス観を打ち立てることに貢献できたら光栄です。さらに、パートナー、チームのメンバー、顧客のみなさんの功績を称えつつ、本書が同盟に賛同してくださる方々や才能ある人々、支持者の輪を広げるきっかけにもなることを願っています。そして最後に、僕たちの母たちが僕らを誇りに思ってくれることを願ってやみません。

何はともあれ、本書を読んでいただければ、起業家は孤独なものだという神話は打ち砕かれるはずです。表紙にこそ僕たちの名前が記されていますが、実際に語られているのは、深い信頼で結ばれている仲間たちが、メソッドの内外で過去と現在において多大な努力をしてきた姿です。ここまでくるのに大勢の人々からたくさん助けてもらいました。僕たちをここまで成長させてくれたすべての方々に感謝します。みなさんの情熱、長きにわたる献身、勇気、そして普通じゃない変わりっぷりがなければ、今日の成功はあり得ませんでした。汚いもの反対同盟のみなさん、どうもありがとう！

友だちどうしであり共同創設者のエリックとアダムより

世界で最もイノベーティブな洗剤会社
メソッド革命

目次

メソッドの歴史　1

第1章　こだわり1
カルチャークラブをつくる　39

第2章 こだわり2
支持者をインスパイアする 91

第3章 こだわり3
グリーンジャイアントになる 135

OUR STORY

メソッドの歴史

せっけんをつくり始めて一〇年――ぼろアパートからせっけん界のスターに

本書は社史ではないと断ったが、僕らの考えていることや、わが社を突き動かす理念を知ってもらうには、これまでのことを少しばかり紹介しないといけない。

メソッド誕生の物語は、一九九八年、デトロイトからサンフランシスコに向かう満席のフライトに、偶然僕たち二人が乗り合わせたところから始まる。ミシガン州グロスポイントで同じ学校に通い、昔から顔なじみだった僕らは、屈託のないおしゃべりを始めた。一〇代の頃はセント・クレア湖で一緒にヨットを走らせたものだが、高校卒業後はまったく別々の道に進んでいた。

アダムはスタンフォード大学で化学工学と環境科学を専攻し、方程式と流体力学の道に。エリックはロードアイランド大学とロンドンのリッチモンド大学に進学し、五年にわたって経営学とコミュニケーション理論の教授陣の忍耐を試す道に。何年ものあいだ、僕たちは休暇のときにちょっと顔を合わせるくらいだったので、そのときまで、お互いがサンフランシスコに住んでいることさえ知らなかった。

カリフォルニアに戻る深夜のフライトで、僕らはどちらも自分の仕事について、「これが本当にやりたいことなのか」と疑問を抱いていることを知った。

気候の研究をしていたアダムは、環境保護を唱える共鳴空間にうんざりしていた。京都議定書に向けてデータを分析するのは意義深いが、執筆する論文の読者が環境危機の深刻さをすでに確信している人々だけだとすれば、どうしてやりがいを感じられるだろう。

広告代理店で働いていたエリックも、だんだんと嫌気がさしていた。企画書を提出しても悪趣味なゴルフシャツのクライアントたちにつぶされて、ほとんどボツになった。自動車メーカーのサターンをはじめとするブランドのキャッチフレーズをひねりだすのは面白かったが、自分の仕事は与えられた商品を売るだけで、それをもっと良くする手助けができないと気づいたとき、熱意をもち続けられなくなった。

近況を語り合ううちに、あることがはっきりした。二人とも、何かユニークなものを生みだし、起業したいと願っていたのだ。とはいえ、何を生みだせばいいのだろう。

アイディアはたくさんあった。家具・インテリアチェーンのポッタリーバーンを今風にアレンジしたらどうか。ヘルシーなピザチェーンはどうだろう。しかし、どれもいまひとつ魅力に欠け、しっくりこなかった。飛行機を降りるまでに決定的なアイディアにはたどり着かなかったが、僕らは本当にユニークで、価値のあることができそうな気がしてすっかり興奮していた。

まめに連絡を取り合うようになってから数か月後、アダムのルームメイトの一人が結婚して部屋が空いたので、エリックが引っ越してきた。何か始めたいという気持ちが日に日に大きくなった。だが、何を始めたらいいのか。バーのカウンターでブレインストーミングを繰り返したが、結論はいつも同じだった——いまの仕事を続けるしかない。

ところがふたを開けてみれば、決定的なアイディアをもたらしたのはエリックのそれまでの仕事だった。エリックはそのとき、ある有名ブランドのために、新しい歯みがきのデザインを任されていた（そう、世界はいまだに新しい歯みがきを必要としている！）。そして、スーパーマーケットの売り場で退屈なリサーチに延々と時間を費やしているうちに、毎日使う生活用品を生まれ変わらせることはできないかと思うようになった。無から有を生みだすよりも、成熟してマンネリ化した産業を探し当て、そこに風穴を開けるほうがはるかに簡単だと気づいたのだ。広告業界ではこんな思考方法を叩き込まれる——ある分野で有名ブランドが応えていないカルチャーシフト、もしくは消費者の購買動機を探り当てろ。はざまの領域にこそ、チャンスがあるというわけだ。

数か月後、休暇でデトロイトの実家に戻っていた僕らは、ミシガン州北部のスキー場で週末を過ごすことにした。車で五時間の移動中、エリックが、始めるなら洗剤業界がいいかもしれないと言った。マーケティングに詳しいエリックから見て、洗剤業界は格好の標的だという。

つまりこういうことだ。家庭用洗剤の売り場はとても広いのに、主流の商品はどれも似たり寄ったりで（まるで一九五〇年代の遺物のようだ）、宣伝文句まで横並び（「あっという間に汚れが落ちる！」）、さらには効果まで同じときている（有害な化学物質をあれほど混ぜたらTシャツについた芝生のシミが落ちないはずがない）。

アダムは科学者の立場から、「環境に優しい」代替物質を使うことで品質を大きく改善できると考えた。当時は一握りの崇高なメーカーが、環境保護の気運と消費者の犠牲に支えられて、出来映

▲**カルチャーシフトを探せ。** 成熟した分野を切り崩すための僕らの方法論。

えがいまひとつの商品を供給しているだけだった。僕らに言わせれば、洗剤を買うのは街でデートするのに選択肢が二つしかないようなものだった。いわゆるプロを雇うか（うしろめたさは残るだろうけど確実だ）、お堅いお嬢様をとるか（そして道徳という名のもとに禁欲を受け入れる）。正直、どちらも最悪だ。

妙に聞こえるのは分かっている。家の掃除などどろくにしそうにない二四歳の男二人が、食器用洗剤や除菌スプレーの話題で何時間も盛り上がるなんて。だが、ちっともおかしいとは思わなかった。それどころか、まったく自然な感じがした。画期的な商品を一つ開発するよりも、一つの業界を突き崩したらどうか。話せば話すほど、洗剤こそが僕らの情熱とスキルを融合させるチャンスを与えてくれる分野だと確信するようになった。

エリックはこの分野にデザイン性を取り入れることを思い描いた。掃除用具は室内インテリアになれないだろうか。昔から代わり映えのしない洗剤やスプレーの容器を彫刻のような遊び心の溢れるものにしたら、戸棚に隠したり、シンクの下に放り込んだりせずに、カウンターに飾りたくなるかもしれない。

アダムは品質の向上を思い描いた。有害成分を効果抜群で香りのよい天然素材に置き換えられたら、毎日家で使うものが好きになり、さらにはそれが環境に与える影響についても清々しい気分でいられるはずだ。

メソッド史上最初にしてもっとも力強い「イエス、アンド」の会話だった。まさに「ピーナッツバターとチョコレート」が出会ったときのように、すべてがしっくりきた瞬間だ。二つのカルチャーシフトに完全に乗り遅れた、成熟した大きな分野

COLUMN

コンビから生まれる力

偉大な企業を見ると、タイプの異なる二人のリーダーがもつ多彩なスキルが融合していることに気づくだろう。ギャップのミッキー・ドレクスラーとドン・フィッシャー、アップルのスティーブ・ジョブズとティム・クック、マイクロソフトのスティーブ・バルマーとビル・ゲイツ――いくつかのもっとも独創的なアイディアは対極的な視点から生まれている。もちろん、単独飛行で会社を立ち上げ、経営している偉大な例もたくさんあるが、あなたのスキルを補ってくれるパートナーをもつことは必ず役に立つ。

▲ビールではありません。僕らの製品は
無害だから、この会社を立ち上げる道のりで、
お腹を壊したルームメイトは一人もいない。

をついに探し当てたのだ。デザイン性と品質を融合させれば、洗剤業界に革命を起こし、人々の掃除や洗濯に対する意識そのものを変えられるかもしれない。車のなかで五時間話し続けた僕らは、雪山に着いてもスキーより洗剤のことで頭がいっぱいだった。

リフトでもさらに話し合いを続け、それから数日後にサンフランシスコに戻ると、さっそく研究に取りかかった。ルームメイトたちから気が変になったと思われ始めたのはこの頃からだ。「飲むべからず」とラベルの貼られたいくつものビールピッチャーには、いったい何が入っているのか。どうして急にトイレ掃除が大好きになったのか。スーパーマーケットでの買い物は偵察任務になり、週末の買い出しは事業化調査と化した。毎週毎週、パインストリート1731番地の質素な（そして皮肉にもとても汚い）アパートで研究成果を徹底的に議論したところ、エリックがのちに重要な

「消費者インサイト」と呼ぶ洞察を経て、二つの使命に到達した。

カルチャーシフト　その1――ライフスタイルを住まいに反映させる

エリックの広告業界での経験のおかげで、僕たちはつぎのことに気づいた。洗剤業界の大手企業は自社製品をコモディティ（使ったらシンクの下に放り込み、つぎの掃除まで忘れ去る単純かつ実用的な問題解決策）として販売しているが、実のところ消費者は住まいについて強い関心と思い入れをもっている。つまり、家は私たち自身の延長なのだ。新しい家に引っ越すとき、ペンキの色見本やカーペットのサンプルを一つ一つ吟味する。住み慣れるにつれ、不釣り合いなコーヒーマグとお古のサイドテーブルにさえ愛着がわき、思い出が生まれる。

住宅雑誌や『トレーディング・スペイシズ』といったテレビ番組、ホーム・アンド・ガーデン・テレビジョンなどの専門チャンネルが急増したのは、カルチャーシフトの表れだ。一つ前までの世代に比べ、自宅を自己表現の場と捉える傾向が強くなり、インテリアとデザインは確固たる産業として定着した。消費者はもはや、ソフィーおばさんの古めかしいダイニングテーブルや、両親から譲り受けた昔の家具では満足できない。欲しいのはクレート&バレルのシックな新品ソファ。ソファを新しくすると、今度は急にラグがくたびれて見えてくる。すると窓のカーテンまで気に入らなくなる。デザイナーの手がけたインテリアで室内を統一することが国民的ブームとなり、ポッタリーバーン、イケア、ルーム&ボードといった大型チェーンが生まれた。

洗剤業界はこうした変化に完全に乗り遅れ、商品をライフスタイルに彩りを添えるものではなく、日常の問題の解決策として位置づけていた。ヴィダルサスーンやウィリアムズソノマが、それまで問題解決型の大量生産が当たり前だったシャンプーやキッチン用品といった退屈な分野に、夢と高級感をもたらす方法を見つけたように、僕らはデザインと感情に着目して、平凡な家庭用洗剤をインテリアへと高めるチャンスを見つけた。

では、誰もが自分の家にこれほど思い入れがあるのに、家の手入れとなると、シンクの下にひしめいている例のぱっとしないジャグやスプレーに任せきりにしているのはなぜだろう。僕らの一流リサーチコンサルタント（つまり友人や家族）に意見を求めると、同じ答えが返ってきた――掃除用品のことなんて誰も真剣に考えない。いや、考えたくもない。どうしても必要なときにだけ、面倒な問題を手っ取り早く解決する手段とみなす程度だ。

確かに、掃除用品は使い勝手が第一だが、見た目もよく、さらには使って楽しいものになれないだろうか。カウンターに置くのにふさわしいデザイン性を備え、使うのが心から楽しみになるような商品を提案できないだろうか。

こうした洞察から明らかになった第一の使命は、「掃除を楽しいものにすること」だった。

カルチャーシフト　その2――化学薬品にまみれた現状

エリックはアダムから化学工学の知識を学び、市販されている洗剤が実はどんなに「汚れている」かを知って、ショックを受けた。要するに、家をきれいにするために毒を使い、掃除をすることで有害物質をまき散らし、周囲を汚染しているのだ。

もっと悪いのは、ほとんどの消費者が、それがどんなに有害か知らないことだ。漂白剤の刺激臭が「清潔な」香りで、調理台を磨いたあとに爪の内側がひりひりするのは「衛生的」だと信じ込まされてきた。きれいにすることが汚染を招き、家を健やかにするために毒を使うというのは納得できない。

この分野の二つ目のカルチャーシフトは、消費者が自然志向になってきたことだ。当時のサンフランシスコに住んでいれば、自然でオーガニックなものを求める気運が高まっていることは肌で感じられた。とはいえ、消費者はオーガニックの牛乳やイチゴをせっせと買いながら、キッチンでは相変わらず、抗菌性洗剤という名の殺虫剤をまき散らしていた。

僕らはこう思った。消費者が口に入れるものと同様、肌につけたり家のなかで使ったりするものについても気をつかうようになるのは時間の問題だ。もちろん、掃除というのは徹底的に汚れを落とすのが目的だが、同時に健康的で安全であるべきではないか。だったら、汚染という後遺症を残さない、無害な製品を開発できないだろうか。

こんな洞察から、第二の使命が固まった。「きれいにするという行為を、本当にきれいなものにすること」

エレベーターピッチ――住まいにアヴェダを

一九九八年に僕らが同じ飛行機に偶然乗り合わせたとき、二人とも「何かユニークなもの」を探していたことは話した。それから一八か月後に最初の事業計画を練り上げたが、そのときになってようやく、「ユニーク」という言葉の本当の意味が見えてきた。ちょっと振り返ってみよう。二〇〇〇年のはじめ、ナスダック指数は五〇〇〇ポイントを超え、サンフランシスコに住む若者は誰もがＩＴ関連で一儲けしたいと夢見ていた。まさに「早い者勝ち」という勢いで若き大金持ちがつぎつぎと生まれ、派手な創業パーティーがしょっちゅう開かれていた頃、僕らは洗剤についてひたむきな理想像を掲げて街を走り回っていたのである。

いよいよ新事業のコンセプトを証明する段階に入った。背中に翼をくくりつけ、崖から飛び降りて空を飛んでみせるから、誰か一緒にやらないかと他人を説得する段階だ。やがて、僕らの気が変になったと思うのはルームメイトだけではなくなった。洗練されたデザインとサステナビリティの精神に基づいた洗剤会社だって？　ベンチャー投資家は笑い飛ばした。「環境に優しい」というのは、標準以下の品質でも受け入れる聖人限定のニッチ市場だ。それからデザインだって？　手を洗ったり、皿を洗ったりするものについて重要なのはあくまでも効用と価格であって、見た目なんかどうでもいい。

詰めが甘かったわけじゃない。それどころか、売り込みに向けて何か月も前から宣伝文句を磨き上げた。狙いは単純明快、掃除に美容のアプローチを取り入れること。「住まいにアヴェダを」――植物由来の高級美容ブランドに倣うことを表現した完璧なエレベーターピッチだ（訳注　起業家には、エレベーターで投資家と乗り合わせたら、三〇秒でビジネスプランを端的に伝える術が必要だということから生まれた言葉。ピッチは「売り込み」の意味）。コンセプトをうまく伝えられなかったわけでもない。僕らがやろうとしていることは十分に理解された。問題は、僕らにそれができるとは誰も思わなかったことだ。

こんな感覚を味わったことはないだろうか。自分の斬新なアイディアを、誰かが知らないうちに横取りしてしまうのではないかと気が気でなくなる感覚だ。僕らが目指すのは、P&Gやユニリーバをはじめとする七つの多国籍企業が牛耳る市場だ。毎年何千人もの社員と莫大な予算をつぎ込んで市場調査をする大企業が、僕らが見つけたチャ

COLUMN

メソッド式ネーミング・メソッド

「社名はどうやって決めたのか」とよく訊かれる。起業家に問いかける価値のある質問だ。エリックがブランディングやネーミング開発に関わっていた経験から、まずは「出発点となる言葉」、つまり、伝えようとするコンセプトの精神を表す言葉を探すことから始めた。僕らが表現したかったのは、掃除に対するまったく新しいアプローチだった。力ずくではなく、優れたテクニックに基づいた新しいやり方。「テクニック」が出発点となり、ある晩二人そろってバスルームで歯を磨いていたとき（変な光景だ）、アダムがふと「メソッド」はどうかなと言った。エリックが「それだ！」と叫び、かくして社名が決まった。一般的な言葉を社名にするのは都合のよくないこともあるが（弁護士は反対した）、この名前はメソッドの成功に貢献してきたと信じているし、他の名前など考えられなかった。

▲まるで違う考え方の二人。 メソッド誕生の地は、サンフランシスコのひどく汚いアパートだった。

ンスに気づかないわけがない。そう思うと心底怖くなった。これまで誰もやらなかったということは、僕らは何かを見落としているのかもしれない。だが、考え直してみた。ＩＢＭはアップルの台頭に気づかなかったし、コダックはデジタルカメラを見逃したし、マックスウェルハウスはコーヒーにかけては誰よりも詳しかったのに、スターバックスの出現を予期できなかった。大手ブランドだって大きなチャンスを見逃すことがあるのだと自分に言い聞かせ、僕らは不安な気持ちを抑えながら、このアイディアが素晴らしいものだと信じ続けた。

足場の不安定なこの段階は、会社が離陸できるかどうかを決定づけるきわめて難しい時期だ。また、ほとんどのビジネスドリームが息絶える分岐点でもある。そして結局、ときおり友だちや家族から「例のとんでもないアイディアはいったいどうなったの?」と訊かれるのがせいぜいのなぐさめになる。この段階の根本的な問題は、ビジネスを稼働させてコンセプトを証明するには資金が必要なのに、いまだ証明されていないアイディアに誰が出資などするかということだ。ここで、どれだけ切実に夢の実現を願い、神経を図太く保ち、夢をかなえるため犠牲を払えるかが試される。何がなんでも自分の手でビジネスの可能性を証明するしかない。しかも、なけなしの資金で、できるだけ早く証明しなければならない。

メソッドではコンセプト証明の段階を乗り切るため、第一弾となる製品を製造して、地元の二〇の店に置いてもらう計画を立てた。ナショナルブランドに対抗できることを証明しなくてはならない。たとえ従業員がいなくても、自分の給料さえ出なくても、経験がなくても、蓄えがほんのわずかしかなくても、だ。何が大事かは分かっていた。第三者に構想を共有してもらい、支援(現金出資か、ビジネスへの参加という形で)を引きだせるかどうかにすべてがかかっていた。幸運なことに、僕らは将来会社の株か現金で報酬を支払う約束で、サプライヤーやデザイナー、弁護士、会計士、製造業者、友人たちから無償のサービスを得ることができた。いずれ会社に収益がもたらされると信じてくれたのだ。

この段階で欠かせないスキルとは、自分が抱く構想と熱意を他の人にも吹き込む能力だ。使命をまわりに伝染させること。そうすれば、たとえ最初の報酬がごくわずかでも、思い切って協力してくれる人が現れるだろう。

それから半年かけて、即席の実験を繰り返し、外部から借りてきたさまざまな知識を組み合わせ、最初の製品が完成した。

成分の研究を担当するアダムは、地元の化学者スティーブ・デットリスとロイヤル・ケミカル・カンパニーを説得して、製品の開発と生産を手伝ってもらうことにした。有害物質を使わずに本当に効果のある製品をつくるため、必死の努力が続いた。とにかく大変な挑戦だった。

一方、エリックは商品のデザインとブランド・アイデンティティの確立に専念した。第一作目のボトルはノルウェー製のキャンプ用燃料ボトルにヒントを得たもので、地元のデザイナー、マイケル・ラトチックに頼み込んでグラフィックデザインを担当してもらった。店の陳列棚でボトルを際立たせ、なおかつ安全で人間的なアプローチを強調するため、ラベルにはそれぞれの商品を使って掃除をしている人たちの写真を採用した。

できあがった商品を携え、僕らはそれを店頭に並べるため、険しい坂道をのぼり始めた。早朝六時、あの一軒目のスーパーマーケットに飛び込んだときのことはいまでも忘れない。店長をつかまえ、緊張しつつ、ぜひともメソッドを置くべきだと三〇秒のエレベーターピッチを繰り広げた。彼がなぜイエスと言ったのか、いまだによく分からない。ボトルが美しくて魅力的だったからか、それとも、また来られたら厄介だと思ったのか。とにかく、二〇〇一年二月二八日、サンフランシスコの南、バーリンゲームのモリー・ストーンズ・マーケットで、メソッドの初めての販売が実現した。レジ係が商品をスキャンするのを見守っていた僕らの厳かな気持ちを想像して欲しい。バーコードが読み取られ、レジがピッと音を立てた。ブランド「メソッド」誕生の瞬間である。

それから数か月のあいだ、ベイエリアの個人経営のスーパーマーケットを片っ端から訪ね歩き、売り込みに励んだ。毎日同じことの繰り返しだった。朝は工場に寄って商品を車に積み込み、昼間はずっと配達して回り、それから一日の売上を勘定して、セールスストーリーを組み立てる。販促進のため、消費者調査をかねて店内でデモンストレーションを行い、クーポンを配った。すると商品が売れ始め、同時に消費者の感情にも刺激を与えるようになった。ボトルの裏側には顧客相談窓口の番号（実はエリックの携帯番号）が明記されていた。メールや電話でつぎつぎと賛辞が寄せられるようになり、ビジネスは活気づいた。消費者はキューカンバーの香りのバスクリーナーをはじめとする、わが社のユニークな商品を気に入ってくれた。最初はどうせ友だちがふざけて客のふりをしているのだろうと思ったが、（何本かの電話を受けたあとで）消費者が本当に夢中になっていることが分かった。

数か月もしないうちに、メソッドの商品は三〇の店で販売されるまでになり、僕らは自信をつけた。だが言うまでもなく、近場の個人経営のスーパーマーケットを制覇したあとも成長を続けるには、セイフウェイやアルバートソンズといった小売チェーンに食い込まなくてはならない。このとき、自ら手を汚した（もちろん、比喩的な意味だ）営業活動の日々がついに報われようとしていた。来る日も来る日も個人経営の店主に売り込みを続けた結果、僕らはスーパーマーケット経営のノウハウにかなり詳しくなっていたのだ。そして何よりも、実際の販売データが蓄積してきたことで、大手バイヤーに向けて本格的にピッチをかける準備が整った。

ところが、大問題が発生した。元手が尽きてしまったのだ。チェーンに売るとなれば、在庫をそ

▲**自ら手を汚す。** 営業や配達を経験的に学ぶことが何よりも大切（初めての請求書を手にするアダムと、実演販売中のエリック。どうしてアルコール売り場にいるのかは訊かないで）。

ろえて倉庫から配送する体制を整えなければならない。アダムのお母さんの車の後部座席に商品を積み込み、自分たちで配達していては間に合わない。それまでよりはるかに多くの資本が必要だが、コンセプトの証明が強化されたとはいえ、ベンチャーキャピタリストなどの投資を募るには不十分だ。滑り出しは順調だったが、僕らは大きな飛躍を迫られた。しかも大急ぎで。

好むと好まざると、起業におけるこの危うい段階を乗り切るには、いわゆる「エンジェル」と呼ばれる個人投資家から資金を調達するしか道はない（この時期を「友だち、お人好し、家族」の段階と呼んでもいい）。エンジェル投資家とは文字どおり、あなたを死から救ってくれる存在である（あるいは、死期を遅らせる、と言ったほうが正確かもしれない)。僕らも、可能性を信じてくれる人たちから手当たり次第に資金を集めることにした。結局、それは家族とルームメイトとほんの一握りの友だちだったのだが。一人一人の金額は少なくても、事業を存続させ、大手スーパーチェーンでビジネスの可能性を証明する段階に向けて前進するには十分だった。

多くの起業家は、ひどく思い悩んだすえに、親しい友人や大切な人たちからお金を引きだす決断をする。もっとも、他に選択肢はほとんどない。まだあなたの事業の可能性が実証されていないなら、他人はあなた自身に賭けるしかない。当然のことながら、そんな賭けにのってくれるのは友人と家族に限られる。ともかく、一番大切な人たちからお金を集める利点は、とても大きなプレッシャーを背負うことだ(いやいや、冗談ではなく本当だ)。自分をがっかりさせたくないという思いが、家族をがっかりさせたくないという思いに変わる。すると、できることは何でもするという気持ちが強くなる。クリスマスのごちそうを前にして、「ごめんね、おばあちゃん、貸してくれたあの一万ドルだけど、全部消えちゃったよ」とは言いたくないからだ。

僕らはついに、友人と家族から調達した資金を元手に、大きなスーパーチェーンに進出する目標を達成した(なかには南カリフォルニアのラルフズや、シアトル周辺で展開するQFCなども含まれていた)。だが、ビジネスの拡張に伴い、以前より速いスピードで現金が消えていった。そこでまもなく、販売店を二〇〇近くまで伸ばして帳簿をつける働きづめの毎日を送る一方で(それだけでもフルタイムの仕事だ)、本格的な投資、つまりベンチャーキャピタルの資金を得るべく交渉に乗りだした。もはや大きく出るしか道はない。

この辺でそろそろ創意と忍耐で成功を勝ち取った勇気ある感動のエピソードを紹介したいところだが、現実は甘くない。僕らはベンチャーキャピタルに売り込みをかけるたびに笑って追い返され、エンジェルマネーは干上がり、クレジットカードの借金は一〇万ドルにふくらんだ。そしてこの無謀な事業に専念するためにそれまでの仕事を辞めると、エリックはガールフレンドに捨てられた。しかも、それがどん底ではなかった。友人と家族から借りたお金をどうやって返そうかと思い悩み、夜中にじっとりと寝汗をかいて目を覚ますのはもっと辛かった。それに輪をかけて苦しかったのが、二〇〇一年に景気が急激に落ち込み、最初のベンチャー資金が底をつくのではないかと胸が悪くなるような恐怖に襲われた時期だ（未曾有の不況下で、高級志向のホームケア製品に出資してくれる投資家などいるわけがない）。やがて、ベンダーがクレジット払いを拒否するようになったため製品の生産ができなくなり、僕らはつなぎ融資を求めて駆けずり回った。どん底だったのは、当時実は交通事故に遭ったのだが、これで保険金が下りて家賃と食費を工面できるからラッキー、と思ったときだったろう。通帳の残高はたったの一六ドルだった。

多くのサクセスストーリーとは違い、僕らの場合は危機的状況を乗り越えるのに運が果たした役割を全面的に認めないといけない。モリー・ストーンズ・マーケットの共同創業者デイヴィッド・ベネットは、僕らが車いっぱいに積み込んでいた自家製スプレークリーナーを、いきなり全部買うと言ってくれた。ラスベガスの大手カジノハウスの社長はつなぎ融資をしてくれた。そのおかげで当座をしのぎ、スティーブ・サイモンとハーブ・サイモンという二人の果敢なベンチャーキャピタリストが、今世紀最初の世界金融危機のさなか、実績のない二人の若造に五〇〇万ドルを賭ける決断をするまで生きながらえることができた。

最終的には、エリックはガールフレンドを取り戻し、おばあちゃんは貯金をなくさずにすみ、保険会社は野暮な質問をしないでくれた。会社の立ち上げ以降、時間と紙面の関係で本書では触れることのできない多くの節目で、成功と失敗の境目を強運で乗り切った。そうはいっても、昔からよく言われることは本当だ——ときとして、運をつくるのは自分自身である。レシピはビジネスチャンス少々とたっぷりの準備。新規事業を順調に離陸させるには、猛烈に働き、成功をつかむためのいくつもの方法を考え抜かなければならない。

それから、お祝いのディナーに出かけるときは、有効なクレジットカードを忘れずに。僕らのカードは全部拒否された。ありがたいことに、サンフランシスコのイタリアンレストラン、カフェ・ソシアーレのオーナーは、何を祝っているか話したら、寛大にも借用証と引き換えに僕らを釈放してくれた。

目標は高く——ターゲットに照準《ターゲット》を定める

もちろん、運をすべて使い果たしてしまえば、いずれは創意と忍耐によって帳尻を合わせなければならなくなる。サイモン親子が投資に応じてくれた幸運は、財務破綻という最悪の事態を先送りにしたにすぎない（みなさんが「お祝いのディナーにいくら使ったんだ」と思っていることは分かっています）。サイモン親子から最初に託された五〇万ドルの小切手は、それまで僕らが見たこともないような大金だったが、気の短いサプライヤーや期限の過ぎた請求書、法律費用、それにベンチャーキャピタルが惜しげもなく雇う弁護士（みんなことのほか愛想がよかった）への支払いで、半分以上があっという間に消えた。

ソシアーレでの祝福から一夜明け、頭からシャンパンのもやが消えても、どこか消化不良のような気がしてならなかった。何しろ、口座には二〇万ドルしか残っていないのに、サイモン親子との協力関係を維持するには、九〇日で販売先を八〇〇店にまで拡張しなければならないのだ。

取引には条件がつきものだ。プロの投資家は、状況が思わしくない方向に展開したときに脱出できるように、ある種の条件を設定しておく。アイディアは良くても採算のとれない事業に際限なく資金をつぎ込むことにならないよう、安全装置をつけておくわけだ。あなたが、親戚の青年発明家からもちかけられた「すべてのキッチンにトースターサイズの自動オリーブ搾り器を」というアイディアに賛同したとしても、どの時点で小切手を送るのをやめ、損切りをするかを考えておくべきだ。サイモン親子との契約書では、二度目の五〇万ドルの投資を受けるためには、二〇〇だった販売店を三か月以内に八〇〇という途方もない数に増やすことが条件とされていた。

こうした過大な販売目標を掲げた場合、どんな店でも構わないからとにかく契約したいという不適切な誘惑に駆られる。そうなると、本来は近寄るべきでない店にまで手を出すはめになる。だからといって、細かいことを気にしている時間はなかった。

わずか九〇日でその目標を達成するために、僕らはすべてのことを中断し、フルタイムの営業マンになった。あらゆるスーパーマーケットの通用口を叩き、小売業者や自然志向の商品を扱う業者の商談会では、どちらがより多くの契約をとれるか競い合った。サンフランシスコ周辺の小規模小売店はすでに制覇していたから、ウェグマンズやアルバートソンズ、セイフウェイなど、各地域で展開するチェーン店のバイヤーに攻勢をかけ、商談を重ねるごとにピッチを研ぎ澄ませていった。しかし、販売店契約書が積み上がる一方で、現金が消えるスピードも加速した。

断っておくが、僕らが高給をとっていたのではない（それどころか無給だった）。二人とも優秀な人材に投資する重要性を信じて疑わなかったので、コンサルティングを依頼していたアラステア・ドーワードに魅力的な報酬を支払うため、自分たちの給与は後回しにしていた。そして、ベンチャーキャピタルからの初回の投資ラウンド「シリーズA」を終えたとき、アラステアを正社員に迎えた。三人のなかでただ一人MBAを保有し、すでに起業を経験していた彼は、何にも代えがたい戦力になった。

しかし、顧客が増えるにつれ、固定費も増大していた。人件費、賃貸料、営業費が日ごとに資本を食いつぶしてゆく。返品が多くなり、現金は先細りし、僕らは職場でも私生活でもみるみる窮地に陥った。あっという間に貧乏生活に逆戻りだ。ルームメイトはまたもや僕らの飲み代をかぶることになった。もうおばあちゃんの助けでは乗り切れない。前に進むには規模を拡大するしかなく（それも大々的に）、それには全米展開のチェーンに打って出る以外に道はなかった。

最初の最初から（商品を売りだす前どころか、社名さえなかった頃から）、僕らの究極の目標は、自分たちの新しい洗剤をディスカウントチェーンのターゲットに並べることだった。ターゲットへの進出は揺るぎない信用を得る最大のチャンスであるだけでなく、新生ブランドのイメージにぴったりだった。何といっても、ターゲットは流行の最先端をいっている。すでにマイケル・グレイヴスやトッド・オールダムなど、デザイナーによる商品を取り扱って美しいデザインを住まいに届けていたし、「いい品をより安く」というキャッチフレーズは、デザイン性プラス品質というわが社の理念とも重なっていた。しかも、全米規模となると（これはサイモン親子との約束でもある）、他の大手はいずれもふさわしくなかった。Ｋマートはもがいていたし、二〇〇二年の時点では、ウォルマートは上質さとデザイン性を重視したスタートアップ企業がデビューする場としてはしっくりこなかった。どう見ても、ターゲットしか考えられなかったのである。

サイモン親子に発破をかけられていたこともあるが、僕らは運命を決めたあのスキー旅行以来、何としてもターゲットと交渉するための人脈を得ようと、友だちや友だちの友だち、知り合いの友だち、見ず知らずの人の友だちにあたり、ようやく二〇〇二年の秋、最初の有力なきっかけを手にした。付き合いのあるベンチャーキャピタルが出資する製造業者が、ターゲットのヘッドバイヤーとプライベートブランドの開発について話し合うという。その話し合いのあとで（時間があればだが）ごく手短にプレゼンする気はあるか、そう訊かれたのだ。夢にまで見たデートとは違ったが、ターゲットのヘッドバイヤーと少しでも話ができる機会を逃す手はない。僕らはこの誘いをありがたく受け入れ、カレンダーに赤丸をつけた。

いまになって振り返ると、どうしてそんなふうに思えたのか不思議だが、全米第三の規模を誇る小売業者ターゲットとの迫り来るブラインドデートには、多少なりとも自信があった。営業に専念して何百もの小さな商談を成立させてきた僕らは波に乗っていた。だから、あながち根拠のない自信ではない。ターゲットの本拠地ミネアポリスでのランデブーに至るまでの数週間で、過去最大規模の契約（地域型のスーパーチェーン、アルバートソンズとの二州にまたがる販売契約）に署名し、（奇跡的かつ無謀なことに）目標の八〇〇店を達成してベンチャーキャピタルからの残り半分の投資を引きだすことに成功していた。たった一つの商品（バリエーションが四つしかないスプレークリーナー）で全米規模の勝負をかけるのは無謀だと分かっていたが、他にどんな選択肢があっただろう。急ピッチで販路を拡大するなか、新しいコンセプトを開発する余裕などなかった。かまうものか。預金残高はたっぷりあるし、供給余力は十分だ。しかも、ピッチはレーザー並みに切れ味抜群ときている。僕らはターゲットに照準を合わせ、自分たちの強運に望みを託した。ここまで来られたのだって、幸運のおかげだったじゃないか。

ところが実際には、僕らのチャンスは「万に一つ」もなかった。プレゼン資料を一瞥したターゲットのヘッドバイヤーは吐き捨てた。ありきたりな商品。幅広い層に訴えかけるものが何もない。帰ってくれ。このとてつもなく重要なピッチに向けて何週間も前から気合いを入れてきた僕らは、耳を疑った。バイヤーは時間を奪われて腹を立てているようだった。

僕らは目標を高く掲げ、派手にしくじり、木っ端微塵になった。仕事に戻るのが何より辛かった。成長も衰退もしないマイナーリーグ企業として、一地方のニッチ市場でくすぶり続けるのはまっぴらだった（マイナーリーグで満足したとしても、いずれ世界規模の大手ブランドに気づかれて、ビジネスモデルを真似されるのは目に見えていた）。何か月ものあいだ、向かうところ敵無しだったメソッドは急停止した。僕たちは自問せずにはいられなかった。何がいけなかったのか。

起業家は弱気になると、あらゆることに疑問を抱く。自分はいったい何をやってるんだ。どうしてこんなことができると思ったんだ。本当にまだ続けたいのか。こんな気分に囚われて、過去に自分が見送ってきた機会をくどくど振り返る。ときにはちょっとした誘惑に駆られ、たとえば、昔の同僚とランチをしながら、空いているポジションはないかと訊いてみたくなったりする。あるいは、熱にうかされ、すべてを投げ捨てていますぐに飛行機に飛び乗り、誰も自分のことを知らない遠い世界の果てで一からやり直したいという気になるかもしれない。僕らはまさにそうだった。控えめに言うなら、このときメソッドはその歴史上、きわめて微妙な局面を迎えていた。先行きは完全に不透明だった。

しかるべき相手に相談する

厳しい状況に直面したとき、特に創業初期の段階では、同じ経験をしてきた人に相談することがとても重要だ。信頼のおける人物はいろいろなところで見つかるが、できるだけ親しい相手が望ましい。僕らにとっての相談役はジム・メルローだった。ジムは最初のサプライヤーの一つ、トリフィニティ・パートナーズのCEOだ。彼とそのチームは信じられないほど有能で、いつでも喜んで僕らの挑戦に力を貸してくれたし、それをこなす力量を備えていた。ジムは、遊び心たっぷりの、独創性と飾らない誠実さをもち合わせた素晴らしい人物だ。シカゴの製造業者として頑固なまでに昔気質だが、よく相談に乗ってくれた。僕らが直面するあらゆる問題を過去に経験していたし、かって彼自身にも良き相談相手がいた。

今度ばかりはピンチを切り抜けられそうにない状況で、アダムがひどく打ちひしがれていると、彼はアダムをじっと見て強いシカゴ訛りで言った。「いいか、アダム、俺たちはなにも、人の命を救おうとしてるわけじゃない。せっけんをつくってるだけなんだぞ」。ジムから学んだことは胸に刻まれている――大切なのは目標をしっかりと見据え、その達成に向けて命がけの努力をすること。だが、苦境に陥ったときは（必ず陥るものだ）、ジムのようにビールを飲みに誘いだし、なんてことはないさ、本当に命をとられるわけじゃないんだから、とあなたを勇気づけてくれる人に近くにいてもらうことが大切である。

一つ目の賭け

ターゲットに拒絶され、どんなに気を紛らわせようとしても現実から目を背けることはできなかった。全米規模の小売店と契約しない限り、資金が底をつき、投資家に見捨てられ、すべてが崩れ落ちるのは時間の問題だ。巨大企業と張り合うには規模を追求する必要があり、それにはターゲットが最適だ。選択肢はただ一つ――態勢を立て直してもう一度ターゲットに挑戦すること。

最初のピッチを振り返り、ターゲットの興味を惹きつけられなかったのは、商品展開が少なすぎるか、ブランドの認知度が低いことが原因だと分析した。そこで猛烈な勢いで障害を取り除いた。スプレークリーナーじゃアピール不足だって？　それなら、あらゆる種類の家庭用洗剤をつくろう。

ブランドの認知度が低い？　だったら、世界的に有名なインダストリアルデザイン界のスター、カリム・ラシッドに斬新なボトルデザインを依頼しよう。ヘッドバイヤーは僕らを相手にするほど暇じゃない？　ならば、他の人物をあたろう。

小売業の世界には厳格な掟がある。いかなるときも絶対に、バイヤーを飛び越して話を進めてはならない。たとえ重役の口添えによって商品を棚に置いてもらったとしても（ありそうにないことだが）、担当バイヤーを一生の敵に回すことになるだろう。それくらい知っていたが、エリックの広告業界時代の友人が仲介役を買って出てくれたとき、僕らはためらわず厚意に甘えることにした。僕らがおかれた状況を十分理解した友人は、ターゲットのマーケティング部門に電話して、魔法の言葉を口にした。「カリム・ラシッド」。数分後にはアポがとれた――二〇〇二年四月一〇日。

ラシッドをよく知らない人のために説明しておくが、彼は少数派ではなく、多数派向けのデザインを信条とする希有なデザイナーだ。アンブラ社の「オーチェア」、ゴミ箱「ガルボ」、イッセイ・ミヤケの香水ボトルなど、日常で使うものをアイコンに変えることで名声を得た。言ってしまえば、ターゲットが欲しかったのはラシッドで、僕らはちょっと便乗させてもらうわけだ。もっとも、ただでは乗せてもらえない。ラシッドにスケッチを描いてもらい、プレゼンに同席してもらった時点で、最後の運転資金が干上がった。ラシッドの起用は、フットボールの試合でいうなら最後に一発逆転を狙うロングパスだ。メソッドの運命を決める一か八かの賭けだった。

食器用洗剤ボトルの試作品がフェデックス便で届いたのは、エリックとアラステアのプレゼンのまさに直前だった（そのときアダムはカリフォルニアで洗剤の試作品開発に追われていた）。ボト

▲**デザインにすべてを賭ける。**洗剤の既成概念を壊そうとした最初の試み。カリム・ラシッドによるデザイン。

ルはボーリングのピンのような形で、底部分の弁から洗剤が出てくるよく考えられたデザインだ。僕らはほっとしつつも不安な気持ちで洗剤を詰め（ちゃんと出てくるのかさえ分からなかった）、満席の会議室に入り、観察をざっと見渡した。腕を組み、睨み返してきたのは、あのヘッドバイヤーだった。

エリックは気持ちを奮い立たせ、プレゼンを開始した。次第に緊張がほぐれ、クリーニングとホームケアの未来について会社のビジョンを語るうち、自信が湧いてきた。準備してきたとおり、商品のスケッチやディスプレイを提案する模型、販売キャンペーンのモデル案などを使って進行したが、ヘッドバイヤーの視線は鋭く、威圧的なままだ。感触がつかめない雰囲気が一転したのは、試作品のボトルが出席者の一人一人に回され、ヘッドバイヤーの番になったときだった。ボトルをうさんくさそうに手に取った彼は、容器の底から洗剤を押しだして、感嘆の声をあげた。「こりゃいいぞ、俺だって使いたくなる」

本当に素晴らしいひとときだった。マーケティング部門のシニアディレクターは、わが社の商品を「トレンドの先端」にいて「ターゲットのゲストにぴったり」だと褒めちぎり（ターゲットで「ゲスト」とは来店客のこと）、プレゼンを締めくくると拍手が沸き起こった。ヘッドバイヤーは、九〇日間、一〇〇店舗で試験販売すると約束してくれた。それからあとのことは、めまいがするような嬉しさのせいではっきりと思いだせない。一時間後、ミネアポリスのダウンタウンのバーで祝杯をあげたエリックとアラステアは、朗報を知らせようとアダムに電話した。

二つ目の賭け

カリフォルニアでは、アダムが新製品の成分研究、商品の出荷、カリム・ラシッドのデザインの具体化など、あらゆる日常業務をこなしていた。金曜日の晩にミネアポリスからの電話を受けたときは、友人宅の裏庭にいた。電話の向こう側はひどく騒々しくて、エリックの声が聞き取れない。携帯電話を耳に押し当て、やっととぎれとぎれ聞こえてきた。「ターゲットがイエスと言って……シカゴとサンフランシスコの一〇〇店舗で……六月二八日」

アダムの顔から血の気が引いた。さかさまボトルは簡易なアルミ金型と速乾性樹脂で急ごしらえしたサンプル品だ。量産など考慮していない。明日の朝一番から生産工程に入ったとしても、ボトルを市場に出荷するには数か月かかる。ちくしょう、射出成形金型の製作だけでも半年は必要なんだぞ。なのにメソッドの敏腕セールス二人組ときたら、できもしないことを安請け合いしてカクテルで祝っている。一〇週間足らずで、複数の州でありもしない商品の試験販売を開始するなんて。過去最大のチャンスをものにした二人は、会社を破滅に追い込んだも同然だった。無理だ。とんでもない。絶対にできるわけがない。

それでもだ、何がなんでもやるしかない。

望みは万に一つもなかったのに、エリックとアラステアは世界最大規模の小売業者との契約にこぎつけた。今度はアダムがこの不可能をやってのける番だ。エリックからの電話を切るとすぐに、製品の製造を委託しているパートナー、クレイグ・サヴィッキに電話した。クレイグがどんな人物かといえば、アラステアと正反対といえばよいだろう。アラステアが着こなしからして隙のない洗練されたイギリス人であるのに対して、クレイグはこれまでずっとシカゴの工場にこもってタバコをふかし続けてきた男だ。アダムはクレイグに事情を説明した。メソッドが大躍進するチャンス。これにすべてがかかっている。アダムは深夜便でシカゴに飛び、翌朝クレイグのオフィスに到着すると、さっそく仕事に取りかかった。

それから数日間、そして数週間、アダムとクレイグはシカゴのノースサイドで無茶を頼んで回った。サプライヤーが電話口でイエスと言わなければ、工場まで押しかけて説得した。加工業者が部品の製作でつまずいたら、難題を克服するため一緒になって夜通し働いた。エリックとアラステアが新たなビジネスチャンスを求めて携帯電話を片手にアメリカ中を飛び回っているとき、アダムとクレイグは古びた工場やほこりだらけの作業場で奮闘していた。

ひょっとしたら、僕らは途方もない要求をしていることに気づかないくらい、世間知らずだったのかもしれない。あるいは、僕らが誰よりも働き者だったのが功を奏したのかもしれない。いずれにしても、クレイグがなぜ、夢にうかされたぽっと出の青二才たちのために、夜中だろうと週末だろうと貴重な時間を割いて協力してくれたのかは、いつまでも謎のままだろう。しかし、彼はとにかく協力してくれた。そしてその結果、ついにターゲットの納期を守ることができた。

数千件の注文に対応するため死にものぐるいで製造ラインを稼働し、二〇〇二年八月一日、ターゲットの棚に奇抜なさかさまボトルが並んだ。すると突然、スケッチの段階ではデザイナーの卓越した表現により大胆かつ斬新に見えたボトルが、とんでもなく場違いに思えてきた。ドーンやパルモリーブといった定番ブランドと肩を並べると、一目瞭然、さかさまボトルは消費財マーケティングの教科書にことごとく逆らっている。売り場では来店客の注意を引くためにボトルを広告として使うのが定石だから、ボトルは必然的に幅広で平たい表面に大きくて派手なラベルを貼り付けたものが主流になる。人間工学（ボトルの使い勝手）と美意識（店頭ではなくキッチンカウンターでの見栄え）はつねに「副次的設計基準」とされてきた。僕らのボトルは美しさが際立ち、人間工学的に革新的だった。しかも、ラベルも声高に消費者の注意を喚起する一九五〇年代風の派手なものとは異なり、香水の瓶のラベルのようだ。商品名もジョイとかカスケードとかサンライトといった、商品のイメージを訴求するものではなく、ただすっきりと「メソッド・ディッシュ・ソープ」。

型破りなボトルと独創的な香り、ミニマリズムのラベルに惹きつけられ、思わず買ってくれる客が現れた。売上こそ少なかったが、アーリーアダプターの反応は励みになった。サンフランシスコのオフィスには手紙が届くようになる。一〇〇パーセント天然素材のシャンプーを販売する予定はありませんか？　無害な洗濯洗剤のラインを展開してみては？　消費者はわが社のスタイルに魅了され、中身にも夢中になったのだ（やがてこれは社内で「メソッドのトロイの木馬効果」と呼ばれるようになる）。

販売が思いのほか伸び悩んだこととは別に、もう一つちょっとした問題が発生した。液漏れだ。香りを確かめるためなのか、あるいは単に変わった姿のボトルの構造を知りたいだけなのか、買い物客がふたを開けるらしい。それでしっかりと閉めずに棚に戻してしまうものだから、やがて中身が漏れだして、メソッドの陳列コーナーが一面洗剤だらけになり、通路にまで池をつくってしまうのだ。その後、開封防止シールを貼ることで問題は解決したが、これは顧客にもターゲットにも好ましい第一印象を与えなかった。

僕らは営業の仕事を中断し、販売店リストを頼りにシカゴ周辺都市と北カリフォルニアの郊外を何週間も回り（ちなみに、当時はカーナビなどなかった）、一軒一軒店を訪れては、洗剤まみれのべたつく売り場を拭き続けた。永遠の苦行を科せられたギリシア神話のシシュフォスでさえ、これには悲鳴をあげただろう。週間売上が落ち込んでゆくのを目の当たりにして、僕らの気持ちも沈んでいった。どれだけクーポンを配っても、どれだけ大勢の店長に発破をかけても、どれだけ洗剤まみれの棚を拭いても、各週の売上は全米展開に必要な水準とはかけ離れていた。絶望のあまり、自ら商品を買い、ターゲットの駐車場で買い物客に無料で配ることまでした（正気じゃないと思われたに違いない）。特に誇れるようなことではないが、そのときは、会社を生き残らせるためならなんでもする覚悟だった。

ぱっとしない売上に絶望しかけていたとき、ターゲットの洗剤部門のバイヤーが交代した。後任の女性バイヤーは、メソッドの商品に興味をもち、僕らが掲げる使命を熱心に支持してくれた。彼女は試験販売を失敗と判定してメソッドを死のスパイラルへと送り込むことはせず、統計データを詳しく分析した。その結果、わが社に課せられた売上の「ハードル」が不相応に高く設定されていることに加えて、数字が語るもう一つの事実が明らかになった。メソッドは販売数量では数ある定番ブランドには敵わないが、ターゲットに新たな顧客を呼び込むことに貢献し、消費財部門の利益を底上げする要因になっていたのだ。九月の報告会のため再びミネアポリスを訪れると、ターゲットはわが社と正式な契約を締結したいと言ってきた。ついに全米展開が実現したのである。

翌年の春、メソッドの三番目の商品となるハンドソープが発売された。全米のキッチンカウンターやバスルームのシンクを、涙型のボトルに詰められた色とりどりのせっけんが飾るようになったのだ。メソッドはついに、大手ブランドが無視できないほど大きく成長した。

わが社が市場に巻き起こしている興奮に刺激され、一〇〇年以上の歴史を誇るブランドが何十年もひたってきた自己満足から目を覚まし、現代的な外観と天然素材を売りにした独自の商品を投入し始めた。ようやくこのとき、ビジネスを通して社会を変革する、という自分たちの使命と信念が波及効果をもたらしたことを肌で感じた。

二人の青年によって育まれたたった一つのアイディアが、三つの商品ラインと数百の販売チャネル、何千人もの忠誠心《ロイヤルティ》の高い顧客、そして数百万ドルの売上に成長していた。僕らが掲げるデザイン性と品質重視の哲学は、個人的なこだわりを超えて、社会的な動きになりつつあったのだ。

大躍進

全米デビューを果たしたとき、本当の成長が始まった。ターゲットに上陸したことで信頼を手に入れ、全米規模の他の小売チェーンにも食い込む機会を得た。その後も、家庭内のさまざまな場所でメソッドを使いたいという消費者の要望に応えるため、商品ラインを拡充し、やがてカナダ、ヨーロッパ、そしてアジアの一部にまで進出した（正直なところ、「メソッドは日本でも有名だ」というキャッチフレーズをどうしても使いたかった）。売上は飛躍的に伸び、年間成長率は五〇パーセント、一〇〇パーセント、さらには二〇〇パーセントを記録した。成長のペースを維持するには規模を追求する必要があり、規模を誇示することは、わが社が一時的なブームではなく、持続力のあるブランドだと証明するうえで重要だった。

新たな従業員、新たなパートナー、新たなインフラ、新たなビジネス手法に対処するのは並大抵のことではない（もちろん、すべてOJTで学んだ）。サンフランシスコのユニオンストリートのヴィクトリア調の建物では手狭になり、同じ通りに新しいオフィスを構えた。それからしばらくして現在のコマーシャルストリートに引っ越し、シカゴとロンドンにも支店を開設した。二〇〇六年には、『インク』誌の急成長する民間企業ランキングで七位に躍り出た。しかもメソッドは、一〇年以上も横ばいもしくは下降トレンドをたどっていた消費財の分野でそれをやってのけたのだ。

まるで夢のような時期だった。僕らは起業家として創造性を存分に発揮し、スタッフは新たなビジネスチャンスを追い求める自由を謳歌していた。そして数年のうちには、テレビショッピング放送を開始し、ブルームという名の自動車用洗剤や、まったく新しいボディケアラインを立ち上げ、さらにはエアケア商品を開発し、商品に初めて電子機器が加わった。僕らは恐れを知らず、社員一丸となって不可能は何もないという意気込みで各プロジェクトに取り組んだ。スタートアップ企業の典型的な成長過程とは異なり、無謀で型破りな成長だ。どんなチャンスもモノにできると信じられるような（これについては後述する）、そして少なくとも一時的には、あらゆる過ちや悪癖をも覆い隠すような（これについても後述する）成長だった。

荒波を乗り越える

起業について多少の知識があれば驚くことではないだろうが、僕らの最大の過ちはあまりにも成長を急ぎ、あまりにも手を広げすぎたことだった。猛烈な勢いでいくつもの分野に進出したせいで、好調はいつまでも続くと錯覚するほど判断力を失っていった。二〇〇八年にそのつけが回ってきた。皮肉にも、創業から二八六一日、つまり八年弱で売上が一億ドルに達した年だった。わが社はパワーバーや、ベン&ジェリーズ、ナイキ、スナップルよりも短期間でこの数字を達成した。

そして嵐がやってきた。軽率な判断からブロックというパーソナルケアラインを発表し、初めての大失敗を経験した。そこに景気後退と、収益性を圧迫する石油価格の高騰が追い打ちをかけた。しかも、よりによってこの時期に業界の巨人が目を覚ました。いくつもの競合相手がメソッドの売り場に照準を定め、わが社の五〇倍のマーケティング予算で武装し、グリーン商品を投入してきたのだ（あとで知ったが、何社かは「メソッドをやっつけろ」のコードネームで作戦を実行に移していた。なんとも物騒な話だ）。

また、露出度が高くなるにつれ、プレミアム路線そのものが陳腐化するリスクもあった。満潮で押し上げられた高級ブランドが、景気後退の引き潮でぽつりと置き去りにされかねない。売上は記録的な勢いで一億ドルを突破したが、足元の経済環境は予断を許さない。不況を乗り越え、メソッドをつぎの段階へと進めるには、やり方を変えるしかない。それも機敏にやらなければいけない。

僕らはさまざまな困難を克服してきたが、それまでとは違って、いまやメソッドは努力だけで乗り切るには大きくなりすぎていた。腕まくりして普段よりちょっと頑張ったくらいでは、どうにもならない。生き残るには大がかりな経費削減が必要だった。成長した企業が抱える難しい問題だ。しかもどう計算しても、起業家にとっての最悪の事態に直面していた。つまり、人員削減である。社員というより仲間たちと呼ぶのがふさわしい彼らを解雇しなければならないのだ。

会社の財務情報はオープンにしていたから、みんな何か月も前から人員削減が迫っていることを察していたが、具体的な名前が挙がるまでは、あくまでも漠然とした問題だった。解雇を告げるのは本当に辛かった。企業のオーナーやマネジャーにとって、社員から仕事を取り上げることほど厳

▲人がビジネスを所有し機能させる。仕事とプライベートの線引きを曖昧にすることが、人生にバランスを取り戻す。

しい試練はない。彼らの努力が会社に大きな利益をもたらしてくれたとすればなおさらだ。僕らにとっても、このときの人員削減はこれまでで最大の試練だったと断言できる。解雇を避けられなかったことはいまでも本当に申し訳なく思っている。そのとき僕らは、自分たちや同僚を二度と同じ立場におかないと誓った。

この時期を乗り越える助けとなったのが、メソッドのカルチャーだ。去ってゆく同僚がメソッドの家族アルバムともいうべき写真コーナーから自分の写真を取り外し、みんなで荷物をまとめるのを手伝ってから、全員で飲みに出かけた。

わが社のカルチャー（このこだわりについては次章で詳しく説明する）の底力に心から感謝するのはそんなときだった。悪い知らせをもって家族のもとに帰る社員が、僕らの目をじっと見てこう言った。こんなことになってごめんなさい。信じられないかもしれないが（僕らだってとても信じられなかった)、去ってゆく社員がこの僕らに謝ったのだ。僕らは彼らの期待を裏切ったことを悔やんだが、彼らも会社の期待に添えなかったと感じていたのだ。メソッドは一つの家族として成長してきたので、全員があらゆることを自分のこととして捉えていたのである。スタッフはこれが避けられないことだと理解していた。うまく説明できないが、こうした経験を乗り越えたことで、スタッフもリーダーもさらに成長し、強くなったのだと僕らは信じている。

わずか一二か月のあいだに、わが社は収益の一五パーセントを占めていた二つの主要な商品ライン(ボディケアとエアケア)を廃止し、スタッフの一〇パーセントを解雇し、オペレーションのノウハウに詳しい人物を新たなCEOに迎え、際立って収益性の低い小売店に別れを告げた。自慢できることなどたいしてないが、敢えて挙げるとすれば、バンドエイドをごく短期間ではがせたことだ。会社によっては新たな環境にうまく適応できず、何年も立ち直れないままくすぶってしまう。だが、二〇〇八年後半に始まった景気後退が数か月では終わらず長期化する兆しが見えた状況にあっては、一刻も早く痛みを乗り越えなければならなかった。

果てしなき挑戦

人員削減はしばらくのあいだ会社にとって精神的打撃となったが、結果的に安定がもたらされたことでスタッフは意欲を取り戻し、メソッドは再び成長を始めた。見方によっては現在の二〇パーセントの成長率はやや地味ではあるが、いまの僕らは個人としても企業としても以前とは違う。これを書いているいま、僕らは一〇年以上ビジネスにたずさわり、不況を耐え抜いてより強固なビジネスを構築し、記録的な収益を達成した。事業を拡大してつぎの段階に進むためには経営方針の転換を強いられたが、基本的な理念とこだわり、そして信条を捨てたことは一度もない。僕らのこだわりがかつてない困難を切り抜ける助けとなり、また多くの失敗がこだわりから逸れたことが原因だと気づき、あらためてそれらの重要性を痛感した。

僕らはかつて、自分たちを行動者とみなしていたが、いまではリーダーとしての自覚をもっている。リーダーとして、やるべきことが何かを伝え、それをやり抜く姿勢を明確に示してきた。つまり、適切な期待を設定し、それを実現することに全力を注いでいる。リーダーシップとは、洗剤の成分を決定し、販売目標を達成するような具体的なものではない。課題はつかみどころがなく主観的だ。問題は漠然として見過ごしやすく、言葉に表しにくい。初めの頃の、さかさまボトルの洗剤を売りだすといった挑戦はもっと明確で具体的だった。たとえやり方は分からなくても、到達点は見えていたから、大冒険に踏みだすようなロマンがあった。

いまでは僕らの仕事に到達点はないことを理解している。以前とは仕事に対する考え方も変わった。過去一〇年のビジネス経験から学んだすべての知識を教訓に、確固たる目的をもって革新的な業績を達成すること。それが僕らのやり方、つまりメソッドのやり方《メソッド》なのだ。

OBSESSION 1　CREATE A CULTURE CLUB

第1章

こだわり1

カルチャークラブをつくる

徹底したブランド戦略でカルチャーを競争の源泉とする

サンフランシスコのダウンタウン、コマーシャルストリート637番地のメソッド本社に足を踏み入れたら、番犬（ロビーに陣取る緑のプラスチックの犬）の脇をすり抜け、ロビーの検問所（毎日各部門のメンバーが交替で担当している）をかいくぐり、最高機密のセキュリティ装置（極秘すぎて目には見えない）を突破すると、そこがメソッド本社の心臓部だ。製品開発が行われ、重要な意思決定がなされる中枢である。そこで僕たちが「ウィキウォール」と呼ぶ、壁一面に広がるホワイトボードを見渡すと、わが社の経営戦略をうかがい知ることができる。今後一八か月間で達成すべきあらゆることが、細分化されて記されている。売上目標、業績予測、メディアへの露出、製品開発サイクルなど、何を、いつ、どうやって行うかが一年半先まですべて水性ペンで書きだされている。さまざまな統計データや予測数値は、経営者にとってはごくありふれたものだ。ただし、「人と環境」と題したセクションは別だろう。

社内では「カルチャー」と呼ばれるこのセクションがウィキウォールの一部を占めているのは、企業文化が我々のあらゆる活動の源泉だからだ。メソッドと同じくらい熱心に企業文化を育み、考え抜いている企業は少ないが、いまの時代、企業文化こそが人や企業の仕事の成果の原動力（あるいは障害）になろうとしている。企業文化の定義は企業の数だけあるが、メソッドにとってそれは、スタッフが共有する価値観、行動パターン、しきたりをすべて含んだものだ。スタッフどうしの接し方に関する行動規範と言ってもよい。僕らが目指したのは、全力で仕事に取り組む意欲を刺激し、また実際に最高の仕事を成し遂げながら、自分たちの人生を豊かにする職場環境を築くことにつながるカルチャーだ。カルチャーは、会社の使命と結びついている。たとえば、最高水準のサービスの提供（ミシガン州アナーバーのジンガーマン・デリのように）、イノベーションの推進（ネットフリックスのように）、あるいはロープライスの旗手になること（サウスウエスト航空のように）など、会社の使命がどのようなものであれ、優れたカルチャーとは、会社の使命に連動したものである。

リーダーの多くは、経営資源が限られる草創期には特にそうだが、事業目標を達成するうえでカルチャーの果たす役割を過小評価する。彼らはこう言うだろう。「まずは事業を軌道に乗せなければ。そうしたら、カルチャーに割く時間と資金が手に入る」。あたかもコーチがこう宣言するようなものだ。「一度勝ち始めたら選手がやる気を起こし、チームとしてプレイできるようになるはずだ」。まさか、そんなわけにはいくまい。

常時接続の世界における透明性、真実味、企業文化

一九〇八年発売のT型フォードの燃費が、（フォードのホームページによると）一リットル当た

り八・九キロメートルだったことはあまり知られていない。当然、一世紀もたてばメーカーは着実に燃費効率を改善し、以前とは比べものにならない数字を達成しているはずだ。だが、現実は違う。二〇一〇年の大手自動車メーカーの平均燃費は一リットル当たり一〇・六キロで、一世紀以上を経てわずか一・七キロしか向上していない。しかも、これは法規制の最低基準を満たしているにすぎない。大手メーカーが技術革新と環境対策に全力を注いでいると大々的に宣伝するいっぽうで、業界のロビイストや法律家は燃費基準の引き上げを阻止すべく熱心にワシントンに働きかけている。企業のこうした欺瞞はこれまでは通用したかもしれないが、世界は透明性の高い新たな時代に移行しつつあり、言行不一致がビジネスに与える悪影響は計り知れない。僕らは、創業者として、また優れたカルチャーの守護者として、消費者の影響力と嗜好の大きな変化を強く意識している。

今日の企業はかつてない透明性の時代に身をおいている。情報は瞬時に駆けめぐり、ソーシャルメディアが台頭し、公のイメージと私的な言動を分ける境界線は失われた。高級シャツのCEOが一般株主とツイッターで討論し、ブルーカラーの労働者は作業現場の実態を遠慮なくブログに投稿する。そして、熱心なブランド支持者は広報担当が目覚ましのボタンを叩くよりも早く、その朝の会社のニュースについての顧客の反応に対応する。もはや、消費者に一つのメッセージを訴えかけながら陰で矛盾する行動をとることなど許されない。常時接続の今日のビジネス環境にあっては、真実味こそが成功する組織の共通言語である。

その真実味の核にあたるもの、つまり、社員と顧客とメディアの結合エネルギーの源となるものが、カルチャーである。オフィスのパーテションや人事ハンドブックの枠内に留まることのないカルチャーは、ブランド方程式の係数であり、企業ブランドの価値は部分の総和より大きなものとなる。企業の保有する他の重要資産と異なり、活気ある企業文化はバランスシートに現れない。棚卸しをすることもできなければ、金額に換算することも、除却することもできない。その性質は漠然としているというのに、力強い企業文化を生みだす要素が何であるかについては多くの識者の見解が一致する傾向にあり、私たちは良い企業文化の実例を称賛する。ビジネス誌は毎年、企業文化のランキングを特集する。コンサルタントは企業の代表らが集まる会合で素晴らしい企業文化を褒めそやす。企業文化はセミナーや書籍、さらには大学の講座の主要なテーマとなった。なぜなのか？ ご質問ありがとう。

カルチャーに関心を寄せるべき理由はつぎのとおりだ。

イノベーションをもたらすには、プロセスよりカルチャーが必要

目標地点に素早く確実に到達する道のりを「プロセス」（シックスシグマやプロセス・リエンジニアリングの考え方）というのに対し、「イノベーション」とは前人未到の領域に到達することをいう。供給過剰のいまの時代、ビジネスの成功はブランド力と製品力にかかっているが、これらを実現するイノベーションの力は、オープンで協力的な企業文化が醸成されたときに最大となる。誰も立ったことのない場所に到達する可能性を高める方法があるとすれば、それにふさわしい企業文化をつくりあげることしかないだろう。

評判と優秀な社員の足は速い

人材争奪戦が過熱しているが、勝利を手にするのは社員に魅力的なカルチャーを提供する企業になるだろう。労働統計局によると、今日の平均的な労働者は四・一年ごとに転職しているという。メディアで溢れかえる世界では、社員を並外れて手厚く支援し、能力開発にも熱心な企業の評判が聞こえてくる。スーパーチェーンのウェグマンズが好例だ。あなたの会社のカルチャーが魅力的であるにしろ、そうでないにしろ、噂はあっという間に広まる。人材の流動化が一段と進む社会では、有能で競争力のある社員には、いまの場所に留まる積極的な理由が必要だ。

私生活と仕事の境界線が曖昧になりつつある

私たちは目を覚ましているうちのかなりの時間を職場で過ごし、帰宅後も引き続き携帯やパソコンにメールが入り、電話が鳴る。いつでも仕事とつながり、仕事が私生活に侵入する状況を許容している。果ては、現実逃避のために見るテレビ番組まで仕事がらみだ――『オフィス』、『マッドメン』、『アプレンティス』。社会は職場文化にとり憑かれている。いずれにしても仕事から逃れられないなら、最高のワークライフバランスを実現する方法とは、私生活に入り込まれても不快でない魅力あるカルチャーを見つけることではないだろうか。

企業文化の要求水準が高くなっている

かつては企業文化といえば、「カジュアルフライデー」を導入したり、クリスマス休暇前に社員にプレゼントをしたりすれば、他社と差をつけることができた。だがいまは違う。たとえばピクサーでは、ピクサー大学を設立して一〇〇以上の講座を社員に提供している。また、ザッポスは、新規採用者に対して入社日から一週間以内に退職するならば三〇〇〇ドルを支払うとオファーする。実際のところ、新人の九七パーセントは新しい職場が気に入って、そのオファーを拒否するという（受け入れた人はもともと会社と相性が悪かったのだ）。今日では、抜きんでたカルチャーを育てるには努力と独創性が必要だ。

そうしたカルチャーを築いた幸運な企業にとっては、社員の満足度と定着率の向上、一貫したブランド・アイデンティティの確立、イノベーション活動の深度化など、カルチャーに由来する恩恵は数え切れない。はつらつとしたカルチャーのある企業は優れた人材を惹きつけ、顧客に大きな感動を与え、競争相手に勝つことができる。

そして何よりも重要なことに、力強いカルチャーは究極の競争優位をもたらす。なぜなら、カルチャーは模倣できないからだ。企業秘密は盗まれるかもしれないし、ベストプラクティスは真似されるかもしれないが、カルチャーを形づくる多くの要素（風変わりな職場環境や、独創的な組織、社員どうしの人間関係など）が織り合わさると、その会社だけの「特別な何か」になる。競合会社の特別なカルチャーを盗むことはできない。もちろん、いったん築きあげたカルチャーを失い、それを取り戻そうと虚しくもがく不幸な企業も、他社のカルチャーを模倣することなどできない。

実は、二〇〇六年一月、わが社はその不幸な企業になる一歩手前まできていた。

祝福のとき

二〇〇六年一月、メソッドは僕ら自身の大きな期待さえ超える快進撃を続けていた。信じられないほどの幸運に恵まれ、たった五年で業界にセンセーションを巻き起こした。巧みなデザインと環境に優しい製品はマスコミでさかんに取り上げられ、メソッドはメディアの寵児となった。また、目覚ましい成長は競合会社の羨望の的でもあった。光栄にもビバリーヒルズのプレイボーイ・マンションにも招待された（僕らのうちの一人だけ石造りのプールで楽しんだが、それがどちらかはご想像にお任せする）。メソッドは世界初のヒップなホームケアブランドとして、その地位を揺るぎないものにした。

それまでの四年間に引き続き、二〇〇六年も幸先のいいスタートを切った。いくつもの過去最高記録を達成し、好調な業績が新聞雑誌で報じられた。二〇〇五年の年間売上は前年比倍増となる三二〇〇万ドルにのせた。特に、液体洗剤部門では前年比三〇〇パーセントを達成し、洗剤業界のトップテンに食い込んだ。エアケア商品や食器用洗剤などの比較的成長の緩やかな部門のいくつかでも、二〇〇パーセント以上の増収を達成した。売上、評判、業界の勢力図を一変させるイノベーション――どう見てもメソッドは絶好調だった。

だが、大きな成果の裏には数々の挑戦があった。右肩上がりの製品需要に応じるため、わが社は急激に進化していた。矢継ぎ早に新製品を発表し、売り場面積と販売店舗数を増強して市場の隅々

▲**価値観を実践する。** PETAのパーソン・オブ・ザ・イヤーに選ばれた僕たちは、いつだって動物実験反対を訴える。『プレイボーイ』のヒュー・ヘフナーの屋敷に招かれたときでさえ。

まで浸透を図った。

スタッフの数は増え続け、オフィス・スペースは廊下や会議室を侵食した。猛烈な成長のスピードに追いつこうと必死に走り、本社はすぐに手狭になって五年で三度も移転した。新たな製造業者に新たなサプライヤー、新たな販売業者……メソッドはスタートアップ企業の熱気ではちきれそうになっていた。

ビジネスが絶好調にあったのになぜ、僕たちはいまにもばらばらになりそうな感覚に襲われていたのだろう。

メソッドの破壊工作員（またの名をイノベーション担当ヴァイスプレジデント）ジョシュ・ハンディは、そのときの様子を絶妙に表現している。「誰もが自分の仕事と会社をそりゃもう愛していて、ちょっとおかしいんじゃないかってほどその素晴らしさを説いて歩いた。一方で、仲間どうしのつながりが希薄になっていた――一人一人が会社の方向性に影響を与え、みんなで仕事を共有する、そんなつながりを失いかけていたんだ」

社内のメールのやりとりがピリピリした調子になり、夕方のざっくばらんな話し合いの時間が少なくなったのは、そのときの状況を象徴していた。成功によってカルチャーが変わり始めていた。カルチャーこそ私たちにとって何よりも大切な財産であることは明らかだ。スタッフが朝早くから夜遅くまで働くのも、この業界で才能を認められてきた逸材がP&Gやユニリーバ、クロロックスといった安定した競合会社での申し分のないポジションを捨ててメソッドに移ってきたのも、すべてカルチャーのおかげだ。

しかし、僕らはずっと、カルチャーは自然に生まれたものだと思っていた。適切な力が一つに束ねられたとき、たまたま生まれた偶然の産物だと思い込んでいたのだ。それまでカルチャーを育てることや維持することを真剣に考えてこなかったが、ようやく、長らくカルチャーを軽視してきた罪に気づくときがきた。

過去最高の売上を記録した興奮がおさまった一月、カルチャーこそがメソッドの成功の源泉であるのに、成功がそれを押しつぶそうとしているという皮肉を、古株のスタッフも新入りも同じように感じていた。僕たちの挑戦は、成功とカルチャーのどちらも犠牲にせずに手放さないでいることだった。

あるいは論理的《ロジック》、あるいは魔法《マジック》のような

企業文化がうまく機能しているとき、そのことを意識する必要はない。僕らにとって、カルチャーを生成する緻密な方法など存在しなかった。それは、研究室で化学成分を分析して調合するようなものではない。スタートアップ企業の成功事例の多くと同じように、メソッドの推進力となった共通の価値観や行動様式は、ほとんどが幸運による偶然の産物だった。若さと情熱に溢れ、志を同じくしたイノベーションの担い手たちが、ビジネスの常識を打ち破り、世界を変革し、その過程を楽しもうと活動した結果だ。クールな製品、明確なビジョン、強い仲間意識、そして目的意識といったメソッドのすべては、賢明で、率直で、献身的なスタッフが、あらゆることに、それぞれの賢明で、率直で、献身的なやり方で取り組んできた結果にすぎない。

メソッドが手にした偶然の産物の中でも最高の宝物といえば、活気に溢れ互いに協力を惜しまない雰囲気だった。新しいスタッフの採用の決め手は、一日に一〇時間、一二時間、あるいは一六時間一緒に仕事をしたい相手だと直感できるかどうかだった。社内に人工芝を敷いた卓球室があり、オフィスのキッチンにはビールやシリアルが用意されているのはなぜか。これらは、人事部のワークショップで社員を会社に引き留める方策を議論して決定された福利厚生ではなく、熱心なスタッフが自分たちの職場はどうあるべきかを自由な発想で考えたことから生まれたものだ。端的に言うと、私たちは企業文化というものに内在するパラドックスの恩恵を享受していた。つまり、多くの

▲毎年恒例のメソッドのプロム。何事も楽しまなければ秀でることはできない。

企業が最大限の努力を払って良いカルチャーを手に入れようとするが、最良のカルチャーは努力を必要としないのだ。

メソッドのカルチャーは幸運すぎるほどに偶然の産物だったので、カルチャーの推進を統括する人事部さえなかった。どうしてそんなものが必要だろう。メソッドの成功の大部分は、ＭＢＡの学生や管理職の頭のなかをいっぱいにしている組織論や方法論に頼らなかったことで得られたものだ。「人材」などという堅苦しくていかにも組織論的な概念は、社内で仮装ダンスパーティーを開いたり、「ポッド」と呼んでいるクロスファンクショナルな製品別チーム制をとったりする反抗的で自由闊達な新興ブランドには似合わない。官僚主義的な仕事のやり方から解放された自発性と創造力こそが、メソッドの活力の源なのだ。歯の治療費から権限委譲の要求に至るまで、スタッフが必要とするさまざまなサポートは、給与責任者、コントローラー、さらにはCEOなど、社内のリーダーが臨機応変に対応した。結果的に生まれたのが、良識と誠実さ、他人に対する敬意、そしてたくさんの幸運を土台とした、型にはまらない平等な社風だ。

ところが、何年にもわたってカルチャーについて深く考えないまま急成長を経験し、誰もが神経をすり減らすようになっていた。当たり前だったはずのメソッドのアイデンティティと目的意識はしおれてしまった。伝統のある会社なら、この時点で来た道を振り返り、ちょっとした軌道修正をするだろうが、メソッドにはそもそも修正すべきものがなかった。それまで、カルチャーに関する構想など何もなかった。会社を興してからというもの、事業を拡大することだけで精一杯だったのだ。五年が経過して、カルチャーがメソッドの秘伝のソースだと誰もが認識していたが、そのレシピについては誰も知らなかったのである。

これは、それまでに直面したどんな課題とも違っていた。液漏れするバルブを回収し、新製品の成分を微調整するような単純明快な話ではない。社員が抱く漠然とした思いを明らかにしてブランドのコアバリューを確立するには、内面を深く掘り下げる作業が必要だ。進化するためには後戻りしなければならない。「自分たちは何者なのか？」シンプルだが、奥深く複雑な問いに答えなければならなかった。

生産ラインはフル稼働していたし、スタッフどうしは物理的に離れていたが（総勢九〇人がサンフランシスコ、シカゴ、ロンドンの三つのオフィスに散らばっていた）、売上記録を更新した一月、カルチャーについて議論するため全社のスタッフを集めた。サンフランシスコの喧騒と大都市のごちゃごちゃしたオフィスから遠く離れたカリフォルニアの郊外に逃れ、広々とした場所で、僕らは心とノートを開いた。

いくつにも増えたポッド（製品別チーム）どうしのコミュニケーションを円滑にすべきだという意見がだされた。新規採用者にメソッド流のやり方をトレーニングするべきだという意見もあった。忌憚のない意見を求められたスタッフから、ありとあらゆる懸念事項が指摘された。彼らはキャリア開発に関心をもち、フィードバックを必要としていた。もっとうまく会社に溶け込むこともできたはずだとか、会社のサポートがあればより的確に新人をスカウトできるという声もあった。つまるところ、僕らはそういった類のことを構わずにいたのだ。

「みんなが求めていたのは、枠組みとプロセスだったのです」。メソッド・ファンクラブ会長（またの名をアドボケイト部長）アンナ・ボヤルスキーはそう話す。「こぢんまりしていたときはプロセスなんて不要でした。互いにすぐ近くにいたし、会社は若くて順調に発展していました」

企業文化について、メソッドには方法論と呼ぶべきものがほとんどなかった。僕らはいつもこの皮肉を肩をすくめて笑い飛ばしてきた。ところが社外で集まって懸念を共有したことで、カルチャーに対する無頓着な姿勢は、焦りを伴った深刻なものへと変わった。スタッフの訴えを聞いているうちに、もう一つの皮肉が浮き彫りになった。あらゆる自由を与えられてきた仲間たちが、形式を求めていた。規則に縛られずにいた彼らが、従うべき手順を欲するようになったのだ。

職場にそんなにも自由があるなんてなかなか想像できないかもしれない。多分、上司への経過報告と部下との電話会議の合間に自分の席に戻り、なぜ会社はこれほどまで決まり事だらけなんだと嘆くほうが一般的だろう。「四半期ごとの勤務評定、人事部発信の退屈なメール、おまけにあのいまいましい品質管理手順書。こんなものに時間をとられなければ、自分の仕事をする時間ができるのに」。そうだろう。いつだって、隣のパーテションの回転椅子は快適に見えるものだ。

僕らは、自分たちが役に立たないと決めつけていた仕事の枠組みやプロセスが、方向性を定め、やる気を引きだし、物事を分かりやすくするために必要であることに気づかされた。枠組みやプロセスは創造性を押し殺すどころか、うまく使えば創造性を的確な方向に向けるのに役立つということを忘れていたのである。

自発性と創造力はメソッドの企業文化をずっと支えてきたが、仕事への取り組み方にある種の形式を与えるべき時期にさしかかっていた。まず、スタッフにとって大切なものは何かを書き出すことから始めた。ノートはすぐにいっぱいになった。これらを全部ふるいにかけて、いくつかのコアバリューを抽出するのは容易なことではなさそうだ。

つぎになすべきことは、その価値観を改めて会社に根付かせる作業、つまり、もっとも重要な価値観を会社の日常業務に組み込む作業だ。だが、メソッドのベストプラクティスを、そこに息づいている魂を絶やすことなく、そして、メソッドをがんじがらめの組織にすることなく、制度化するにはどうすればいいのだろう。カリフォルニア郊外での集会は終了したが、あの雨の日曜日の午後、サンフランシスコに向かって一〇一号線を猛スピードで南下しながら誰もが感じていたのは、メソッド創立以来の大いなる旅が始まったということだった。自分たちのカルチャーをつかまえて保ち続ける旅が、ようやく始まったのである。

メソッドのカルチャーを定義する

言葉にした瞬間に消えてしまうものは何か？――沈黙をめぐる古いなぞなぞではないが、カルチャーは耕《カルティベーション》されることを拒む。MRIで人の心を診ることができないように、最先端のヒューマン・リソース（HR）理論を駆使しても、企業文化を診断することはできない。古めかしい社是を掲げたところで、優先度こそ低いが可能性を秘めたプロジェクトに社員が夢中になることはないし、週末に森にこもってチームワーク研修を決行しても、つぎの月曜日に重役と時間給の労働者がランチをともにすることはない。だいたい、社員の士気を高める従業員ハンドブックなど、いまだかつ

COLUMN

文化省

想像してみよう。強力な企業文化を推進する威厳と権限をもった部署が、社員の意欲を刺激し、利益を押し上げ、世界をより良い場所に変えてゆく。そんなの夢みたいだって？　そうかもしれない。企業はこれまでたくさんの下部組織をつくってきた。小委員会に経営委員会、監視委員会、特別対策室、そして職場のカルチャーを監督する部署。

そのほとんどは、果てしない書類の山と的外れな作業にまみれた気晴らしでしかない（たとえば、テリー・ギリアムの映画『未来世紀ブラジル』に登場する情報省のように）。あるいは、職場の雰囲気を細かいガイドラインや高圧的な指図で抑圧することもある（たとえば、ジョージ・オーウェルの『一九八四年』の真理省のように）。しかし、ごくわずかながら、うまい具合にバランスをとり、適切な秩序を維持しつつ、自発性が発揮される環境を実現している企業もある。

て存在したことがない。企業文化は、それを形式化しようと躍起になればなるほど、つまり構造と体系で捕獲しようとすればするほど、あっさりと逃げてしまう。それなのに、熱心な人事部スタッフは企業文化の創造を目指して方法論が散りばめられた分厚いマニュアルと格闘している。やがて、スタートアップ企業に自然とカルチャーが根付くさまを目の当たりにして苦々しく思い、降参するのがおちだというのに。メソッドでは、プロセスが多すぎれば邪魔になるということは分かっていた。目標はカルチャーを抑圧することなくプロセスを導入すること――しかし、そんなことができるのだろうか。

仕事をしていて幸せを感じられる状態を考えて、献身的な世話役係のメンバーが、そうした状態をどのように後押ししてくれるか想像して欲しい。あなたがまだビジネスの計画を練っている段階なら、理想の職場がどのようなものか、そしてそれを推進する方法をすべて書き出してみるといい。この段階では、実行可能かどうかについてはあまり気にすることはない。実行可能な計画ではなく、理想を思い描くことだ。

「会社をあげて議論したのは、魔法が解けないようにするにはどうするか、ということでした」。わが社の魔法使い（つまり技術部長）であるルディ・ベッカーはそう語る。「生まれたばかりの会社が成功するのと、成長した企業が良いものを残しながらさらに大きな成果を達成するのはわけが違います。私たちは何が会社を成功に導いたのかを理解していたし、それを失いたくありませんでした。失ってしまったら、会社を続けていく意味さえなくなってしまうと思ったのです」

メソッドのカルチャーをどうやって定着させるか、とりとめのない議論を続けるうちに、わが社の浪費家（あるいはＣＦＯ）アンドレア・フリードマンがひらめいた。企業文化の全般を管轄するポッドを立ち上げたらどうだろう。いわゆる文化省みたいなものを。「文化省」というのは理論的には素晴らしい発想にも思えたが、僕らはそれが名前を変えた人事部になるのではないかと危ぶんだ。それに、企業文化というものが本質的に部分の総和より大きいとすれば、煉瓦の一つ一つにこだわることに本当に意味があるだろうか。そもそも、そんなことができるのか。

こうした議論をきっかけにさらに考えを進めた。会社が若くて急成長していたとき、規則やガイドラインは明らかに無用だった。何といっても会社は小さく、スタッフどうしの距離は近かった。誰かに何かを依頼するのに、申請書など必要ない。担当者のデスクまで歩いていけばすむことだ。しかし、会社が成長して大きくなると、決められた手順によって時間と労力を節約できることもある。

カルチャーを窒息させずにプロセスを導入する方法を模索するため、メソッドと共通する気質があると思われるいくつかの企業に助言を求めた。注目したのは、自然に生まれた力強い企業文化を保っている企業だ。考えてみれば、僕らは昔から、自分たちよりうまくやっている企業からインスピレーションをもらうことを大切にしてきた。消費者が目にするブランディングやパッケージングから、研究開発や流通といった裏舞台の専門的な領域に至るまで、どんなことでも先駆者から学ぶことがある。だから、企業文化についても、他社の意見に耳を傾けようと思ったわけだ。

調査対象として、交流があって僕らが敬意を払う六つの企業（アップル、グーグル、ピクサー、ナイキ、スターバックス、それにイギリスで人気の飲料メーカーであるイノセント）に協力を依頼し、カギとなる重要な問いを投げかけた。「優れた企業文化について一番大切にしていることは何でしょうか」。当然のことながら、各社とも企業文化について多様な考えをもっていた。すべてを書きだしてみると、三つの基本的なテーマが共通していることが見えてきた。

素晴らしい人物を採用する

専門知識の有無だけでなく、人柄と考え方が会社にマッチしているかを見きわめる。たとえ採用が決まりかけていても、何かが違うと直感が働いたら見送るべきだ。

カルチャーの重要性を初めから強調する

新規採用者に対して会社のカルチャーを説明し、そのカルチャーに適応できる人物とみなされたことが採用理由の一つであることを明確に伝える。

フィードバックをふんだんに与える

定期的に時間をとり、会社の価値観とカルチャーに対して社員の実際の行動がどうであるかを話し合うこと。

さらに、これらの企業は例外なく、社員が目的意識をもって仕事に向き合えるように工夫していた。社員一人一人の意欲を高める役割を果たしているのは、規則ではなく価値観、言い換えれば社員が共有する理念だ。メソッドに置き換えてみると、私たちのカルチャーに必要なのは、企業として達成しようとする目的を明確に示す価値観だと分かった。

ようやく方向性が定まった。それまで会社の価値観をはっきりと定義したことはなかったが、メソッドは最初から明確な目的意識をもった企業だった。それがメソッドの強みの一つであり、目的意識があったからこそ競争相手よりも一生懸命に、より長く、より手際よく働くことができたのだ。メソッドはスタッフが価値観と目的意識を共有することで躍進した。残された作業はただ一つ。すなわち、価値観と企業の目的を具体的な言葉に落とし込むことである。

まずは社外での全員集会で書き留めたメモと、優れたカルチャーをもつ企業からヒアリングした内容を集約した。そして、さまざまな部門からメンバーを募って少人数のチームを結成し、リーダー役を務める僕らとともに、集約した意見から五つのコアバリューを抽出する作業に加わってもらうことにした。このチームはバリュー・ポッド（価値観部）と呼ばれるようになる。

この作業を僕ら二人だけで完成させることもできたが、メソッドの価値観はみんなの力で育てたかった。何年かたってから、ザッポスやイノセントも同じやり方をしていたことを知った（誰が創始者かはこの際どうでもいい）。みんなに参加してもらうメリットを考えて欲しい。価値観を社内の各階層から引きだせば、ブランドは奥深く、すべてのスタッフとつながりを保ち、時を経ても廃れないものになるだろう。

社内のあらゆる階層から集めた意見をもとにバリュー・ポッドが提示した最終的な価値観のリストはつぎのとおりだ。

風変わりな社風を保つ

冒険野郎マクガイバーならどうする？
模倣ではなくイノベーション
コラボレーション、コラボレーション、またコラボレーション
とことん思いやる

これらの価値観は総称して「メソドロジー」と呼ばれるようになり、わが社のカルチャーに対するこだわりの骨格をなしている。チームのメンバーに成長の方向性とスペースを提示する枠組みである。

会社が成長するには、そこで働く人々の情熱がなければ始まらない。メソッドの価値観は、イノベーションと夢を追い求めるスタッフの溢れんばかりの情熱を共通の目的意識へと導く手助けをしている。そこで、その価値観を日常業務に結びつけ、行動を促すために、それぞれの価値観の具体的な行動のあり方を表現したものをカードに印刷した。一枚の紙切れに書き連ねるのではなく、リングで束ねたカード形式にして、毎年改訂している。これなら自分のデスクのよく見えるところにぶら下げておけるし、仲間どうしで話し合うにも適している。オープンスタイルの社内のレイアウトといった物理的に望ましい環境と相まって、わが社の価値観はまさに魔法を呼び寄せる環境をつくっている。スタッフの一人一人がメソッドを躍進させる行動を日々実践してくれるのだ。

メソッドの価値観はあなたの会社でも役立つだろうか。そういう場合もあるかもしれない。だが、他社の価値観を借りてくるのは、自分の理想の家のデザインを他人任せにしたり、結婚の誓いを誰

かに書いてもらったりするようなものだ。自社の価値観を打ち立てる作業は、自らを徹底的に見つめ、ブランドとしての本質を見きわめるチャンスである。それでは、さっそく、わが社のメソドロジーを紹介しよう。

風変わりな社風を保つ

普通がどんなものか誰でも知っている。普通というのは、ブルーのオックスフォードシャツとカーキ色のズボンに身を包むこと。パワーポイントでプレゼンすること。九時から五時まで働き、玄関で靴を脱ぐこと。カムリに乗ること。風変わりというのは普通じゃないことすべてだ。風変わりな人は、異彩を放ち、自分の考えをもち、リスクを恐れない。また、風変わりなことは感動的であったり、印象的であったり、あるいはぶっ飛んでいたりする。それから、風変わりでいれば、道理に適っていなければいけないという固定観念に縛られずにすむ。

メソッドは変わっている。それが製品にも表れていると感じてもらえれば幸いだ——おかしな形のボトルにユニークな香り、マーケティングやパッケージングのメッセージにちりばめられた奇抜な言葉。オフィスをひと目見てもらえれば、その変わりようが筋金入りだと分かるに違いない。天井から吊り下げられた色とりどりのくす玉人形《ピニャータ》（しかもしょっちゅう位置が入れ替わっている）、壁に飾ったダンスパーティーの写真、エレベーターで聴こえてくるロックンロール（エレベーターでよく流れている退屈な音楽よりよっぽどしっくりくる）。とにかく普通とは違っている。

メソッドの風変わりな社風を保つ
愉快なブランドは愉快な仲間から生まれる。人生はあまりにも短い。だから汚いものと戦いながら仕事を楽しみ、愉快に過ごそう。

この価値観を実践するための心構えは……
違いを受け入れる
楽しいことをつくりだす
世界を変えられると信じる
まわりに情熱を伝染させる
改革をリードする

▲**風変わりとは、世界を別の角度から見ること。** 考えてみよう。風変わりだから世界を変えられる。そして、風変わりなことは人々の記憶に残る。

僕らはおかしくて、型破りで、突飛なことが大好きなので、五つの価値観のなかでも「風変わりな社風を保つ」を最初に掲げた。メソッドが退屈な社員だらけになって、同僚も顧客も退屈させる大きな会社にならないように、公式な規則と手続き、あるいは流儀には、風変わりであることが確実に反映されるように気を配った。そう、確かにいま「公式な」と言った。楽しさのなかにもかしこまったやり方が役立つ場面はある。

人は何をするにせよ、それを楽しんでいなければ最高の力を発揮できないと僕らは信じている。試合に勝ったスポーツ選手のインタビューでは、たいてい、すごく楽しかったというコメントが返ってくることに気づくだろう。ビジネスも同じだ。自分らしくいられなければ、良い仕事ができるはずがない。これはメソッドにとってとりわけ重要なことだ。なぜなら、わが社はめったに楽しいとは感じない「きれいにする」という仕事を楽しいものにしようと挑戦しているからだ。

とはいえ、「風変わり」というと、ただはめを外したり、奇抜なことをしたりすること（たとえば、派手な帽子に宝物を隠しておくとか――それがふさわしい状況が訪れないとも限らない）と誤解されやすい。しかし、ビジネスの世界で重要なのは、楽しいことを自分を差別化する手段として利用することだ。世界をちょっと違った角度から見る勇気をもつこと。それが風変わりであることの本当の意味だ。そして、世界を動かす巨人サイズのプレイヤーを相手に張り合うなら、あなたがすることは何もかも普通と違っていなくてはならない。ガリレオ、ビル・ゲイツ、これまでに世界を変えた人々はみな、最初は変人扱いされてきた。

冒険野郎マクガイバーならどうする？

メソッドでは、アンガス・マクガイバー（一九八〇年代に疎い方は「マクガイバー」でググってください。ついでに「Aチーム」、「ダラス」、「ラブ・ボート」も）はインスピレーションの象徴であり、みんなのヒーローだ。マクガイバーは工夫の達人で、鉛筆と輪ゴムとクリップをヘリコプターに変えてしまう。そして、メソッドと同じく、強敵と同じ武器をもつことはなく、敵に勝つために工夫を凝らし、ひたすら努力する。P&GがF16戦闘機で攻撃してくるなら、メソッドはダクト

マクガイバーならどうする?
これは小学校3年生で習っているはずだが……問題ではなく解決に意識を集中すること。創意工夫とは、「ノー」という答えを受け入れずに独創的に考え、他人よりさらに一歩踏み込み、「石をひっくり返して」誰かが見落とした何かを探し当てることではないだろうか。それはつまり、隠れたチャンスを見つけてビジネスのニーズを予測し、スマートに考え、「メソッド流」に素早く行動することでもある。

この価値観を実践するための心構えは……
解決を導く
創意工夫する
「やればできる/必ずできる」
まわりに意見を訊く
大きなドアを叩く

▲マックに脱帽。 マクガイバーは創意工夫のお手本だ。

テープとスイス・アーミーナイフで対抗してみせる。

困難な局面に立たされたとき、僕たちは「マクガイバーならどうするか」と考える。そうやって斬新な視点をもつことで救われてきた。メソッドがどんなに大きくなっても、この価値観があるからこそ、いまのメソッドを築く要素となった負けず嫌いの気質や、建設的な率直さを忘れることなくもち続けられる。この価値観は、創意工夫を凝らし、大きなドアを叩き、力の勝る相手と張り合うことを奨励している。メソッドらしさを端的にいうなら、少ない経営資源で世界有数の大きな競争相手を出し抜く力だ。

自分のなかのマクガイバーと向き合うということは、問題ではなく解決に意識を集中することにほかならない。もちろん、そんなことは誰でも小学校三年生のときに教えてもらったはずだが、アメリカ企業は大切なことをすっかり忘れているようだ。会社が小さくて事業規模の拡大が至上命題である段階では、もてるものすべてを駆使し、知恵を絞る以外の選択肢はない。僕らもマーケティング予算が乏しかったとき、自ら売り場に出向いて実演販売を行った。ターゲットのバイヤーに門前払いされたら、マーケティング部に働きかけた。経営資源が少なくても、勝負に勝つ方法は必ずある。あなたも考えてみて欲しい。「マクガイバーならどうするか」

模倣ではなくイノベーション

ビジネスにおいて、「イノベーション」ほど濫用され、誤解されている言葉は見当たらない。辞書を引けば「新しいことを取り入れる行為」と定義されている。

なるほど。しかし、僕らは、イノベーションとは、創造性を発揮し、斬新なアイディアを有益な製品やサービスに転換するプロセスであると解釈している。非常に肝心なことだが、一般に「プロセス」が予測可能な結果を導く工程であるのに対し、「イノベーション」は予想だにしない場所に到達することをいう。前者をもって後者を導くのは、海図を頼りに新大陸を目指すようなものだ。誰も知らない航路の海図なんてあるだろうか。

僕たちが思うに、答えは新しいアイディアがつぎつぎと形になるような、イノベーティブな企業文化にある。メソッドでは期待以上の成果を期待できる環境を整える努力をしている。クロスファンクショナル・ポッド、思いついたアイディアを何でも書きだせるウィキウォール、職務横断型の採用活動などはその例だ。これを実践するため、僕らはすべてがベータテストだと考えている（いわば「構え、撃て、狙え！」の順番だ）。リスクにレバレッジをかけて競争優位性をつかむ戦闘態勢である。時間のかかる消費者テストは敢えて省き、製品開発の意思決定を急ぎ、行動力と柔軟性のあるサプライヤーと連携し、同時進行でデザイン性を追求する。どこにたどり着くかは、出発してみれば分かる。

こうしてみると、それぞれの価値観が互いに支え合っていることに気づくだろう。変わり者でいる勇気とマクガイバーの機知があれば、イノベーションは自然に生まれてくるのだ。

コラボレーション、コラボレーション、またコラボレーション

会社が成長すると人間関係が疎遠になり、部門どうしの距離が遠くなる弊害が現れる。メソッドでも、制御できないほどに成長スピードが加速したとき、この弊害を経験した。それでも、コラボレーションを促すには、自己中心的な仕事のやり方やサブカルチャーを排除し、社内のあらゆる階層において協調性とチームワーク、コミュニケーションを向上させなくてはならない。

コラボレーションはメソッドのブランド哲学の要である。偉大なブランドがみなそうであるように、メソッドも本質的な対立構造、つまり普通ならまざり合うことのない対照的な要素のうえに成

▲**「イエス、アンド」と言おう。** 新しいアイディアを「イエス、バット」であしらってはいけない。「イエス、アンド」と言ってみよう。

り立っている。対立構造は、ドラマ、自発性、イノベーション、エネルギー、そしてカルチャーの泉でもある。ターゲットが低価格と洗練されたデザインを組み合わせたことや、スターバックスが慌ただしい日常から逃げ込む憩いの場所にスピード感と利便性を融合させたことを思い起こしてもらいたい。メソッドが一つにしたもの、それは、洗練されたデザインと環境のサステナビリティである。一般的には相容れないと思われている対立概念だ。

　コラボレーションはさまざまな次元で機能するし、実際、私たちの行動のすべてに組み込まれている。全社的に協力の精神（誰もが会社にとって最善のものを望んでいるという前提）がなければ、新製品発表のたびに軋轢が起きてしまうだろう。メソッドの活動のなかでも、グリーンシェフ（わが社の科学者）とマーケティング部の綱引きは、協力の精神を示す良い例だ。グリーンシェフは製品ラベルに環境保護の謳い文句を一つ残らず表示したいと考えるが（オーガニックな成分！　フタル酸エステル不使用！　リサイクル素材一〇〇パーセントのボトル！）、マーケターはシンプルさを好む（「ナチュラル」だけで十分)。それでも、協力の精神があり、自分たちはみんな同じチームのメンバーだと意識しているからこそ、最高の成果を達成するために一緒に働くことができる。

コラボレーションを後押しするメソッドの流儀に、「イエス、アンド」の姿勢がある。「イエス、バット」なら誰もが使っている。他人の意見に賛同できないときの言い回しだ。これに対して、「イエス、アンド」の姿勢は、社内の協調関係にまつわる悩みを解消してくれる。それどころか、「イエス、アンド」というシンプルな表現は、協力的なカルチャーを演出するオープンスタイルのレイアウトと同じく、固定観念に囚われないアイディアを生みだすきっかけにもなる。

隣の同僚があなたの意見のあら探しばかりする職場を想像してみて欲しい。反対に、「イエス、アンド」と言ってくれる同僚は、あなたのアイディアが弱くても、喜んでそれを受け入れ、補強してくれるだろう。社内でブレインストーミングをする際にぜひ試して欲しい。相手の意見に対抗する意見を投げ返すのではなく、まずは「イエス、アンド」という表現で始めるのだ。

チームワークというのは、誰もが同じように考え、集団思考によってどこまでも同質的な(そして息苦しい)カルチャーを醸成することではない。すでに述べたように、メソッドではオープンで視界の開けたレイアウトを採用している。たとえば、グリーンシェフは、いくつもの州をまたいだ窓のない研究所ではなく、CEOが声を張り上げれば聞こえる距離にいる。そして、マーケティング、パッケージング、クリエイティブのスペシャリストたちは自分のデスクを離れることなくアイディアを共有し、商品のストーリーや広告戦略、商品のパッケージからキャッチフレーズに至るまで、あらゆる面で協力することができる。

とことん思いやる

メソッド急成長の時期、スタッフは自分にしか果たせない役割はいつかなくなってしまうと思い始め、仲間どうしの固い結束も失われそうになっていた。自分の意見が会社にとって重要でないと感じたら、社員は給料のためだけに会社に留まることになってしまう。

「思いやり」は、メソッドの他の価値観と同じく、スタッフどうしがどのように接し、また、消費者、小売業者、環境に至るまで自分以外のすべてに対してどう接するかという問題だ。同僚がいずれかの価値観を実践するような功績をあげたら、チームメイトはバリュー・アウォードに推薦する。消費者が製品の子どもへの影響を心配していれば、顧客サポート担当者が電話でどんな疑問にも答える。企業の価値観について語るとき、「思いやり」という言葉はいやというほど耳にする。けれども、正直言って、本当に思いやりの精神に則って行動している企業が何社あるだろうか。おそらく、数え上げるのに両手は必要ないだろう。

思いやりの哲学の一環として、メソッドは慈善活動にも注力している。スタッフ全員が年に三日、特別休暇を取得して地域の慈善活動に参加する（「エコマニア」と呼ばれるプログラム）。もちろん、情熱を駆り立てられる分野は人それぞれだ。あるスタッフは「マスタッシュ・ノベンバー」（短縮形で「モベンバー」とも）を支援する。これは前立腺癌の認知度を高める運動で、参加者は一一月の一か月間、自分のひげを伸ばすか、誰かにひげを伸ばさせるかして周囲を啓蒙する。また何人かは、サンフランシスコ・ベイエリアの湿地帯再生を目指すプロジェクト、「セイブ・ザ・ベイ」に参加し、すでに一つの島の浄化活動を成し遂げている。

スタッフが選択する慈善活動は実にさまざまだが、原動力となる理念はただ一つ、営業利益より重要な目的意識をもつことだ。仕事をする時間は人生のかなり大きな部分を占めるのだから、その仕事が何か社会のためになる営みに結びついたほうがよいではないか。人は仕事をもっていることに喜びを感じるものだが、とりわけ大きな喜びを感じるのは、価値ある仕事に取り組み、達成感を得たときだ。洗濯洗剤だろうと、クリーナーシートだろうと、トイレクリーナーだろうと、僕たちが製品について話し合うとき、考えることはいつも同じである——どうしたらビジネスを通して社会に前向きな変化を起こすことができるか。

さて、企業が成長すると、社員は派閥をつくり、やがてコミュニケーションの断絶が生じる傾向がある。誰かを大切にしたいと思うなら、相手を知ることが大切だ。それなのに、社員どうしが個人的なレベルで知り合うことを後押しする会社はあまりにも少ない。メソッドでは、社内の交流を促進するために「初めてのランチに出かけよう」というプログラムを導入した。二か月に一度、月曜日の朝会《あさかい》の場で三つのかごを使ったくじ引きをする。一つ目のかごからは入社して日の浅いスタッフの名前を引き、二つ目からは社歴の長いスタッフの名前を、三つの目のかごからはレストランの名前を引く。レストランは洗練されたステーキハウスになるかもしれないし、近所のホットドッグ店かもしれない。そして、選ばれた二人だけでゆっくりランチを楽しんでもらうのだ。こうしたプロセスを経て、チームのメンバーは互いをまるで家族のように思いやるようになる。ある意味、私たちは本当に一つの家族なのだ。

価値観の実践

価値観は実践しなければなんの意味もない。ところが実際には、多くの企業の価値観はほこりをかぶったプレートに宿るばかりで、ブランドの魂として息づいていない。価値観を設定するまでは躍起になるのに（徹底討論だ！　意識調査だ！　専門家に相談しよう！）、やがてハンドブックのなかに埋もれ、誰かがヘマをやらかしたときだけ神妙に引っ張りだすものになる。それではHRかPRであって、価値観の実践とはいえない。価値観とは、意識さえせずに実践するものなのだ。

現時点において「メソドロジー」、すなわち私たちの共通の価値観と目的意識を言葉に表したものこそ、メソッドのカルチャーのレシピと呼ぶにもっともふさわしい。メソドロジーは仲間たちを結びつけるロジックだ。ロジックを正しくたどれば、魔法の空間が広がり、驚くほどのコラボレーションと輝かしい業績が達成される。いつかサンフランシスコのオフィスに立ち寄っていただきたい。ここで述べたことが本当だと実感してもらえるだろう。けれども、そこまで暇ではない方のために、私たちが価値観を日々実践する方法を学んだ過程について、いくつかの具体例を紹介しよう。

採用活動を最適化する

会社の運営に風変わりな要素を組み込むことは、想像するほど難しくない。ただし、採用段階から取りかかることが前提となる。成長期にある会社の行き先を誤らせる最短にして確実な方法は、ジェームズ・コリンズ風に言えば、不適切な乗客をバスに乗せることだ。多くの企業はポジションに空きができると効率性を重視してすみやかに補充しようとするが、メソッドでは不適切な社員を雇い入れるくらいなら何か月でも空けておく。典型的な例としては、二〇〇八年五月に「人と環境部」（メソッド流のＨＲ）を設置したものの、その年の一一月まで責任者不在のままにしたことがある。やがてそのポジションはユニコーンと呼ばれるようになった。条件を満たす人物が実在しそうにないので、伝説の生き物になぞらえたのだ。

メソッドが爆発的な成長を続けた数年間、「空席を温める生きた人間が必要だよ」といったセリフを幾度となく耳にした。「能力については妥協しようじゃないか」というわけだ。どれほど切迫した事情があろうとも、空席を埋めるために無能な人物を雇うことは絶対に許されない。本書ではのちに「素早くズバ抜ける」ことについて述べる。だが、スタッフの採用は例外だ。採用を慎重に進めるため、いくつもの減速バンプを設け、応募者をあらゆる観点から評価している。最終段階に突入しても、際立った資質をもった人物が見当たらなければ、新たに候補者を集めて一からやり直す。

メソッドでは採用にあたり、職務横断型の面接、宿題、乗車手続きの三つの段階を設けている。採用面接は、社内の各部から面接担当者を集めてチームを結成する。たとえば対外的なコミュニケーションを担当するポジションの候補者であっても、アカウンタント、工業デザイナー、グリーンキーパー、そして広報部のスタッフと仕事内容を話し合う。候補者は、「特定の部門ではなく、会社全体に参加するのだ」というメッセージを感じ取る。

面接を七、八回行ったうえに宿題まで課すのでは厳しすぎると思われるかもしれないし、業界ではメソッドへの入社はかなり難しいと評判になっている。だが、これは良いことだと思っている。メソッドが最高の人物だけを求めていることが広く伝われば、自信に満ちたハイレベルな才能を惹きつけられるからだ。さらには、採用に手間暇をかけることは、確実性を高めることにもつながる。つまり、採用の質が向上すればするほど、社員の解雇は少なくてすむというわけだ。

このような採用面接の最大の利点は、候補者と採用担当チームが互いに相性を確認できることだ。「いつも自分に聞いてみるんだ。東海岸までの五時間のフライトで隣に座っても、わくわくできる相手かどうかって」。汚いもの反対同盟会長（ＣＥＯと呼ばれることもある）のドリュー・フレイザーはそう述べる。

気に入った候補者を数人くらいに絞り込んだら、宿題に取りかかってもらう。これはメソッドの採用プロセスにおいて欠かせない部分であり、まずは候補者の反応を観察する。宿題に異議を唱えたり、やってやるぞと前向きに挑戦する姿勢が感じられなければ赤信号だ。以前、ＣＥＯの選定で、年商数十億ドルの消費者ブランドを率いた経験のあるエグゼクティブを候補から外したことがある。

STEAL THIS IDEA
method
Question # 3 How do we keep it weird?
A brand that is driven on innovation, authenticity creativity, fun and differentiation can only come from a culture that embodies the same.
Core to this is keeping method "weird" which is our wink for being different and unique in a world of corporate sameness.
How will you personally help "keep method weird"?

▲ライブオーディション。 宿題は人間関係をプロトタイプする僕たちの方法。

その宿題にいったい何の意味があるのかと疑問を投げかけてきたからだ。そう、僕らは風変わりでいることをそれほど真剣に捉えている。

宿題には三つの質問がある。それぞれの候補者の経験値に合わせた戦略的質問と実務的質問、そしてとっておきの質問、「メソッドの風変わりな社風を守るため、あなたなら何をしますか」というものだ。たとえば、わが社のプロダクト王（またの名を製品開発部長）ドン・フレイは、面接中にカエルのカーミットのテーマソング「グリーンでいるのも楽じゃない」を歌いだした。

こんな話をすると、宿題という

のは要するに隠し芸なのかと思われるかもしれないが、運命の分かれ道となるほど重要な儀式である。僕らは、このプロセスは候補者の会社への貢献を予測する有益な洞察を与えてくれるものと信じている。その人物がどのように考え、どのように仕事に向き合うかをモデル化できるのだ。候補者の勤労意欲やメソッドのカルチャーとの相性も確認できる。ブランド皇帝（またの名をブランド経験担当ヴァイスプレジデント）マシュー・ロイドに、宿題の発表の様子を説明してもらおう。

「部屋には一〇人から一五人くらいが集まります。緊張と興奮が入り交じった雰囲気です。みんなびっくりするようなことをやりますよ。アイリッシュダンスを始めたり、スタッフを引っ張りだしてロビーでヨガをしたり。一人一人にベルを配ってメソッド・クイズショーを開催した女性もいました。彼女はメソッドに関する事柄を調べ上げて、ほとんどの社員が知らないようなことまで熟知していました」

メソッドの宿題にはつぎのような利点もある。

全員のレベルの向上

あなたが採用責任者だとして、候補者が観衆を前に大失態を演じれば、つまるところあなたが間抜けということになる。だから責任者は、最高の候補者を集めてふるいにかけることに最大の努力をする。結果的に、社員は自分たちより能力の劣る候補者を採用する可能性が低くなる。プロセスの透明性が高いため、見落としがないからだ。

宿題では無能さを隠せない

最悪な社員はときとして、とびきり面接上手なことがある。きっと面接慣れしているのだろう（あるいは、口からでまかせを並べることに長けているのかもしれない）。その点、宿題の発表となると、候補者がどのように思考し、問題を解決するかをつぶさに観察できるので、候補者の本当の力を正確に把握できる。

人件費の抑制

宿題を課すことによって人件費を抑制できる場合がある。それは、比較的経験が浅く、比較的少ない報酬で採用できる候補者が、実は抜きんでた能力の持ち主であると見抜ける場合があるからだ。メソッドでは経験より能力に重点をおいて採用にあたっているが、宿題はこの二つを区別する最良の方法である。

事前調査《デューデリジェンス》

面接や推薦状から候補者に何らかの不安材料があると思われた場合、宿題を通して懸念事項を確認できる。

全員が安眠できる

新しい社員を雇うとき、関係者は誰もが落ち着かない気分になるが、宿題は不安を大いに和らげてくれる。また、三段階の宿題を通過して入社した社員は、すでに同僚や会社のことをよく知っている。そのため、すぐに仕事に取りかかり、入社後の数日間あるいは数週間をより快適に過ごすことができる。

無償のアイディアが得られる

実にたくさんの無償のアイディアがもたらされる。宿題を課すことで、採用に至らなかった候補者からさえ多くを学ぶことができる。

ひやかしの応募者を撃退できる

現実を直視しよう。応募者のなかには、もっと給料を稼げる仕事はないかと中途半端な気持ちで就職情報を検索しているような輩がたくさん交ざっている。メソッドはそんな相手に付き合って時間を無駄にはしない。オファーが欲しい？　それなら宿題をやりなさい！　結局、この方法で多くの時間を節約している。

部門間の壁を打ち壊す

普通とは違う採用プロセスを実施することで、メソッドは、一般的に安全地帯とみなされる領域の外に放りだされても平然としていられるような、普通とは違うダイナミックなスタッフを迎え入れることができる。このような人たちの気質が、メソッドの新鮮な空気を保ち続けるためには不可欠だ。

ようやくユニコーンを見つけて採用しても、新鮮さを失わないように変化を取り入れる。適切な機会を見つけてはスタッフをさまざまな部門に異動させ、経験の幅を広げてもらう狙いだ。たとえば、ある年にメソッドの洗濯洗剤部門を率いた部長が、翌年にはパーソナルケア部門に異動になったりする。多くの企業では部門どうしが分断されているが、環境を流動化させるプロセスによって、スタッフは部門の壁を越えて新しい戦略や知恵を広め、独創的に考えることができる。

僕らは適切な人々をバスに乗せるためならどんな苦労も惜しまないつもりでいたのに、数年前になって、乗車の手伝いに関してはまったく無頓着だったことに気づいた。そこで、少しばかりかしこまった乗車手続きを考えだした。

メソッドへの乗車は月曜日（誰にとっても新たな一週間をスタートする日）と定めた。まずは週に一度の朝の集会でみんなに紹介する。そのなかで、僕らは新メンバーに、メソッドに参加することになったいきさつと、メソッドの風変わりな社風を守るためどんな誓いを立てたかを話してもらう。これは初出勤の緊張をほぐす絶好の機会になるし、エネルギッシュな（そしてたいていはユーモラスな）一週間を約束してくれる。集まった大勢のスタッフの前で恥ずかしい写真が披露されることも珍しくない（写真は新メンバーのパートナーからこっそり入手しておく）。それが終わると、メソッドの乗車券ともいうべき、汚いもの反対同盟会員になるための手引書の詳しい説明がある。

ハイライトは、自分の肩書きの決定（すぐあとで説明する）、ルーキー・クッキー（会話のきっかけづくりとして、新メンバーはひと皿のクッキーを自分のデスクに用意しておく。ただし、手づくり限定）、それから実際に自分で買った宝くじの提示だ。最後の宝くじというのは、自分が運ではなく、実力で採用されたことを証明する最終確認だ。

肩書きというものは、職種と権限を表す呼び名として普通は会社が与えるものだ。要するに、社員にラベルを貼り付けて、組織図のなかのボックスに納めるわけだ。期待に見合った仕事をする社員で満足ならそれでも構わないが、社員数の限られたメソッドでは、全員に実力以上の仕事をしてもらう必要がある。自信と責任感をもって仕事に立ち向かってもらうため、新メンバーは自分の肩書きを自分で決める。わが社を訪問すると、善玉警官（コンプライアンス）や、ヴィレッジ・ボイス（顧客サービス）、飼育係（プロジェクトマネジャー）などに出会うかもしれないが、驚かないように。このプロセスがあるからこそ、自立的思考、自信、楽しみが育まれ、そして何より、一人一人が変革を起こす重要な役割を背負っていることが強く意識される。

新しいメンバーはいつでも、すでに定着したカルチャーにある程度の揺さぶりをかける存在だが、同時に、好奇心やエネルギーを運び込み、拡散する存在でもある。それを迎え入れる側は、新たな仲間を教育し、会社に早く溶け込めるように手助けをすることで、新しいエネルギーを自分たちのものとして吸収できるのだ。

月曜日の朝会《あさかい》

月曜日の朝会というのは、玄関ホールで開催する気楽な集いのことで、みんなで情報を共有し、スタッフが心配事や個人的なニュースを伝える場になっている（他人の功績は認めないといけないので打ち明けるが、これはイノセントの共同創立者リチャード・リードから拝借したアイディアだ。ありがとう、リチャード！）。メソッドではこの朝会は、こだわりと目標の軸を合わせ、進むべき方向を見定めるための手段だ。新規契約、財務上の達成目標、その週の誕生日、後片付けをきちんとするようにといった注意事項。毎回、メソッドがメソッドであるためのすべての事柄を話し合う。

月曜の朝会といわれてもピンとこないだろ

▲**全員集合!**　一週間の始まりにカフェインで気合いを入れ、全員がカルチャーとつながる。

うし、馬鹿げているとか、不必要だと思われるかもしれない。だが、これは私たちにとって、ロジックとマジックが交わるかけがえのない場だ。職場にもっと枠組みとプロセス（ロジックの部分）が必要だというスタッフの意見を踏まえて、共通の目標や克服すべき課題、洞察、解決方法（マジックの部分）をじっくり話し合う時間を設けることにした。バリュー・アウォードの授与式もここで行う。これはボトムアップ方式でチームメイトが互いの優れた功績を認め合うもので、目に見える形で価値観を実践する方法の一つである。同僚をバリュー・アウォードに推薦するメンバーは、その同僚の功績と、それがメソッドの価値観にどのように合致しているかを説明するストーリーを提出する。推薦が承認されると、受賞者はルーレットを回して、冷凍七面鳥やパッケージング担当技術者とのランチなど、素晴らしい賞品を獲得するチャンスを手にする。そう、賞品はどれもとび

COLUMN

鏡に映し出す

メソッドでは半年に一度、カルチャーと各自の役割について、スタッフの「本音」調査を実施している。代表的な供述内容(五点満点で答える)は、「毎日出勤するのが楽しみだ」、「メソッドが素晴らしいことをすると信じている」、「上司と良好な関係にある」などだ。つぎの月曜日の朝会で調査結果を発表し、どうしたらスコアを改善できるかを全員で考える。何かほころびが見られるとき、たとえば、ある部門でコラボレーションができていないというコメントがあったり、昇進や活躍の機会についての不満の声があがったときは、それを「鏡に映し出して」検討する。どうやるかというと、コメントをスライドに映し出して（もちろん、回答者の名前は伏せる）、僕らが一方的に回答するのではなく、チームのメンバー全員に問題を投げかけるのだ。このプロセスはもやもやを吹き飛ばし、カルチャーの成功が全員の肩にかかっていることを再認識するのに役立っている。

きり素敵で……そして変わっている。

僕らは週に一度の朝会が楽しみでしょうがない。玄関ホールは朝会のためにわざわざ設計したもので、斬新なソファや格好いいオーディオ機器が備えてある。大事なことだが、役員会議室で毎週行うスタッフミーティングはあくまでも会議であって、集いではない。集いを開くなら、たとえば、ロビーとかカフェテリアとか、あるいは光が差して風通しさえよければ古いコピー機が放りだされた通用口近くの空間でもいいから、とにかく会議室以外のどこか肩の凝らない場所で行うことだ。

日常的なミーティングと集いを区別するもう一つの方法として、毎週違うスタッフに「先頭に立って」もらっている。話し合いの主題はいつも同じだが（七つのこだわりに照らした優先事項の検証）、進行役を入れ替えると違った角度からこだわりを捉えることができる。最初のこだわり、カルチャーを例にとろう。ちょっと個性的な演出をすれば（たとえば、映画『ビッグ・リボウスキ』をテーマに、くたびれたバスローブとシリアルボール二つを小道具に、意味もなく主人公のダメ男のあだ名である「デューード」を連発する）、スタッフの誕生日や記念日、その週の受付の割り振りの伝達さえ、すっかり新鮮なものになる。ちなみに、朝会はまず、その週の進行役が支持者（メソ

鏡に映し出すのは、行き詰まったときの有効な対処法だ。なぜなら、そうすることで、誰もが「自分たちはどんな企業を目指すのか――そしてその責任は誰にあるのか」と自問することになるからだ。カルチャーに関する限り、役職に関係なく、答えはつねに「自分」である。社外での集会でこんなコメントがあがったことがある。「メソッドのカルチャーは壊れてしまいました。この会社のリーダーは、どうするつもりなのでしょう」。これを公開すると、スタッフは身震いした。みんな考え込み、ある種の拒絶反応を示した。「どうしてそんなことを言うのか」。彼らは言った。「カルチャーはみんなの責任なのに」

OBSESSION 1

ッドでは顧客をこう呼んでいる）からの手紙を一通読み上げることから始まる。自分たちが他でもない、支持してくれる人たちのために働いていることを確認するためだ。

さっそくつぎの月曜日から、あなたの会社や部署でも朝会を始めてはどうだろう。最初はぎこちない感じがするかもしれないが、慣れてくれば共通の価値観をさらに強化する確実な方法になるだろう。会社の目標に向かって全員が足並みをそろえ、勢いよく一週間のスタートを切れるはずだ。

アメリカンドッグにプロムクイーン

価値観を強化する活動は週に一度の朝会だけではない。価値観を語り合い、共有するためのいろいろなイベントがある。直面する課題について自由に意見交換し、「本音」調査の結果について意見を交わし、グループに分かれて「メソッド最大の武器がカルチャーであるとしたら、それはどのようなカルチャーか」というような、なかなか答えのでない難しい問題を徹底討論する。それから、夏には、メソッドの価値観を祝福するプロムを開催する。ちゃんとプロム委員会もあるし、毎年テーマもある（最近では「海底の世界」とか「ヒーローと悪者」など）。どんなイベントでも、一般的にコスチュームによる効果は大きい。あるイベントでは、スタッフ全員にケープを配ったことがある。というのも、ケープをまとって話すと、誰もがいつもより気の利いたことを言うからだ（いつかお試しあれ）。一見、会社でプロムやコスチュームなんて奇妙に感じるだろうが、実のところ……やっぱり奇妙だ。しかし、こんなふうに常識の壁を壊し、独創的で愉快な経験を共有している

▲ブランドを徹底的に磨く。 メソッドでは社員がブランドだ。

からこそ、オフィスが一万二〇〇〇キロメートルも離れていて、顔を合わせるのはせいぜい年に二回というスタッフどうしでも絆を深めることができる。難しい仕事でしっかりと協力するには、社内の誰もが互いを知り、気のおけない仲になることが必要だ。

イベントのアイディアは全員から募り、できるだけ会社が費用を負担するか、補助金を支給する。スキー旅行、スタッフが交替でワゴンを押して歩くドリンクサービス、アメリカンドッグ感謝デーまでなんでもありだ。経理部では毎年三月一四日（三・一四）に、円周率（π）を称えて数字で飾り付けしたパイを焼くイベントを行っている。トップダウンだろうとボトムアップだろうと、楽しくて変わったことは全体に広がって行くものだ。

事業計画より社会的使命が先

一〇年にわたり会社を運営し、数々のイノベーションを実現してきたが、もっとも誇りに思うのは、やはり一番初めに実現したことだと断言できる。そう、世界に貢献するという社会的使命のもとに、人にも環境にも優しい、健康的でクールで優れた製品を提供する会社を興したことだ。

僕らはただ、社会的使命を実践することで人と地球に対して正しいことをしたのではない。それが収益面でも正しいと証明したのだ。急速に進んだメディアの透明性は、知識が豊かで良いものだけを求める消費者を急増させている。また、社会や環境への意識が高いY世代《ジェネレーション》が大量に労働市場に流入してきたことで、有能な労働者の争奪戦は新たな様相を呈している。こうした変化はすでに成熟期を迎えた多くの企業にとって難しい課題だが、使命重視型の企業にとってビジネス環境はむしろ有利になっている。

利益を超越した目標に向かって邁進するという力強いカルチャーは、その社会的使命によって業界、地域、環境に大きな影響を与えてきた。そして、カルチャーは、メソッドの価値観を定め、行動に移すうえで拠り所となっている。企業の価値観といえば、たいていはそれだけのものであり、あくまでも一企業の枠内に収まっている。社員はどれほど野心や仲間意識や忠誠心を抱いても、その価値観を家にもって帰り、友だちや家族と分かち合うことはないだろう。しかし、価値観がさらに高いレベルの目的意識と結びついたとき、計り知れないほど大きな意味を帯びてくるのだ。

メソッドのスタッフは個人的なレベルにおいても、カルチャーを熱心に支持している。なぜなら、それが世の中に変革をもたらすと知っているからだ。人には生まれながらにして、自分より大きなものの一部になりたいという欲求がある。就職希望者の驚くほど多くの添え状が「私の目標は、価値観と使命感を重視した企業に貢献することです」といった文面で始まっている。彼らは仕事に誇りをもち、意義あることに関わっていると実感できなければ、よそに移ってしまうだろう。

もちろん、目的意識や価値観というとき、個人的な成長だけを問題にしているのではない。個人が仕事に意義を感じることは、力強いカルチャーには欠かせない。そして、社員が価値観を共有する効果は、個人レベルの満足をはるかにしのぐ。たとえ個人の情熱に温度差があるとしても、私たちは一人一人が大きな目標を達成する使命を感じているという事実によって結びついている。社会的な利益のために結束することで、一貫性、親近感、信頼が生まれ、それが社内のあらゆる秩序へと波及する。だから、エゴを脇におき、チームとして仕事を進めることができるのだ。

社会的使命を基準として価値観を共有するには、一般的なスタイルとは違ったリーダーシップが求められる。メソッドについていえば、スタッフの最大の動機づけがお金ではないことをつねに意識することが大切だ。スタッフも僕らと同じく、世界をもっときれいな場所にしたいという思いに突き動かされている。社外での集会で、あるいは地域のボランティア活動を通して、また仕事帰りに飲みながら語り合うなかで、そのことを実感できる。優れたリーダーは、社員の心の内にある情熱をさらに奮い立たせる。そして、偉大なリーダーは、その効果を最大化し、良き方向へ導き、魂を欠いた競合会社を採用の面でも業績の面でもしのぐのである。

失敗の解剖学――偽マクガイバーにならない

創意を刺激するはずの行動指針が、やがて手抜きの言い訳になってしまうのは世の常なのかもしれない。マクガイバーは教えてくれた。価値観に従って生きることは、口で言うほど容易くない、と。彼も『サタデー・ナイト・ライブ』でパロディ化されたように、毎回時間切れで爆弾が爆発してしまう「マクグルーバー」に変身しかねない。僕らは早い段階から、この徴候に気づいていた……。

月曜日の朝会では、同僚をバリュー・アウォードに推薦できる。初めのうちは仲間への賛辞がつぎつぎと寄せられ、賞品獲得のルーレットが回り、万事がうまくいっていた。ところが、次第にある種のパターンが目立ってきた。プロジェクトに没頭し、徹夜で完成させた商品を航空便で発送し、期限にギリギリ間に合わせる。「でかしたぞ!」。誰もが大きな安堵のため息をもらし、翌日にはマクガイバー賞に推薦される。それもアリかもしれないが……。

このような例がいくつも続き、「マクガイバーならどうする?」賞はやがてメソッドではありふれた賞になった。初めはのんびり構えていて、土壇場になって大急ぎで片付け、それからまたくつろいで脚光を浴びるというわけだ。僕らはリーダーとして、スタッフが締め切り間際でマクガイバーの頑張りを見せるのではなく、最初からもっと手際よく仕事を進めるように手助けする必要があった。マクガイバーはなにも、最後の場面だけで敵を出し抜き、爆弾を解除し、脱出法を考えだしたわけではない。彼は冒頭から休むことなく洞察力を働かせていた。確かに、抜け目のない番組プロデューサーの取り計らいにより、重要な展開はすべて最後の二分間に詰め込まれていたが、マクガイバーはそれまでの五八分間を眠って過ごしていたわけではないのである。

価値観が善意のかたまりであっても、それが誤用されたり、そのせいで人が道に迷ったりしないとも限らないことに注意が必要だ。実際にそうした問題が起きたときは（必ず起きる、間違いなく）、介入して正すのはリーダーの役割だ。

カルチャーのミューズ――ザッポスCEO、トニー・シェイ

偉大なカルチャーについては多くのミューズから着想を得てきたが、誰よりも多くのアイディアを盗ませてもらったのはザッポスのCEOトニー・シェイだ。起業家としての彼の力量は群を抜いている。彼は二つのホームランを飛ばし、近年ザッポスをおよそ一〇億ドルでアマゾンに売却した（初の著書『ザッポス伝説』［ダイヤモンド社］がニューヨーク・タイムズ紙のベストセラー・ランキング第一位を記録する偉業を達成しており、この点も見習いたい）。トニーとはサンフランシスコで何度か顔を合わせていたし、彼が主催する最高のロフトパーティーに出席したこともあった。しかし、本当に親しくなる機会を得たのは、二〇〇八年に起業家としてともにホワイトハウスに招かれたときのことだった。僕たちはカルチャーや使命重視型のビジネスについて意気投合した。そ

▲ザッポス・カルチャー・ブック。トニーは毎年社員に「ザッポスのカルチャーは自分にとってどんなものか」というテーマで作文を提出させる。誤字を直す以外は未編集のまま公開し、ザッポスのカルチャーの透明性を保ち、説明責任を果たしている。

れからテキーラショットをたまにたしなむところも似ていた。いや、たまによりは多いかもしれないが。

　トニーの著書をすでにお読みのみなさんは、僕らが彼の提唱する価値観「変でいること」を盗用したのではないかと思うかもしれない。だが実のところ、これはそれぞれ独自に思いついたことだ。変な偶然の一致？　ともかく、変でいるというのは、自分一人で思いつこうと、誰かから借用しようと、独創的なビジネスを展開するための優れた価値観である。

　実際、メソッドのリーダーシップチームはザッポスを見学して、トニーの素晴らしいアイディアを取り入れた。受付のデスクを広くして担当者を二人に増やし、フレンドリーで社交的な印象を強調した。そして、もっと風変わりにするため、専属の受付係

▲**どちらに御用ですか？**　全社員の肩書きに「受付係」とあったら、誰もエゴイストではいられない。

をやめて「メソッド下院議員」をフロントデスクにあてがった。毎日交替制で二人のスタッフが受付を担当することにしたのだ。このやり方は、小さな会社の雰囲気を維持し、コミュニティーを強化し、社内にエゴがはびこるのを防ぐのに役立っている。効果はてきめんだ。CEOが郵便物を配っている光景ほど愉快なものはない。

この新しい習慣を導入してからまもなく、交替制の下院議員は毎日新しいテーマを掲げるようになった。いつかメソッドのオフィスに立ち寄ることがあったら、人気リアリティ番組顔負けの日焼けしすぎのホストにイエーガーマイスターを一杯勧められたり（『ジャージーショア』・デイ）、ビリー・アイドルのそっくりさんに出くわしたりするかもしれない（パンクロック・デイ）。

そんなの変じゃないか？　まさにそのとお

り！　楽しいのか？　もう最高！　大きくなっても変でいられるのか？　実はこれはよく訊かれるし、重要な質問だ。僕らが実感しているように、ビジネスを成長させながらカルチャーを維持することは非常に難しい。けれど、トニーとザッポス（従業員三〇〇〇人、売上一〇億ドルでいまなお勢いを増している）の例にもあるように、小さくなくても変でいられると固く信じている。トニー、じゃあまたヴェガスで！

OBSESSION 2　INSPIRE ADVOCATES

第2章

こだわり2
支持者を
インスパイアする

顧客に売るのではなく、あなたの特別な使命を応援してくれる支持者をつくる

あなたは最後に見た広告を思いだせるだろうか。すごく印象に残っているものではなく、最後に見たものを。吹きだしてしまったり、ふと考えさせられたりした優れた広告とか、誰かにメールしたりフェイスブックにリンクを張ったりしたものではなく、文字どおり最後に見たものを。たとえば、昨夜テレビを消す前に最後に流れたコマーシャル、車で帰宅途中に通り過ぎた看板、さっきパソコンをシャットダウンする前にブラウザの隅に表示されていた迷惑なウェブ広告など。

思いだせない？

僕たちもだ。一日に目にする広告の数はおよそ五〇〇〇といわれているが、そんなにたくさん見せられては思いだせるわけがない。毎年、アメリカ企業は購入メディア（テレビ、印刷物、インターネットなど）に三〇〇〇億ドル以上を投じ、消費者の関心を引こうと躍起になっている。しかし、一秒一万ドルのコマーシャルを連射しても、ほとんどは消費者の目の前を素通りするだけだ（そもそも視界から追い払われることもある）。特に目障りなポップアップ広告については、対抗策としてブロック機能や広告なしのサービスが広まっている。DVR、スパムフィルター、サテライトラジオ、ポッドキャスト、迷惑電話拒否サービス——広告主が市民の平穏を邪魔する新たな手段を思いつくたびに、才覚ある起業家が何らかの対抗策を開発するだろう。

広告を排除するメディアや機能は消費者にとっては朗報だが、わが社のような消費者ブランド、そしておそらくあなたの会社にとっても脅威を投げかける存在だ。巨大なコンシューマ市場に挑戦し、新しいブランドを立ち上げることを想定してみよう。世界最大の広告主P&Gは、二〇一〇年にはアメリカ国内だけで広告に四二億ドルを費やしている。ユニリーバは一三億ドルだ。これらの企業のトイレットペーパー予算だけでも、メソッドのマーケティング費用の総額を上回るに違いない（彼らがトイレットペーパーを原価で調達できることを考え合わせても）。

メソッドはといえば、創業当初はマーケティング予算など一ドルたりともなかった。資金をボトルのデザイン開発につぎ込み、スーパーマーケットに出かけては実演販売するのが僕らのマーケティング戦略だった。もっとも、広告予算の格差が不利に働くとは思わなかった。最初の商品がスーパーマーケットの棚に並ぶよりずっと前から、潜在的な消費者に訴えかけるには既存の広告を代替するメソッド流の独創的なマーケティング手法が必要だと考えていた。それに、仮に一〇〇万ドルの広告予算があったとしても、アメリカ企業が世界で支出する広告費用の三〇万分の一にすぎない。わが社のメッセージや資金など、一瞬で失われてしまう。一〇年たったいまでも状況はたいして変わっていない。一〇〇万ドルをアメリカのどこかに隠したければ、広告に使ってしまうより手っ取り早い方法はない。

「購入メディア」から「獲得メディア」へのビッグ・シフト

購入メディアの内容が悪いわけではない。企業が広告につぎ込んだ莫大な費用の一部は、楽しくて、独創的で、示唆に富んだ広告作品を生んでいる。むしろ、広告がどのように提供され、消費されるかというコンテクストに問題がある。新聞や雑誌が広告業界の不況を報じているのをご存じだろう。それでも広告の影響力や効果の衰退を実感できないなら、消費者がまさにその新聞や雑誌をめくるのをやめて、代わりにウェブサイトを閲覧するようになった状況を考えてみよう（そして、ウェブ広告さえブロックの対象だ）。メディアは変わりつつある。一九六〇年代の広告業界を舞台にしたドラマ『マッドメン』に描かれているような、マスメディア広告の「黄金期」は過去のものだ。夜のニュースの合間に流れる三〇秒の歯みがきのコマーシャルが、全米の幅広い消費者に届く時代はとっくに終わったのである。

オンデマンドのケーブルテレビやインターネットの他、キンドルやiPadなど、メディアを消費するさまざまな方法が普及し、消費者が買い物をし、意見を共有するスタイルも劇的に変化した。現代の消費者はテレビの前でのんびり構え、『マッドメン』の主人公ドン・ドレイパーがココアパフスやコルゲートを買うように勧めるのを待ち望んでいない。今日では、消費者は自分が関わりたいと思うブランドを選び、それ以外を受けつけようとしない。もはや受け身の観客ではなく、能動的な参加者なのだ。これは消費行動とブランドビジネスのあり方の大転換を意味する。僕らはこれ

▲対話の促進。 誰でも参加できるミュージックビデオの企画では、支持者がブランドの構築を手助けしてくれた。

を「ビッグ・シフト」と呼んでいる。

本書では次世代の起業家たちの前に広がるさまざまなチャンスに触れているが、なかでも、購入メディアから獲得メディアへのビッグ・シフトほど若い世代が注目すべきものはないだろう。僕らは「購入メディア」とは、予測可能な数の消費者の邪魔をする特権（「その前にコマーシャルをどうぞ！」）を得るために、料金の支払いを必要とするあらゆるマーケティング形態と捉えている。朝の通勤中にいやおうなしに見てしまうインターステート五号線沿いの看板や、昨夜あなたが『ザ・バチェラー』の第八〇話を楽しんでいたときに早送りしたテレビコマーシャル、ゴシップ誌『USウィークリー』の「スター、日常のひとコマ！」のすぐ脇に印刷された広告などがその例だ。

他方、「獲得メディア」は、新聞雑誌への記事掲載、ソーシャルメディア、ブログ投稿、YouTubeの人気動画など、企業にとって費用が発生しないメディアすべてのことだ。他でもない、本書も僕らにとっては獲得メディアだ。というのも、あなたにこれを読んでもらうのに、あなたにお金を払う必要はないからだ。というか、なるべくそうであることを願っている。獲得メディアは、人々が他人と分かち合いたい、あるいは参加したいと心から願うものを提供することで得られるのである。

新聞からラジオへ、ラジオからテレビへという過去の転換は、購入メディアの形態が変化しただけだった。媒体は変わっても、巨大企業は変わらず広告の効果を享受していた。しかし、台頭するソーシャルメディアと獲得メディアの時代においては、古めかしくて動きの鈍い企業に対し、若くて機敏な企業が圧倒的に有利だ。メソッドが生まれたての一〇年前、ソーシャルメディアはもとより、ブログという言葉さえほとんど知られていなかった。ツイッターとフェイスブックは存在すらしていなかった。今日の新しいツールは、挑戦者である新興ブランドにとって、少ない予算でマーケティング活動を行い、ライバルのひしめく市場で自分の居場所を見つけ、効果的なメディア露出と口コミを獲得するための理想的な手段といえる。しかも、料金がかからないのだ。それなのになぜ、企業は購入メディアに年間三〇〇〇億ドルもの支出を続けるのだろう。獲得メディアが無料であるだけでなく、消費者はあらゆる手を尽くして購入メディアを迂回し、消去し、フィルターにかけ、ブロックしているというのに。企業がメッセージの伝達に精通しているなら、消費者が発信する「押し売りは結構です。用があるときは声をかけますから」というメッセージを理解してもよさそうなものだ。

多くの企業が相変わらず昔ながらの広告枠を購入するのは、人々がいまでも化石燃料を使い続けるのと同じ理由からだ。生き方を大きく変えるのは、想像以上に難しい。世の中のシステム全体に関わるような大きな変化には時間とコストがかかるし、混乱も伴うだろう。また、新しいツールを自由に使いこなすのも楽ではない。私たちはいま、過去に経験したことのないほどの歴史的な変化のなかにいる。マーケターにとっては非常に難しい時代だ。なぜなら、旧式のメディアツールの効率性が失われているとはいっても、依然としてそれは高い予測可能性をもって大衆に訴えかける最善の方法であると認めざるを得ないからだ。メソッドでも、存在感を増している獲得メディアの活用に努めているが、ブランドの認知度を飛躍的に高めることを目指し、今年の広告宣伝費は過去最高額を見込んでいる。

二つのメディアに挟まれながら、大きな変化の時代を生き抜く唯一の方法は、あらゆる形態の購入メディアが獲得メディアに後光《ハロー》効果を与えるように仕掛けることだ。近年の特筆すべき成功事例は、二〇一〇年に発売された男性用ボディウォッシュ「オールドスパイス」だろう。制作費数百万ドルの有料広告に端を発し、YouTube、テレビ、印刷物、インターネットといった獲得メディアの世界で数か月にわたって一大旋風を巻き起こし、出演したイザイア・ムスタファは文化的アイコンになった。このキャンペーンの非凡なところは、男性と女性の両方にざっくばらんに語りかけ、ボディウォッシュについての会話を生みだしたことだ。オールドスパイスは、購入メディアによってキャンペーンが周知されると、ファンやセレブがイザイアと交流できる「レスポンス・キャンペーン」を企画して、消費者に参加の機会を提供した。なんと、イザイアがビデオメッセージで質問にリアルタイムで答えてくれるのだ。最終的には獲得メディアの強い印象によって購入メディアの影は薄くなったが、あれほど大きなインパクトが生まれたのは両者のバランスが絶妙だったからである。

ビッグ・シフトはメディアに限られた現象であると思われるかもしれないが、それがブランドの形成に及ぼす影響は絶大だ。過去五〇年間に成長を遂げたブランド企業はマスメディアに支えられていた。といっても、マスメディアに多くの投資をした企業が成功を手にしたわけではない。ブランドと組織のあり方をマスメディア的な手法に合致させた企業こそが成功したのだ。勝利の公式は、最大の消費者カテゴリーに照準を絞り、もっとも広範かつ単純な属性、言い換えれば最大の消費者にアピールする最大公約数に基づいて自社のブランドを位置づけるというものだ。しかし、マスブランドの運命はマスメディアの運命に依存している。

パターンが見えただろうか。ブランドは絶えず変化する消費者によるメディア消費に翻弄されてきた。ソーシャルメディアへの移行も例外ではない。従来のメディアが沈みかけているとき、そこから抜けだせないブランドは溺れてしまうだろう。それなのに、大半の企業はまだタイタニック号でデッキチェアを並べ直し、大きな変化から目を逸らしている。一段と多様化し、市民の発言権が増したメディアの新時代にあって、単一属性に対してメッセージを発信し、幅広い層にアピールする手法が通用しなくなったということを認められないでいる。もちろん、ソーシャルメディアや獲得メディアの背景にある発想は新しいものではない。口コミは、原始人が毛並みのいい最高のマンモスがどこで獲れるかを仲間に教えた時代から存在した。違うのは、ビッグ・シフトが増幅させる口コミの波及効果だ。かつて、あなたの会社の商品の感想を一人のお母さんが一〇人の友人に伝えていたとすれば、いまや一人のお母さんはあなたのブランドについて、世界中の何百万人というお母さんと瞬時に意見を交わす力をもっている。

ビッグ・シフトにより、競争優位の決定要因は豊富な広告予算から、共感を呼ぶ社会的使命に移り変わっている。人は広告を目に止めて記憶に残すかもしれないが、偉大な社会的使命に共感したとき、それを広め、互いに結びつく。そして、あなたの考えを広告予算では届けられないところまで届けてくれる。

したがって、獲得メディアとソーシャルメディアの世界で成功したければ、顧客に語りかける発想から、支持者の共感を呼ぶという発想に転換すべきだ。これが、メソッドの二つ目のこだわりだ。支持者とは誰だろう。詳細はこれから述べるが、支持者とは顧客以上の存在で、ブランドを広めてくれる伝道者である。辞書によれば、支持者とは「特定の理念や方針を公に支援したり、推奨したりする人」と定義される。企業が社会的な変革を提唱し、既存の枠組みに挑戦するには、支持者を獲得することが必須の条件となる。支持者は商品をたくさん購入して売上に貢献してくれるだけでなく、ネットや手紙や電話を通して、あるいは会話のなかで、支持するブランドと関わりを保ち、企業が自力では知り得なかったさまざまなことを教えてくれる。支持者によるフィードバックは、一般的な顧客からのフィードバックよりも率直で網羅的であり、反応がとても速いため、企業は一

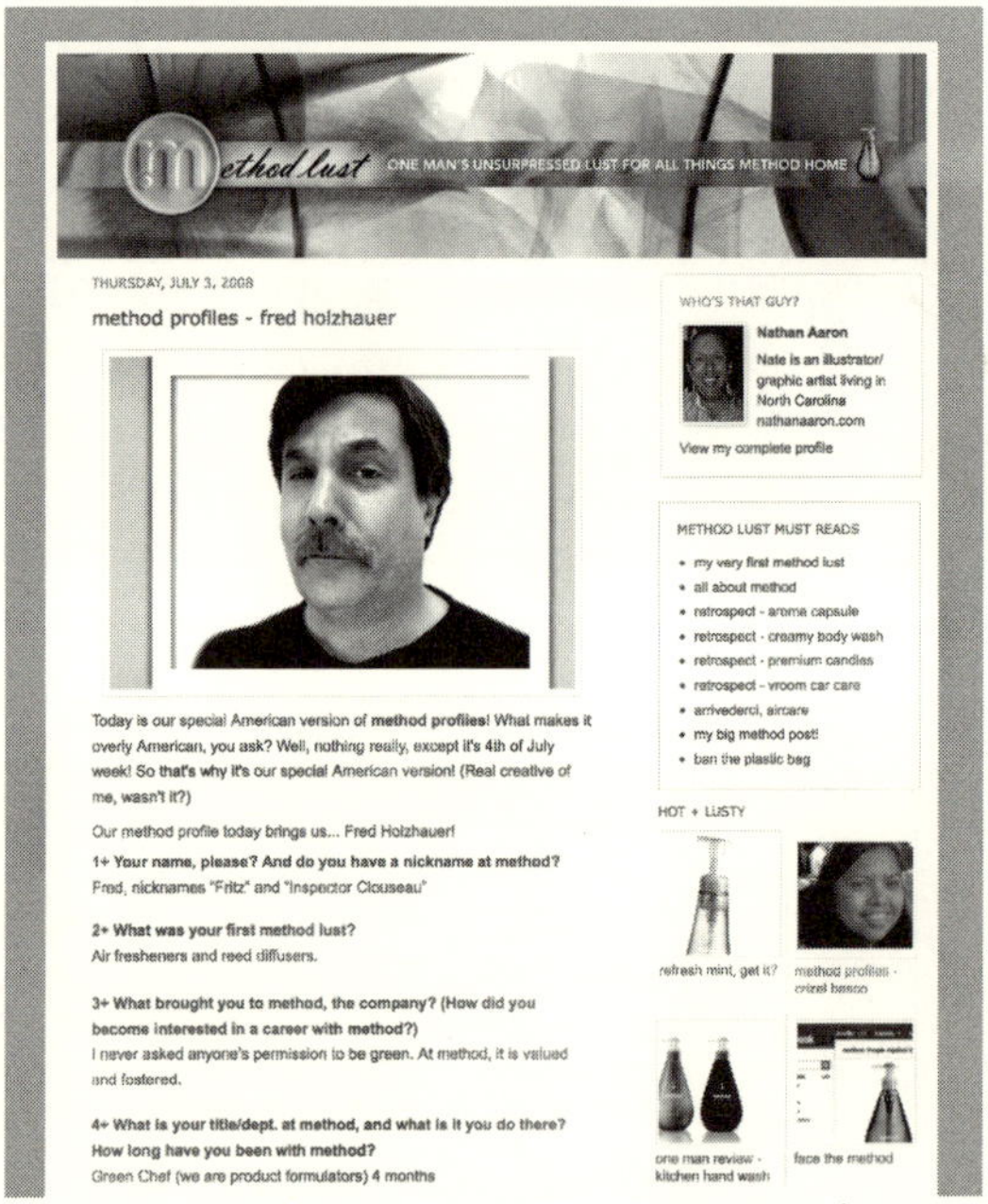

▲**頼もしい友人たち。**メソッドの大ファン、ネイサンのブログmethodlust.comは、僕たちが使命を広め、誠実でいることを手助けしてくれる。

段と革新的になれる。「支持者」という表現は、顧客を呼び代えて響きをよくしただけのものではない。これから述べるように、最良の顧客を支持者と呼ぶことで、顧客に対する意識が変わり、ひいては顧客への対応も変わってくる。

　支持者はブランドそのものだけでなく幅広い人々を巻き込み、メッセージを伝達する手助けをしてくれる。彼らはブランドについて友人や家族に話し、商品のレビューを書き、企業から配信されたおすすめ情報を転送してくれるありがたい存在だが、こうした支持者を新たに獲得する最良の方法は、やはり既存の支持者の力を借りることだ。

ウェブサイトmethodlust.comの管理者で絶大な影響力を誇るメソッドの支持者、ネイサン・アーロンを紹介しよう。彼が率いるファンの熱狂ぶりは、ロックバンドや映画スターも顔負けだ。ノースカロライナ州グリーンズボロ在住、イラストレーターでグラフィックデザイナーのネイサンは、何年も前からメソッドについてブログを投稿している。しかも月に一度とか週に一度ではない。ほとんど毎日、メソッド自身のブログさえ上回る頻度で情報を発信している。このような声の価値に気づいたメソッドは、ネイサンからの取材に応じたり、商品の最新情報をメールしたり、写真その他のコンテンツを提供するなどして、彼の熱意を後押ししている。

彼のウェブサイトから張られたリンクをたどると、新商品情報、廃番商品情報、ビデオレビュー、コンテスト、読者投票（「あなたのお気に入りのメソッド商品は？」、「メソッドはこれからどんなフレグランスを取り入れるべき？」）などを見ることができる。メソッド商品活用の裏技コーナーまであって、食器用洗剤のボトルでランプをつくったり、シャワースプレーを虫除けに使ったりする方法が紹介されている。こうしたコンテンツの多くはファンから寄せられているが、ネイサンは我々メソッドとも緊密なつながりを保っている。だからこそ、メソッドの最新情報を発表し、メソッド発のツイートにいち早くリンクを張り、さまざまな部署の二〇人以上のメソッド社員のプロフィールや独占インタビュー記事を写真入りで掲載することができる。

ネイサンは、限定版のフレグランスを褒めちぎり、熱い情熱を公言しながら（ちなみにサイトの紹介文はこうだ。「これはある男のメソッドへの抑えがたい恋心を綴ったブログである」）、恋するブランドへの不満をぶちまけることも厭わない。ある商品が彼の（あるいは彼の読者の）求める水準に達していないと、どうしたらもっと良くなるか具体的な改善策を提案する。また、期待していた商品が発売されないと、遠慮なく文句を言う。「いいかメソッド、来年こそホリデーアロマピルとスプレーを絶対に売りだしてくれ！　これは脅しだ。繰り返すが、これは脅しだ！　いいか、メソッドマニアたち！　メソッド革命を起こそう！」頼もしい味方であり、ときに愛情溢れる敵となるネイサンは、理想のブランド支持者である。

われらが愛するネイサンのような、高い次元でブランドへの参加を望む支持者の輪を広げるという考え自体は、新しいものではない。僕らが生まれるずっと前から、週末のバイク野郎たちはハーレーダビッドソンの入れ墨をしていた。僕らがやってのけたのは、地味な分野でも支持者を集めることができるし、獲得メディアの力を味方にすれば、圧倒的な勢力を誇る世界最大級の広告主とも効率的に張り合えると証明したことだ。しかし、支持者の情熱に働きかけるようなマーケティングを実行するには、経営のあり方や顧客への接し方をはじめとして、多くのことを根本から見直す大転換が必要だ。それさえできれば、次第に物事がうまく回り始める。信念と行動があなたのマーケティングを変え、社員と支持者はあなたのブランドを高め、競争相手はニッチ市場を探し始めるだろう。そこに到達するため、僕らは信念を中心にブランドを構築し、隅から隅までブランド化を図り、多くの人々の参加を呼びかけた。支持者の情熱に働きかけるメソッドの極意《メソッド》はつぎのとおりだ。

まずは信念ありき

マスブランドと信念のブランドの違いは、独り言と対話の違いのようなものだ。マスブランドは大衆に向かって話しかける。というより、「叫んでいる」というほうが正しい。他方、信念のブランドは、耳を傾けて対話する。僕らに言わせれば、世の中には独り言が多すぎ、対話が少なすぎる。現在のほとんどのブランドは、消費者と対話するだけのコミュニケーション能力をもち合わせていない。対話をするには相手の言葉に耳を傾ける優れた技術が必要だが、これは多くのマーケターの苦手とするところだ。

そんなことから、既存のブランドの多くは、公約（「いつでもお得」）に基づくブランドであって、哲学（「生活をより良くするお手伝いをする」）に基づくブランドではない。考えてみれば、ブランドの関係は人間関係と似ている。公約（一方的な考え）に基づいた関係には奥深い広がりはない。結果的に、マスメディア時代に構築された既存のブランドの多くは、消費者が親密な絆をもつことのできる何かを提供していない。

これに対して、哲学に基づくブランドの対象は細やかで複雑だ。公約よりも人に伝達するのに時間がかかるし、それを受け取るべき適切な聴衆の規模はずっと小さい。だからこそ、あなたの信念と価値観が共有されるには、それらが聴衆の心に響くものでなければならない。最近まで、これは容易なことではなかった。成熟したマーケットへの足がかりを得ようとするスタートアップ企業にとってはとりわけハードルが高かった。公約と哲学がマスメディア広告の世界でぶつかり合い、回数、規模、あるいは多様性の競争をする。必然的に、熾烈な広告合戦を勝ち抜くため、どの企業もメッセージを簡略化し、個性や深みを削ぎ落とす。ところが、ソーシャルメディアの時代になり、哲学重視のブランドは深く掘り下げた自己表現の手段を獲得した。結果として消費者は、素っ気ない公約を押しつけられる代わりに、自分の都合のよいときに、詳細な情報を自分から発見できる。

ソーシャルメディアは哲学重視のブランド推進にうってつけだが、もう一つ忘れてはならないのは、社会の変化を見過ごした公約型ブランドが罠にはまる危険はいままでになく高まっているということだ。いまや消費者は、「業界最安値」といったわずかな例外を除き、単純化されたブランドの公約にますます飽き足りなくなっている。消費者が求めているのは、より豊かな世界に誘ってくれるブランドなのだ。

まずは、Y世代に着目すべきだろう。彼らは繁栄を謳歌した一九九〇年代後半に人格の形成期を迎えた。モノが溢れるなか、消費者はブランドに問いかける。「あなたは誰で、私たちに何を提供してくれるのか」。これは、何を購入するかだけでなく、何を支持するかという消費者心理の変化を意味していた。

あり余るほどの選択肢を与えられたY世代の購買行動を決定づける基準は、価値観を共有できるかどうかである。それゆえに、彼らはそれ以前のどの世代より好みがうるさく、社会的かつインタラクティブで好奇心旺盛だ。気に入ったブランドに対する期待も高い。そして、彼らの購買が占める割合は親の世代に比べて増加傾向にあり、市場における影響力は増している。ラッシュ、ベン&ジ

汚いもの反対同盟による
method ヒューマニフェスト

私たちは、若草色のメガネをかけて世界を見る。

私たちは、化学プラントではなく植物《プラント》由来の成分を支持する。

私たちは、モルモットを実験台《モルモット》とはみなさない。

私たちは、ぴかぴかしたものが大好きだ――洗いたてのディナー・プレート、落としたものを食べられるくらいきれいな床、ノーベル平和賞、街なかのしゃれたオブジェ。

私たちは、環境とデザインに平等の機会を与える集団であり、メソッドとは、この活動を推進する私たちの流儀である。

私たちは、理想のボトルを追い求める。

私たちは、家をきれいにしたら、他のごたごたも消えるような気がすることを心得ている。

私たちは、使いかけのハンドソープを見て「まだ半分残っている」と楽観的に考える。そして、会う人誰もが刈りたての草か、あるいはとにかくそんな素敵な香りがしたらと思う。

私たちは、巨人の足のあいだを走り抜けて体を鍛える。

それから私たちは、きれいにしたばかりの家は大好きだけど、完璧であることは退屈だと思っている。それに、変わっていることほど素敵なことはない。

「みんなプールに飛び込め！」（私たちは、情熱のほとばしりが大切だと信じている）。

私たちはまた、製品はすべてのものにとって、とりわけ地球にとって安全なものでなければならないと信じている。

私たちは、失敗をちょっとした混乱と捉え、そこから学ぶことができる――どんなものでもきれいにできるし、より良くできる。

私たちは、イランイランの黄金律に従う――己の欲せざるところ、家に施すことなかれ（あなたのシャワーだって、朝、嫌なにおいで目を覚ますのはまっぴらなのだ）。

私たちは、汚いものは、どろどろしたもの、もやもやしたもの、毒々しいもの、むかむかするもの、どんな形であれ、世の中の最大の敵であると断固信じている。

正義は必ず悪臭に勝つ。

▲**ヒューマニフェスト。** あなたのブランドは人間性についてどんな声明を出していますか。

エリーズ、イノセントなどの個性的なブランドの登場も、画一化に対する消費者の抵抗の現れだろう。信頼のおける本物を求める感覚を大切にする人々は殺風景なショッピングモールよりもブティックの個性を好むものだが、大手ブランドが巨大ビジネスで個性を主張するのは難しい。僕らは、社会的使命や価値観に裏打ちされたブランドこそが未来のブランドだと心の底から信じている。

信念のブランドをつくるには、企業は社会的使命と結びつく必要がある。消費者は、あなたの届ける商品だけでなく、あなたとあなたが支持する使命を応援したいと思ったときに初めて、そのブランドに参加し、まわりの人々にブランドを広めてくれる。メソッドは、家庭から「汚いもの」を取り除く運動を推進してきた。地球をきれいにし、守ってゆく運動だ。これはまた、ビジネスが社会を変える媒体になり得ることを証明する運動でもある。メソッドは「汚いもの反対同盟」を結成し、世界をよりきれいで健康的な場所にするための努力を続けている。メソッドにとって、「汚いもの反対同盟」はこれからもずっとスローガン以上のものだ。自分の会社には社会的使命なんてない？　心配はいらない。社会的使命というと実際より少しばかり高尚に聞こえるだけだ。どのような企業でも何かしらの社会的使命を担っている。たとえ、それが必ずしもより良い社会をつくることに直結していないとしても。たとえば、男性用ボディスプレーで知られるアックスはどうだろう。若い男性が女性を落とす手助けをしている。確かに、高尚とまではいえないにしても、紛れもなくとびきりの社会的使命だ。他にもいくつかの例をみてみよう。

トムズシューズ　社会的意識の高いフットウェアブランド　▼人生をもっと快適に
カシ　自然食品会社　▼使命ある七つの全粒穀物
ザッポス　特大サイズのカスタマーサービスで有名なオンライン小売業者　▼幸せを届ける
ナイキ　スポーツブランドのアイコン　▼JUST DO IT

社会的使命がなぜ重要かというと、人が幸福になるには、自分より大きなものの一部になることが重要な前提条件だからだ。人は人生や仕事に意味を求める。カルチャーへのこだわりを論じた第1章で指摘したように、社会的使命を軸としてブランドを構築することにより、組織全体が活気を帯び、スタッフの誰もが世界をより良い場所にしようという意欲に駆り立てられる。それは、仕事を使命にまで高める。さらには、ブランドの支持者たちが住みたいと思うような世界観を示すことができれば、社員が共有する情熱は支持者にも伝染していくだろう。ただし、これを達成するには、隅々まで徹底的にブランドを浸透させなくてはならない。

信念のブランドを確立する

正直に認めよう。僕らはメソッドを設立するまで、掃除なんてまるで興味がなかった。しかし、社会的使命に根差した信念あるブランドを育てる過程で、人の興味を惹きつけない分野など存在しないことを学んだ。人の興味を惹きつけないブランドがあるだけだ。もちろん、携帯電話の新技術や新感覚のビールとは違って、昔から隅に追いやられてきた分野（たとえば、せっけん）で注目を集めるにはちょっとした知恵が必要だ。

信念のブランドが知恵を絞れば、高い関心が集まり競争相手がひしめく分野でも、見向きもされなかった分野でも、抜きんでることはできる。信念のブランドは、その信念や価値観を支持者と共有することで心理的につながり、哲学やスタイル、そしてストーリーを語る。そうしたブランドの個性はマディソン街の広告代理店でつくられるのではなく、ブランドの組織全体に織り込まれたものだ。関心の低かった分野で、高い関心を集めているブランドの例をいくつか紹介しよう。

ジョーボクサー

下着ブランドのジョーボクサーを展開するニコラス・グレアムは、好みがはっきり分かれる大胆なデザインで、ありふれたボクサーパンツに話題性を添えた。

ダイソン

一〇年前、掃除機が人気を集めることを誰が予想しただろう。ダイソンはほこりのつもった分野に、斬新なテクノロジーと美しいデザインで旋風を巻き起こした。

スウィングライン

どこにでもある何気ない道具ステープラーは、無関心の代表格だった。ところが、一九九九年にIT企業を風刺した映画『オフィス・スペース』で、監督マイク・ジャッジがスウィングライン社の赤いステープラーを登場させてからというもの脚光を浴びる存在となった。

メソッドではクリーニング用品への興味を喚起するため、主にデザイン性と原材料で差別化を図っているが、見落とされがちな消費者グループである根っからの掃除好きに働きかけることも重要な戦略と位置づけている。あなたの友人にも、掃除マニアが何人かはいるだろう。僕らはきれいにするという活動を楽しいものに、もっと言えば、あこがれのライフスタイルにしたいと願っている。

しかし、ほとんどのコマーシャルは、掃除をどうしようもなく面倒なことのように取り上げ、自社の商品を使えばそれが快適で簡単になると叫んでいる。エプロン姿のメイドが笑顔で掃除をする演出で、まるで自分の身の回りの手入れをするのは恥ずかしいことで、できれば他人に任せたいことですよねと主婦層に訴えかける。最初に問題を設定して（お風呂にカビ発生！）、問題解決の特効薬として商品を提示する（バン！　カビは消滅！）という、典型的な問題解決型マーケティングだ。

このアプローチの欠点は、消費者に何かしらの問題を経験させようとするため、関心の低い領域から抜けだせなくなることだ。だが、掃除にまったく喜びを感じない人でさえ、掃除の結果きれいになった住まいは大好きなはずだ。そこでメソッドは、誰もが大好きな掃除終了後の状態に注目し、多くの人々にとって掃除は生活の重要な一部であることを発見した。掃除とは、生活を健やかな状態に戻し、家や家族とつながる儀式である。そして、掃除は子どもやペットなどもっとも大切な家族に安全な場所を提供する手段である。

メソッドの広告キャンペーンでは、受け手の心の奥にしまわれた掃除への情熱を引きだすため、若い裸の美男美女がとびきりヒップな家で、メソッドの美しい商品を使っている（あるいはただ触れている）写真をたくさん使った。競合会社の広告のように「はやくて簡単」を謳うのではなく、掃除はクールだ（「びっくり！」）というライフスタイルを提唱した。何十年も繰り返されてきた洗剤のコマーシャルとはまったく違う独創的で大胆なメッセージは、あらゆる世代の心に響いた。

ジョギングは決して楽じゃ

▲**デトックス・ポップ・ショップ。** 支持者に有害なクリーナーの引き渡しを呼びかけている。

ない。もし、ナイキの広告に早朝の日課を面倒くさそうにこなす不機嫌なランナーが登場したらどうだろう。もちろん、そんなことはあり得ない。ナイキは、イマジネーションの魔法であらゆるスポーツを喜びに包み込む。バドミントンの羽根一つでJUST DO ITの気分にさせる印象深い広告には感嘆せずにはいられない。ナイキはこのメッセージを、世界中のアスリートにインスピレーションとイノベーションを与えるという社会的使命に結びつけている。陸上競技のコーチでナイキの共同創立者ビル・バウアーマンはこう言った。「身体があれば、誰でもアスリートだ」

あなたが地味な分野で注目されるブランドを構築するのに苦労しているなら、メッセージを問題の提示から望ましい最終状態の提案へと切り替え、それを社会的使命でラッピングすることだ。

徹底したブランド化

ほとんどの企業はマーケティングを対外的な活動と捉えている。自分の壁の外にメッセージを広めることに専念する活動だと思っているようだ。しかしながら、信念のブランドの構築は内側から始まる。透明性の高まった今日のメディア環境において、社員はブランドそのものであり、壁の内側で起こっていることはすべて外の世界と共有される可能性がある。インターネットさえなければ、ドミノピザの従業員が商品にツバを吐いたなどというホラーストーリーは都市伝説に留まっていたはずだ。ところが、インターネットのおかげで、ブランドの恥ずべき出来事が世界中に知られてしまう。ジェットブルーの客室乗務員スティーブン・スレーターが乗客にキレて脱出シューターで逃走した事件とか、コムキャストの修理技士が修理先の家のソファで寝込んでしまった事件などが良い例だ。社員はブランドそのものだという意味がお分かりだろう。

よく言われることだが、ゲームは観戦しているだけでは覚えられない。自分でやってみなければ始まらない。まったくそのとおりだと思う。ブランドの構築はあなた自身から始まるのだ。メソッドでは、自分の家族に使って欲しいと思うような商品を提供することに情熱を注ぎ、社員にはメソッドの顧客に近い、情熱ある人々を採用している。不思議なことだが、多くの大手ブランドにとって、このようなアプローチは直感に反している。彼らは「客観的な視点」を確保するために、社員と顧客のあいだに適度な距離を保ちたがる。かつてはそれでもよかったかもしれないが、ソーシャルメディアが発達し、私生活と仕事が急速に融合してパブリックになりつつある今日では、そんな発想はどこからどう見ても間違っている。

メソッドでは、奉仕する相手と自分自身との境界線を曖昧にしたいと心から願っている。私たちは、自分自身の支持者であることを誇りに思う。自分で本気で気に入っていない商品をどうして他人に売る気になるだろう。メソッドのオフィスでスタッフに出会ったら、きっとブランドそのもののイメージと重なるはずだ。もしも飛行機でメソッドの社員と隣り合わせになったら、そこには環境のことを心から気にかけ、もしかするとあなたに飲み物をおごってくれるような、楽天的で楽しい人物がいると思って間違いない。ユニークな役職名からオフィスのエントランスに至るまで、会社全体がブランドを表現している。メソッドの広告を見かけたら、そこにいるのは本当の社員である可能性が高い。メソッドのウェブサイトに登場する赤ちゃんだって、そう、メソッドで働く立派

I just wanted to let you know how much I LOVE method products. Not only do you create environmentally responsible products but they actually work & smell great! Now if only I could get my local Target to carry the body wash again...
Love you guys!
- one happy Method advocate
P.S. - Recognize the Method dryer sheet in the card? It's been used 3 times & I still didn't want to throw it away - how's that for recycling? Now you have a great-smelling card ☺

この汚いもの反対同盟会員は、メソッドのシート状柔軟剤を再利用してお手製カードをつくっている。

カードの内容：

私がメソッドの商品をどんなに気に入っているか伝えたくて、ペンを取りました。メソッドの商品は環境への責任を果たしているだけでなく、使い心地も香りもそれはもう最高です！　あとは、うちの近くのターゲットがまたボディソープを置いてくれたら言うことないのですが……

愛をこめて！

——ある幸せなメソッド支持者より

P.S.　カードづくりにメソッドのドライヤーシートを使いましたが、分かりますか。3回使ったけどまだ捨てたくなくて——リサイクルしたらどうかって思ったんです。そして、素敵な香りのカードができました。

▲ファンレター。 今日のマーケティング環境では、語ることより耳を傾けることが重要だ。

なお母さんの赤ちゃんだ。それからオフィスさえ、「芝」を敷き詰めた卓球室も、グリーンシェフのキッチンも、プレスの取材を受け、写真撮影しやすいようにデザインされている。モデルにしてはギャラが高すぎるスタッフや、たまたま取材対応に指名されたスタッフだけでなく、誰もがブランドの顔であることが意識づけられているのだ。

メソッドの視点とはどのようなものか。社員が消費者から遠くなるほど、消費者調査や統計分析、モニター追跡、商品が使われている様子を観察するための家庭訪問（冗談ではない）などの仕事に余計な時間と資金を投入して埋め合わせをしなければならない。しかし、メソッドのスタッフは本気で自分自身と家族のために商品をつくっているので、先見性のある革新的なアイディアは心の底から溢れだしている。スタッフ全員がまさに消費者でもあるから、敢えて顧客に何が欲しいか尋ねる必要がないのだ。起業家が先見の明があると評されるのは、こうした理由からだ。彼らは個人的な不満から出発し、それを改善するために力を注ぐ。フォードは車を愛していた。ミセス・フィールズはクッキーを愛していた。ピート・ブルーイング社のピートはビールを愛していた。そしてピート・コーヒー&ティーのピートはコーヒーを愛していた。

メソッドはといえば、初めからせっけんに夢中だったわけではないが、デザインとサステナビリティに情熱を燃やしていた。こうした情熱は、競争相手に打ち勝ち、消費者の期待を超える前進を続けたいという意欲を支えている。スタッフ全員が新商品のアイディアに貢献するだけでなく、できあがったものを家に持ち帰って試し、フィードバックを寄せる役割も引き受けている。

私たちが、顧客サービス、支持者とのコミュニケーション、PR、デザイン、広告宣伝活動を社内で行っているのは、支持者との重要な接点を社内においておきたいという強い思いがあるからだ。社内のヒエラルキーも、ブランドを推進し、顧客に応対し、有益なフィードバックを取り込むための適材適所を最優先に考えて見直した。顧客接点を社内にもつことは、経費の節約になるのはもちろん、ブランドが機敏で賢明で誠実でいられることにもつながる。

メソッドは新たなメディアを自ら使いこなしているからこそ、機敏に動き回れる。双方向メディアはスピード感があり、繊細で微妙なニュアンスを伝えるのにうってつけだ。ツイッターの運用をPR会社に外注する企業があるが、それでは高くつくし（ツイートの回数に応じて料金を払うのだろうか）、対話はかみ合わず（部外者が本当にあなたに代わって話せるのか疑問だ）、ブランドにとってもっとも大切な存在である消費者と触れ合う機会を逃してしまう。また、消費者は不満があれば顧客サービスの問い合わせ先を調べる前に、フェイスブックやツイッターに書き込むようになってきた。消費者がフェイスブックにあなたの商品への不満を投稿したら、それをいつまでも放置して世界中に向けて恥を晒したいとは思わないだろう。

すでに述べたが、現在のマーケティング環境では、莫大な広告予算ではなく、創造性と偉大なアイディアが功を奏する。このシフトを最大限に活用するために、メソッドはマーケティング部門についても従来とは根本的に異なる発想で組織している。一九四〇年代の大手消費財メーカーは、第二次世界大戦後に急拡大した大衆市場に適応するブランド管理システムを導入した。ネットワークテレビが全米に普及し始め、産業の生産革命により生産コストが下落するなか、企業はマスメディアの手法に精通したブランド管理チームを強化した。その理論は、マスメディア広告は企業の損益を浮上させる巨大なテコの働きをするものであるから、経営者はマーケティングを管理すべきだというものだった。

　このモデルは数十年にわたって見事に機能した。しかし、メディアの世界が多様化するにつれ、異なる媒体が入り乱れる複雑なコミュニケーションを管理することは次第に難しくなる。もはや、企業の窓口となる広告代理店は一つではない。印刷物、双方向メディア、PR、数々の新しい媒体についてそれぞれの専門家に頼らなければならない。そこに不連続性（広告業界の人材の流動性が高いことは言うまでもなく）の問題が拍車をかける。ブランドの推進に責任を

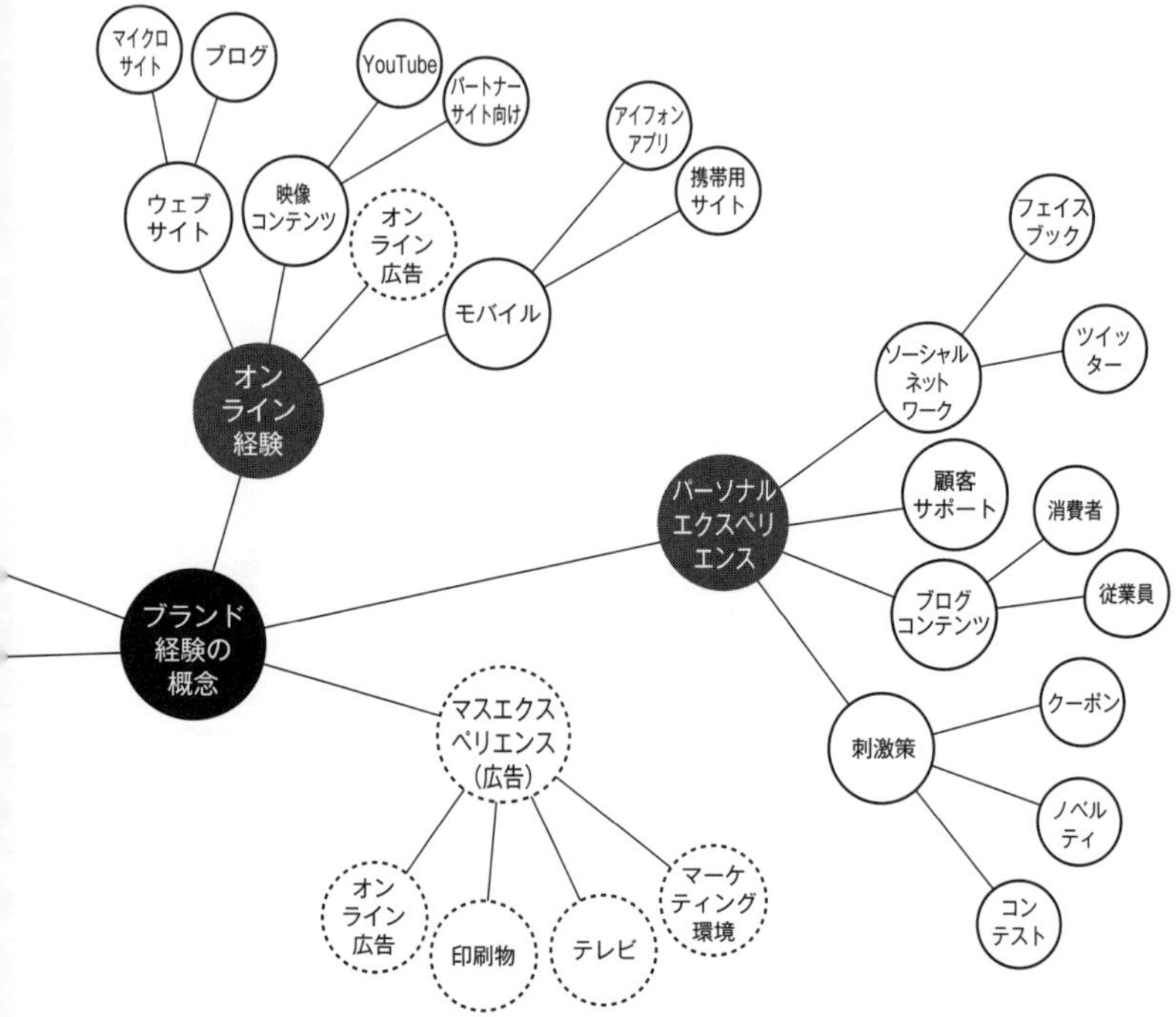

負うマネジャーは、大きなテコ一つではなく、無数のテコを使いこなさなければならないのだ。

メソッドではこうした環境変化に適応するため、「ブランド・マネジャー」をビジネスのオーナーに育てることから始めた。まず、マーケティング・コミュニケーションを「ブランド体験部」として独立させた。各ポッドの責任者は、開発部門やセールス部門と向き合うのと同じようにブランド体験部と協力し、活発に意見を交わす。そうすることで、ビジネス計画の一貫性を保ちながら、ブランド体験部は支持者に働きかける活動に集中できる。メソッドは将来にわたって、多くの企業が外部委託しているマーケティングスキルを

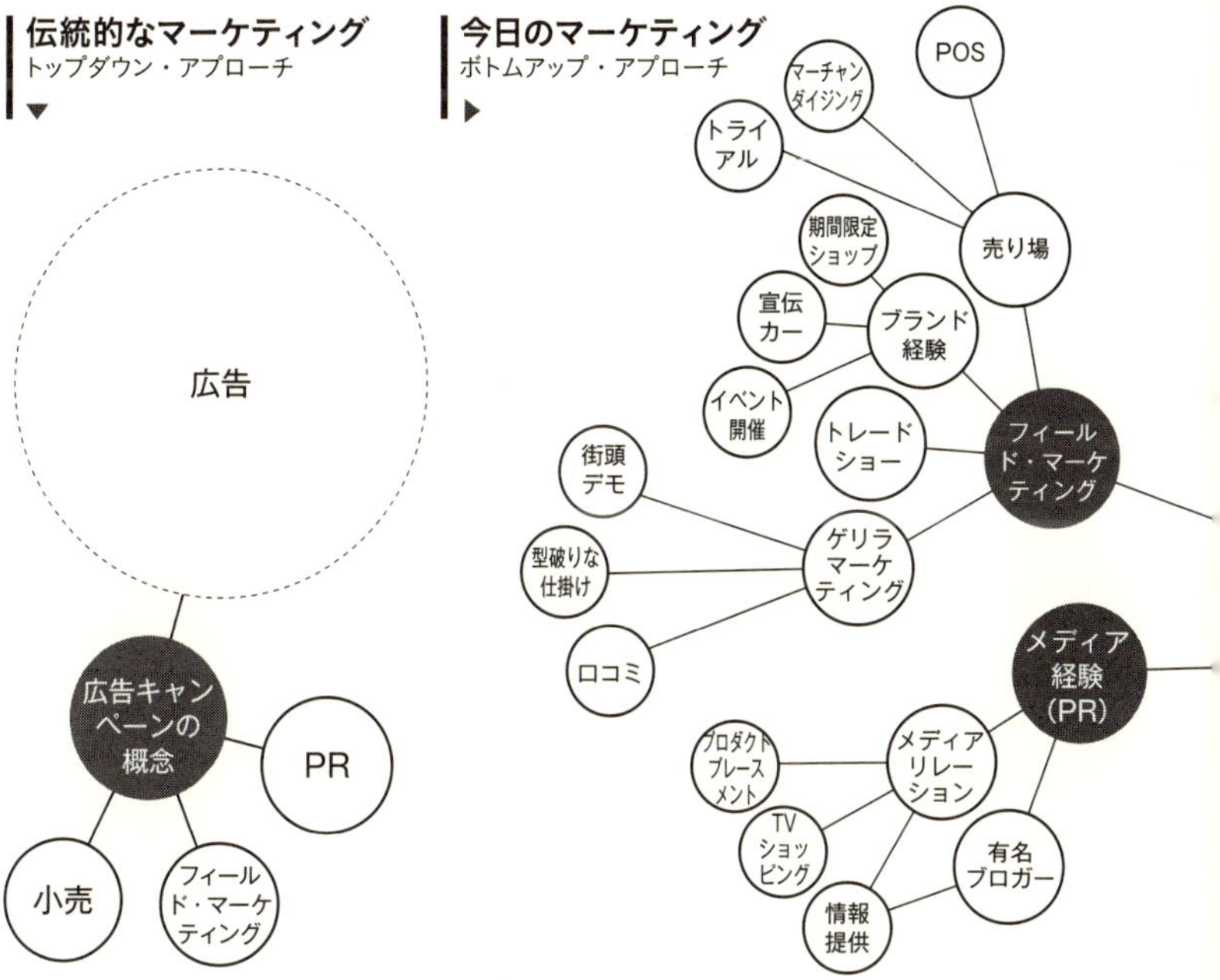

▲**指揮命令型から対話型へのシフト。** トップダウンではなくボトムアップが新しいマーケティングのあり方だ。

社内に留めるつもりだ。ここで、ブランド体験部の役割を紹介しよう。

PR

メソッドが二番目に採用した社員は、社内のPR専門家だった。消費者にブランド・ストーリーを語りかけ、フィードバックをもち帰るという双方向の役割を果たすPRを僕らは最優先事項と考えていた。PRを社内に組み込むことによって、報道関係者との対話から最新トレンドが見えてくるし、関係を深めながら信頼を築くことができる。報道メディアは代理人よりも、直接企業と会うことをつねに望んでいる。僕らは報道関係者を小売業者と同じように捉えている。彼らは協力者であり、パートナーである。

ソーシャルメディア

外部の代理店に仕事を委託しても、結局、顧客からひっきりなしに電話を受けることになるだろう。今日のマーケティングは顧客との対話という形でリアルタイムに進行する。ウェブ上の広告キャンペーンであれ、インタラクティブなサイトの構築であれ、ソーシャルメディア担当部門を社内におけば、時間と費用の削減が実現する。

顧客サービス

コールセンターをインドに委託する企業があるが、まったく理解できない。電話をかけてくる顧客は、あなたの会社の商品をすでに使っている。これはマーケティングの絶好の機会であるだけでなく、新たな洞察を手にし、熱狂的なファンを増やし、さらには自分自身を法律的な問題から守るチャンスでもあるのだ。多くの企業が顧客サービスを厄介なものと考えるが、メソッドでは顧客サービスの専門家を他の主要部門と並んで本社の中心に配置している。また、スタッフ全員が交替で顧客サービスを受けもち、誰もが支持者のことを気にかける機会をもつようにしている。だから今度メソッドに電話したとき、僕らのどちらかが出ても驚かないように。

クリエイティブ

現代のマーケティングの成否は、資金力ではなく、コンテンツの魅力にかかっている。僕らは、ブランドとはすべての要素が同じベクトルに向かったときに最高の成果がもたらされる経験の集合体であると考えているので、クリエイティブをCEOに直属の事業部と位置づけている。彼らにリーダーシップを発揮させ、ブランドのあらゆる表現活動に関わりをもたせることで、官僚的な階層構造で圧迫することなく、リアルタイムにコミュニケーション・ストーリーをつくれるように支援している。

最後になるが同じく重要な事項として、徹底したブランド化を実践するには、裸になることが必要だ（いやいや、残念ながら、文字どおりの意味ではない）。メディアの透明性が高い世界では、ブランドへのアクセス手段を用意し、ブランドに関する情報を提供することが、マーケティングの一形態、またはマーケティングそのものになろうとしている。生産を中止した商品の再販売に関する一〇代の支持者からの要望に対応するときも、七〇代の厳格な菜食主義者からの成分の問い合わせに回答するときも、表には現れない詳細な情報を提供することに全力を尽くしている。支持者の誰もが（それどころかまだ支持者ではない疑り深い人々も）それぞれの関心度に応じて、メソッドのブランド哲学から日々の業務に至るまで、どんなことでも知ることができる。当然のことながら、せっけんのボトルの裏側にすべての情報は盛り込めないので、もっと詳しく知りたい人々のために、ウェブサイトに「ボトルの裏側《ビハインド・ザ・ボトル》」というコーナーを設けて、メソッドのサステナビリティを説明している。これは、消費者が玉葱の皮を剝ぎ取るようにしてメソッドを知り尽くすための手段の一例にすぎない。みなさんもぜひwww.methodhome.comを訪れていただきたい。

小さなグループに徹底的に奉仕する

僕たちのように多くのビジネス・カンファレンスに出席している方なら、「顧客ピラミッド」の概念をよくご存じだろう。マーケターが顧客層の内訳を説明するときに使う三角形の図で、底辺に広がるのが関心の低い購入者層、最上部の小さな部分がロイヤルティの高い購入者層を表している。

支持者の共感を呼ぶという僕らのこだわりが目指すのは、顧客ピラミッドをさかさまにすることだ。つまり、メソッドの本当の支持者である熱狂的なまでに信頼を寄せてくれる顧客を最大のグループに成長させ、底辺を占める関心の低い顧客層を縮小する。するとどうなるか。少ない顧客（小さな市場シェア）が、より多くの商品を購入することになる（大きな顧客シェア）。ピラミッドをさかさまにする発想は少数派の顧客層を相手にすることにほかならないから、多くの経営者は尻込みする。しかし、マスメディアの影響力が低下した世界では、対象顧客を絞り込み、効率的なマーケティング・モデルを構築するしか道はない。いまや、ニッチ市場こそリッチな場所なのだ。

　逆ピラミッドが功を奏する理由はいくつかある。まず、よく知られているように、既存の顧客にもっと多くの商品を購入してもらうほうが、新たな顧客を獲得するより費用が少なくてすむ。メソッドについていえば、アメリカだけで二四〇億ドルにもなる市場のわずか五パーセントを獲得できれば、一〇億ドルのブランドが誕生するのだ。長期的な視点に立てば、幅広い中間層に中途半端な提案をするより、ニッチ層に集中的に働きかけたほうがはるかに大きな市場が見込める。また、熱心な少数派は、ブランドの価値観のかがり火となってくれる。やがて、明かりに導かれ、その価値観に共鳴した人々が集まってくる。アップルは独

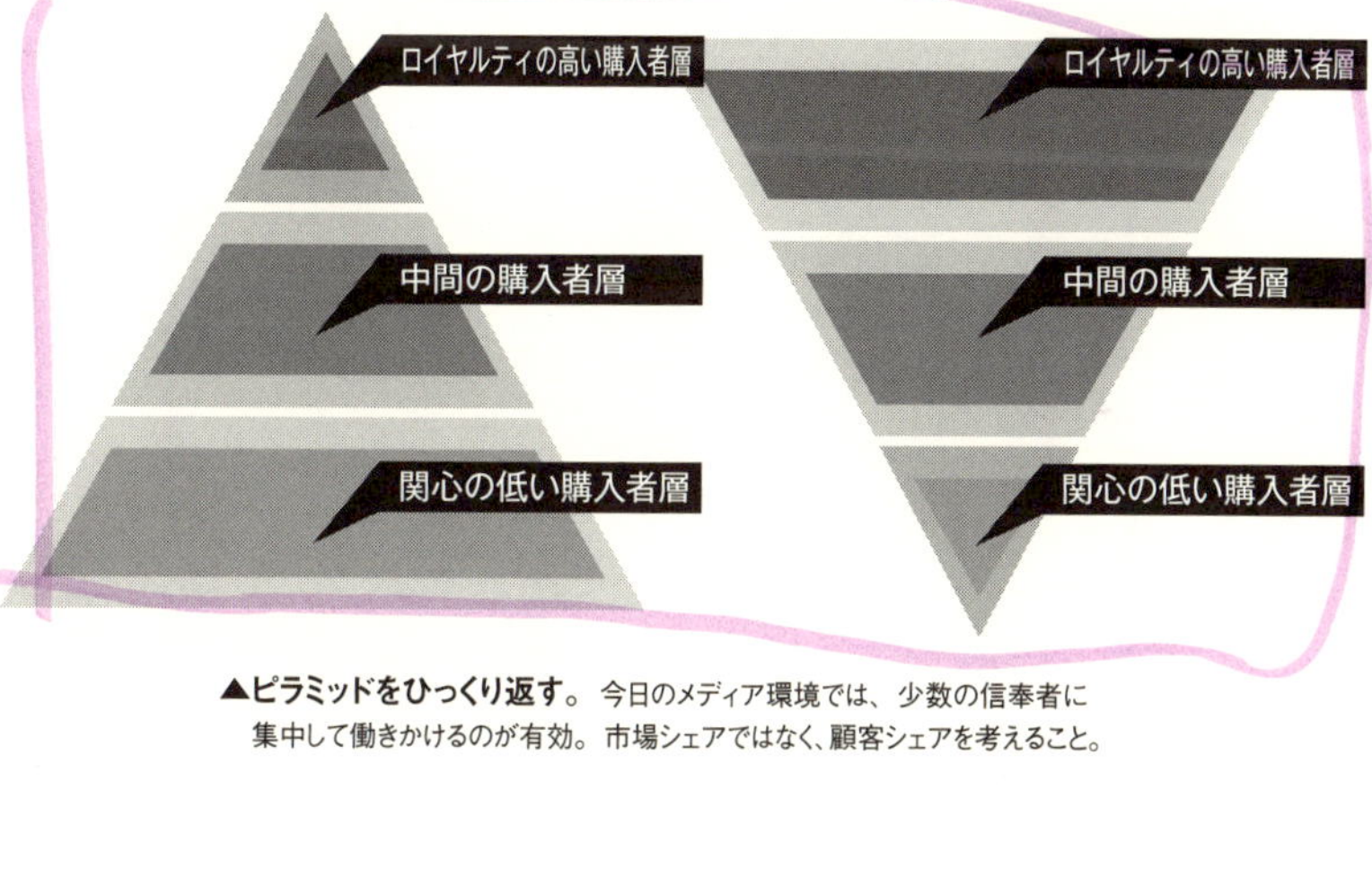

▲ピラミッドをひっくり返す。 今日のメディア環境では、少数の信奉者に集中して働きかけるのが有効。市場シェアではなく、顧客シェアを考えること。

創的なデザイナーに、ナイキはトラックランナーに、レッドブルは奔放な若者に照準を絞った。今日大きな成功を収めているブランドはいずれも、ニッチな信奉者に集中的に働きかけることから始まった。こうした傾向は音楽ビジネスでも同じだ。アーティストは評判が広まるまで、少数の熱心なファンを感動させなくてはならない。

ＬＣＤサウンドシステムやフライト・オブ・ザ・コンコルドのライブを体験したことがあるだろうか。あれこそまさに僕らが目指すものだ。他方、大企業は新ブランドを売りだすことにかけてはひどい打率だ。最大の理由は、コアな信奉者から始めて忠実なファン層を広げるまでの忍耐力が欠けていることにある。

もう一つ、小さなグループに的を絞る利点は、それが究極のロイヤルティにつながることだ。どのようなビジネスでも、より安い価格を提示する競争相手の存在は避けられない。あなたが取り扱う商品が高級志向であればなおさらだ。しかし、ロイヤルティの高い購入者は、他のブランドが提案する一回限りの値引きのオファーをはねつけ、あなたの商品に踏み留まる。そして、支持者はあなたの新しいアイディアに対してリスクをとることを恐れず（このことは、思想的リーダーの地位を確立できるかどうかが成功を左右するメソッドのようなビジネスにおいては特に重要である）、あなたの商品の普及率の向上に協力してくれる。

メソッドでは的を絞った小さなグループをさらに三つの典型的なタイプに分けて考えている。環境保護に熱心なタイプ、流行の先端を行くタイプ、ステイタスを求めるタイプだ。これらを合わせるとアメリカの世帯の約二七パーセントを占める。これは、どの競争相手よりも僕たちが高い満足感を与えることのできる選択された集合であり、一〇億ドル規模のブランドを目指すのに十分な母体である。これらのタイプの共通の関心事は、環境と家庭の健康、そして優れたデザインだ。これほど幅広い理由で消費者を惹きつける可能性のあるブランドは多くないが、その多様性こそがメソッドの魅力に広がりと深みを与えている。

ムーブメントを起こす

他の企業の人々から訊かれることがある。「どうしたら、フェイスブックなどのソーシャルメディアを活用して熱心な顧客をつなぎとめられるでしょう」。多くの企業はいまだに信奉者を自分たちが配置すべき軍隊と見なし、昔ながらのトップダウン型の統制スタイルを敷いている。せいぜい頑張ってもらいたい。顧客と心を通わせるには、友だちと同じように接することだ。何といっても、支持者があなたのブランドを支持してくれるのは価値観を共有しているからだ。目指すべきは、自らの行動や支持者との交流を通して共有する価値観を確固たるものにし、支持者の共感を呼ぶことだ。軍隊のように動かそうと考えるのではなく、共有する価値観をさらに高めるコンテンツを提供し、支持者が参加するための道具を差しだすことだ。メソッドの支持者は、わが社が環境を気づかい、デザインを重視していることを高く評価している。私たちはまさしく価値観を共有しているし、こうした価値観を効果的に伝達するマーケティング・プログラムを提供している（たとえば、僕らの最初の著書『スクイーキー・グリーン（*Squeaky Green*）』を配布したりする）。

支持者の共感を呼ぶことを本当に望むなら、マーケティング・コミュニケーションの目的はムーブメントを起こすことになる。自分自身について語ることが従来の広告キャンペーンなら、支持者について語るのがムーブメントだ。それはいつでも、深い情熱に駆り立てられた少数の人々から始まる。彼らは、当事者意識と力強いアイデンティティを共有している。キャンペーンには始まりと終わりがあるが、ムーブメントはいつまでも生き続けるだろう。

ムーブメントを起こすため、メソッドではコミュニケーションを「変化」と「参加」という二つの要素の周辺に位置づけている。すべてのマーケティング戦略は、何らかの変化（商品、業界あるいは世の中の変化）に意識を集め、支持者の参加を促す（新しいことを起こす活動が具体化して市場に影響を及ぼす過程に支持者が関わり、主導権の一部を担うことを奨励する）ものであるべきだ。

変化を訴えることは、選挙運動とさほど変わらない。選挙シーズンになると電波網が中傷広告でいっぱいになるのはなぜか。効果抜群だからだ。政治家は、市民に新しいものを提案するより、すでに存在するものを否定するほうが手っ取り早いと知っている。社会的変革を達成しようとするブランドとして、メソッドは選挙戦を戦う政治家と同じような立場にある。僕らはマーケティング活動とは、支持者の中心グループが変化に向けて団結するように導く選挙運動だと思っている。

もちろん、選挙で勝つにも、変化を起こすにも、反対するだけではだめだ。何かに賛成することが必要だ。それまでとは違う新しいアイディアがなぜ優れているのかを説明しなければならない。メソッドは反対するものと賛成するものを並べてメッセージに込める。たとえば、汚いものに反対し、きれいなものに賛成する。排除したいもの（有害物質、液体洗剤の巨大ジャグ、漂白剤のにおい）を列挙したら、簡単に手に入れることができる私たちが理想とする代替案（自然由来の成分、コンパクトボトル、ピンクグレープフルーツの香り）を提示する。支持者には希望を与え、変化を身近なものにしなければならない。

私たちは、お母さんたちが使ってきた一流企業の商品に問題のある有害物質が使われていることを説明しなくてはならないが、過度に恐怖を与えたり、うんざりさせたりしたくないので、わが社の商品を優秀で安全できれいな代替品として提案する。非常に効果の高いキャンペーンとして、「ちょっと汚い秘密」というのがある。もっとも信頼されている洗剤ブランドに不快な成分が含まれていることをすっぱ抜くキャンペーンだ。柔軟剤を例にとろう。あなたの服をあんなにふんわりさせる主な成分が何かご存じだろうか。答えは獣脂――牛の脂だ。そう、あなたのエジプト綿にはなんと牛の脂がしみこんでいる。汚い。メソッドは世の中に絶対菜食主義の柔軟剤を提供し、支持者を感動させた。特に動物虐待に反対する人々からの反響が大きかった。現に、動物保護団体ＰＥＴＡはこのアイディア（とその他のアイディア）を高く評価し、僕たち二人を二〇〇六年のパーソン・オブ・ザ・イヤーに選んだ。それだけでも名誉なことなのに、ＰＥＴＡの評価を得たことはマーケティング上も重要な意味がある。メソッドが世界でもっとも信頼されている動物保護団体から認められたことになるからだ。

僕らは支持者からインスピレーションを受け、崇拝する人物から新しい着想を得る。僕らにとってアイディアの宝庫というべき人物の一人が、『イーティング・ザ・ビッグ・フィッシュ（*Eating the Big Fish*）』の著者アダム・モーガンだ。彼が既存勢力に挑戦するブランドに向けて提唱する「モンスターを探せ」という効果的なアプローチを紹介しよう。モンスターとは、あなたと顧客の共通

▲**洗剤革命。** 支持者を感化するには、彼らと共有する価値観に基づいたムーブメントを起こすこと。支持者が何を買うかではなく、何に賛同するかが問題だ。

の敵だ。メッセージを浸透させるのに時間を要する場合、共通の敵について支持者と対話することで、支持者との絆が深まり、前進しやすくなる。

　たとえば、メソッドが発表した斬新な洗濯洗剤は従来の商品とあまりにも違っていたので、それが生活に与える変化を消費者に説明しなければならなかった。そうなると引き立て役が必要だ。この場合、どこの家庭にもある巨大なジャグがうってつけの引き立て役だった。「巨大ジャグにノーと言おう」と謳った広告キャンペーンでは不格好な巨大ジャグを怪物として描き、メソッドのシンプルで手間いらずなポンプ式ボトルはヒーローになった。

デイジーをめぐるひと騒動は、まさにモンスター級の大チャンスだった。メソッドでは何年にもわたり、商品の優しさとナチュラルさの象徴としてパッケージやマーケティングに一輪のデイジーを使ってきた。ある日、サンフランシスコ湾の対岸に本社を構える友人クロロックスから届いた郵便を開封すると、我々の商品の販売停止を求める分厚い手紙が入っていた。どうやら、クロロックスのエコ洗剤ブランド「グリーンワークス」もマーケティングにデイジーを採用しているらしく、法的手段も辞さないと書いてある。警告状だ。クロロックスは、平和と美しさの普遍的象徴であるデイジーの所有者が自分たちだと主張している（わが社が五年以上も前からデイジーを使っていたという事実はこの際脇においておこう）。それまで、デイジーの権利を独占することなど思いつきもしなかった。デイジーという商標に権利者がいるとすれば、それは母なる自然しかないという気持ちだった。

もちろん、デイジーを使う自由を放棄するつもりはなかったが、莫大な弁護士費用を払う気もなかった。ベン&ジェリーズのジェリーが競合会社ピルズベリー本社前で「一人でピケを張った」ことにヒントを得て、僕たちは支持者に頼った（訳注　一九八四年、人気急上昇中のアイスクリーム会社ベン&ジェリーズは、当時ハーゲンダッツを所有していた製菓会社ピルズベリーから販路を妨害されたとき、「ドーボーイは何を恐れているのか」とスローガンを掲げて対抗した。ドーボーイはピルズベリーのマスコット）。僕らはインターネットで呼びかけた。「自然を自分のものだと主張する大会社と闘うために力を貸してください」（誰がモンスターか言うまでもないだろう）。それから、クロロックスにチャーミングな返事をした。「一輪の花のことで争うなんてばかばかしいと思いませんか。デイジーの所有者が誰か、世論に決めてもらいましょう」。マイクロサイトvotedaisy.comをご覧いただきたい。クロロックスからの警告状と、僕たち二人が事情を説明するビデオが張り付けてある。僕らは、デイジーの所有者は誰だと思うか投票を呼びかけた。選択肢はメソッド、クロロックス、母なる自然。

votedaisy.comは開設から数時間後に、ニューヨーク・タイムズ紙で取り上げられた。大勢の人々が投票し、当然のことながら母なる自然が圧勝した。そして、支持者の強い意志の証として、何百人もの弁護士が無報酬で法律上の助言を寄せ、僕らの言い分が正しいことを請け合ってくれた。結果は、クロロックスからは二

▲**参加を呼びかける。** 弁護士費用を払うことなく、支持者を世論という法廷に招き、デイジーの所有権について判断してもらった。

度と連絡がなかったといえば十分だろう。

失敗の解剖学――泡のたわごと

これまで、ほとんどの洗剤に恐ろしい有害物質が含まれていると話してきたが、ラベルを見ただけでは判断できない。アメリカの法律では、口に入れたり肌につけたりする商品（食品、飲料、パーソナルケア商品）に関してはメーカーは原料を開示する義務を課せられている。ところが、ホームケア商品は野放しだ。しかも、消費者関連市場で使用される化学物質のうち人体への長期的な影響が分析されているのは、一〇〇〇に一つ程度にすぎない。そう、これは大問題だ。

メソッドでは、すべての商品の原料を分子レベルで説明できる。なぜなら、競争相手と違って、隠すものがないからだ。二〇〇九年に入り、上院議員のアル・フランケンとスティーブ・イスラエルが、わが社のような企業に対して成分情報の開示を義務づける家庭用品表示法案を提案した。僕たちはこれを、支持者を動員して重要な問題への関心を高める好機と考え、直ちに行動を起こした。広告代理店ドローガ5とパートナーを組み、「シャイニー・サッズ」という架空ブランドを設定して（悪役の投入）、昔ながらの洗剤のコマーシャルを風刺する愉快なビデオを制作した。

ビデオはよくある洗剤のコマーシャル風に始まる（いかにもそれらしいＣＭソングが流れている）。アニメの泡たちがバスタブをぴかぴかに磨き上げるのを、女性が嬉しそうに見ている。暗転して翌朝。女性がシャワーを浴びようと再びバスルームにやってくると、驚いたことに泡たちがまだ居座っていた。この「汚い」泡たちは、自分たちのことを「徹底した」掃除に使われた有害物質の残りだと言い、シャワーを浴びようとする女性に野次を飛ばして嫌がらせをする。ビデオは最後に、洗剤に何が含まれているかご存じですかと消費者に問いかけ、上院議員に法案の支持を伝えるEメールを送信できるマイクロサイトのURLを紹介して幕を閉じる。

ちょっとセクシーすぎると感じる視聴者がいることは分かっていたが、侵入されている感覚を表現することで問題の重大さを伝えたいと思っていた。出演者には自信に溢れた雰囲気の女性を慎重に選び、ヴィクトリアズ・シークレットのコマーシャルよりは肌の露出を抑え、泡たちが脅威ではなくうっとうしい感じに見えるようにした。それから、念には念を入れ、完成した作品をアル・フランケンとスティーブ・イスラエルの各事務所に視聴してもらい不満がないか確認し、さらに配信開始の四八時間前には、一〇〇〇人以上の出席者を集めたあるカンファレンスで試写会を行った。

▲**主導権を分かち合う。**家庭用品表示法案を支持するため、洗剤がどんなに「汚い」か、問題提起した。

聴衆から称賛の声があがり、翌日にはニューヨーク・タイムズ紙が好意的な記事を掲載してくれたので、この路線で間違いないと確信した。

水曜日の朝、Eメールで支持者にビデオを送り、メッセージが広まることを願った。そして、そうなった。再生回数は一時間で数千件に達し、数日後には一〇〇万回を超え、一週間でYouTubeの再生ランキングで三四位をマークした。評価はほとんど五つ星で、多数のオンラインニュースでも高評を得た。

まさに大ヒットだが、これがなぜ失敗の解剖学なのか。つまるところ、僕らが学んだのは、会話の主導権を手放すと、それは思いがけない方向へ進む危険があるという教訓だ。再生回数が二〇〇万回近くになった頃、顧客サービスの電話やブログに怒りのメッセージが寄せられるようになった。一部の人たちには、メソッドがアニメの汚い小さな泡たちの不品行を容認しているように見えたのだ。

このキャンペーンの狙いは、視聴者に行儀の悪い泡たちを見せてゾッとさせることではなく、洗剤の成分表示の透明性について意識を高めることだった。それでも、ビデオに対する懸念は理解できたので、YouTubeをはじめとする媒体から可能な限りビデオを削除した。メソッドが意図して誰かを傷つけることは決してないが、これは人々の声に耳を傾け対話するという僕らの信念に従った判断だった。大事なことは、コミュニケーションは思わぬ方向に進むこともあるが、自分の価値観をしっかりともち続けていれば、支持者もしっかりついてきてくれるということである。

支持者の共感を得るミューズ——イノセント・ドリンクスの男たち

飛行機に飛び乗り、海を越え、どこでもいいから飲み物を売っている店に入ってみよう。きっと、小さいけど素敵なスムージーのブランド、イノセントが見つかるだろう。メソッドに姉妹がいるとしたら、こんな会社だ。創業者のリチャード・リード、アダム・バロン、ジョン・ライトは、僕たちと同じようにかつて広告業界と科学の世界に身をおいていた。年齢もほとんど一緒だし、会社を立ち上げた時期も一年と離れていない。月曜の朝会、人工芝の卓球室、人と環境部——これらはイノセントから盗んできたアイディアのほんの一部だ。

イノセントはあらゆる手段をメディアと位置づけ、思いつく限りの顧客接点を利用する。彼らの手にかかれば、ボトルのラベルだって立派なメディアだ。それだけで、一週間に二〇〇万人の目に触れる可能性を秘めている。ボトルをひっくり返すと、こんな言葉に驚くかもしれない。「助けて、ペットボトル工場から脱出できません！」（そうきたか、このアイディアも盗むべきかもしれない）

メソッドと同じように、イノセントも金儲けより大きな目的をもっている。人々の人生と食生活を健康的にすることを使命とし、果物と野菜の理想的な量を楽しく簡単に摂れる飲料や食品を提供している。どのような形のマーケティングでも、イノセントが支持者の参加を求めないものはまず見当たらない。フルーツストック・フェスティバルと称してチャリティー・イベントを開催したり、最近ではつぎの広告制作を消費者に任せたり、さまざまな形で参加を呼びかけている。イギリスで

▲イノセントの声。 ダン・ジャーメインは、心に響く言葉とは一人の相手に向けて書くものだと教えてくれた。

誰かをつかまえてイノセントについて訊ねてみて欲しい。きっと誰もが「愛している」という言葉でこのブランドを語るだろう。イノセント自身が真心を込めて、人懐っこく接するからこそ、溢れんばかりの愛情が返ってくる。彼らは実に愛すべき口調でまっすぐ誠実に語りかけてくる。あなたもたちまちその理念に魅了されるだろう。

僕らはイノセントが発する声にあまりにも感動したため、その声の主であるダン・ジャーメインを盗みだすことにした。話は簡単だ。ダンを交換留学生として一週間貸してくれませんか。お礼にうちの一番優秀なスタッフをお貸ししますから。

ダンは一週間かけて、メソッドの

発する声がよく響くように手助けしてくれた。そしてマーケティングに関して、最良のアドバイスをしてくれた。「一人の相手のために語りかけること」。そう、まさに小さなグループに的を絞るということだ。あなたの声をもっと響かせる秘訣は、自分自身の言葉を使うことだけではない。さらに大切なのは、家族や友だちに語りかけるのと同じように、真心を込めて語ることである。さて、僕たちはどうだろう。ダンの教えをちゃんと守っているだろうか。

OBSESSION 3　BE A GREEN GIANT

第3章

こだわり3
グリーンジャイアントになる

サステナビリティを個人的なものにして、スケールの大きい変化を呼ぶ僕たちがメソッドという会社を興した背景には、環境と健康を脅かす危機を克服するには、ビジネスにこそチャンスがあるという思いがあった。なんといっても、ビジネスは地球上で最大の影響力を行使し得るシステムだ。

産業革命以来、ビジネスは人間の健康と地球の状態を犠牲にして成長と利益を追求してきたが、必ずしもそうである必要はない。カーネギー研究所で環境問題に取り組んできたアダムは、改宗した人々にお説教することにもどかしさを募らせていた。最先端の科学は人類に対して自然との関係を再考すべきだと警告しているのに、自分の仕事といったら、環境問題を専門とする科学者向けの目立たない機関誌に論文を発表するだけだ。アダムは、変化を起こすには、政策よりもビジネスのほうが優れた手段だと気づいた。なぜなら、ビジネスはより多くの人々と日々関わり合い、(皮肉にも)より民主的だからだ。ただし、ビジネスといっても、誰もが考えるありふれたビジネスではない。思い描いたのは従来とは根本的に異なる、斬新なデザインのビジネスだ。こうして僕らはそれまでとは違う会社をスタートさせた。それまでとは違ったやり方で、それまでとは違う商品を提供する会社だ。

soap = hope
method. + HOPENHAGEN
come on, people.
become a citizen at hopenhagen.org

▲グリーンな製品をつくるのはグリーンな企業だけ。 メソッドでは、改宗者を相手に説教するのではなく、グリーンをメジャーにするために努力している。

今日、グリーンムーブメントは革命とまやかしの両極のあいだをさまよっている。この一〇年でグリーンな製品にグリーンなサービス、グリーンなマーケティングが大流行し、環境保護活動は矮小化されかねない状況だ。環境への配慮を誇張して宣伝する「グリーンウォッシュ」と呼ばれる悪辣な企業が横行し、何が本当にグリーンなのか消費者を惑わせる。グリーンバブルが生まれ、小売業者やメディアは消費者の心理に便乗する。こうした混乱が招くのは、グリーンムーブメントにとっての最大の脅威、すなわち消費者の無関心である。

環境問題が声高に報じられるた

びに、消費者の感覚は麻痺してゆく。ペットボトル入りのミネラルウォーターを非難されたのでナルゲンの水筒を買う。すると、フタル酸エステル（内分泌攪乱物質と呼ばれる化学物質で体内に蓄積してホルモンを模倣する）が含まれていることを知らされる。それではと、シグのアルミボトルに切り替えると、今度は内側のコーティング材にビスフェノールAが含まれているという。そう、これもあなたのホルモンを攪乱する物質だ。こうした過剰な情報を浴びた消費者は、もはやどうしてよいか分からなくなる。

雑音に取り囲まれた人々はやがて信頼のおけるブランドが真実を教えてくれることを願うようになる。そして、消費者はいとも簡単に世界最大級の汚染企業が製造する「グリーン」な製品を受け入れてしまう。驚くにはあたらない。何しろ、アメリカでは巨大な汚染企業こそ、グリーンな企業のメディアランキングの常連なのだ。『ニューズウィーク』誌のランキングを見ると、各社のスコアとグリーンマーケティングへの支出に由々しき相関関係があることに気づくはずだ。

このような状況にあって、僕たちは「ライトグリーン」な殻（気さくで親しみやすい魅力）をまとった「ダークグリーン」なビジネス（厳格な環境保護の原則）に勝機があると考えている。メソッドでは、サステナビリティはマーケティングのポジショニングではなく、あらゆる仕事の根底をなしている。舞台裏から徹底してサステナビリティの理念にこだわっているからこそ、グリーンであるか否かを超えた次元で、最高のクリーナーを世に届けることに邁進できる。消費者に対してサステナビリティのメッセージを浴びせかけるのではなく、商品の使い心地や個性的な魅力を通して喜びを感じてもらうことができるのだ。

僕たちは、サステナビリティへの執着をことさらに強調せず、あくまでもそれをメソッドの商品の特徴の一つにしたいと願っている。これまでのところ、それは成功のレシピとして通用してきた。そうすることで、うわべだけのグリーンブランドがドードーのたどった道をゆっくりと歩むなか、メソッドのブランド・アイデンティティを前向きで楽観的なものに保ち、僕らは革新的であり続けられる。大事なのは、人々が心から「買いたい」と思う本当にサステナブルな商品を提供し、その結果としてグリーン志向が主流になるようなアプローチだ。消費者の我慢を前提としたグリーン商品を無理強いしても、本当のグリーン志向は生まれない。

グリーンウォッシュの氾濫にもかかわらず僕らが楽観的でいられるのはなぜか。インターネットの透明性とソーシャルメディアのオープンさは、企業の本音と建て前の矛盾を暴きだし、人々の関心をあなたの発言ではなく行動に向かわせる。メソッドは設立当初から有言実行を貫いてきたから、誠実であることにかけては競争相手にはるかに勝っている自信があるのだ。

サステナビリティはチャンスだ。ますます小さくなり、熱を帯び、混み合ってきたこの地球で、賢明な企業は新たな方法で競争優位をつかもうとしている。サステナビリティは環境に好影響を与えるだけでなく、あなたのビジネスやキャリアをも左右するようになるだろう。これから事業を始めるつもりなら、グリーンは強みにもなれば弱みにもなる。サステナビリティは刹那的な消費者行動に反応する一過性のトレンドではなく、私たちが生活の質を向上させ、より良く生きるためにいかに資源を利用するかという問題だ。私たちに突きつけられた現実は、科学とビジネスが交わる領域である。その現実から目を背ければ、高い代償を払うことになるだろう。

サステナブルなイノベーションの逆説

究極のサステナブル製品を想像するのは簡単だ——環境にも社会にも一切の悪影響を及ぼさない製品。ではどうして、それが存在しないのだろう。その答えは、もっとも忘れがちなイノベーションの中心的な要素、つまり人間にある。

イノベーションが真に革新的であるためには、それが人々の役に立っていなければならない。それも、少数ではなく多くの人々の役に立つべきだ。グリーン革命の担い手を自負する僕らにとって、画期的な新製品が少数の恵まれた人々の手にしか届かないという話を聞くのが何よりも腹立たしい。それはイノベーションと呼ぶに値しない局所的な事象にすぎない。端的にいえば、革新的な技術や創造性ではなく、人々に受け入れられることこそがイノベーションの成立要件なのだ。

イギリスの洗剤業界で考案された画期的なシステム、詰め替えステーションを例にとろう。使い切ったスプレーボトルを店舗にもち込んでバーコードにかざすと、コップに炭酸飲料を注ぐ感覚で中身が充填されるシステムだ。あなたはディスペンサー付きボトルを買わずに中身だけを入手でき、小売店は不必要にプラスチックを拡散させずにすむ。なるほど、実によいアイディアのように思える。

ところが理論的にはよさそうだが、このアイディアは消費者に受け入れられるかどうかを考慮していなかった。買い物に行くのにエコバッグでさえしょっちゅう忘れる。スーパーマーケットに到着してからクリーナーを切らしていたことを思いだしたとして、あなたはどうするだろう。新しいものを買う、そうに違いない。掃除という活動が可能な限り意識の外におかれるものであることからすれば、消費者にさらなる努力を求めるのは命取りになりかねないのだ。

最良のイノベーションは有意義な効果を消費者自身が実感することによって実現する。だから、消費者に求める行動の変化がより良い生き方に結びつくことを明らかにする必要がある。詰め替えステーションとは対照的に、メソッドの詰め替え商品は大いに成功している。それは、商品の利点と使い方が消費者にとって一目瞭然だからである。

メソッドの詰め替え商品の最大の成果は、サステナビリティ上の効果ではない（確かにプラスチックの使用量を八〇パーセント削減するという目覚ましい数字を達成しているが、その点では詰め替えステーションだって同じだし、濃縮原料を使うから水分の輸送量まで削減している）。詰め替え商品の最大の成果は、実際に非常に多くの人々が洗剤を使い切るたびにボトルとディスペンサーを買い直すという習慣を断ち切ったことだ。このように習慣を変化させれば、さらなるイノベーションの機会がもたらされる。たとえば、濃縮原料を詰め替えステーションで供給する形態をもっと改良して、サステナブルかつ受け入れられやすいサービスを提供できるようになるかもしれない。メソッドがそれを実現するとすれば、利便性の向上を最優先に位置づけ、消費者にさらなる努力を求めるのではなく、商品をより使いやすく、より楽しく使えるものにすることを目指すだろう。

消費者が関わり、主導権を握ることで生まれるイノベーションの連鎖はまさに理想的だ。サステナブルな未来への着実な歩みは、こうした小さな一歩の積み重ねなのだ。したり顔の学者や評論家は市場を傍観し、もっとサステナビリティを前面に押しだした商品を供給し、消費者にそれを「使わなければならない」理由を自覚させよと批判するだろう。だが、大事なことが見落とされている。消費者がその商品を使いたいと心の底から思わない限り、変化を起こすことはできないのである。

このような観点からつぎの話題に移ろう。消費者に犠牲を強いたり、新しい習慣を強制したりすることなく、あなたの商品を「使いたい」と思ってもらうにはどうしたらよいのだろうか。

欲望は善である

欲望は進化の精神の真髄を捉えている。

——ゴードン・ゲッコー、『ウォール街』(一九八七年)より

新説を披露しよう。ゴードン・ゲッコーは熱心な環境保護論者だったに違いない。欲望のアイコンがどうしてグリーンなのか。それは最近、世界中の企業がこぞってグリーン志向を標榜するようになったのと同じ理由からだ。サステナビリティを推進することが、収益改善に直結するからである。

環境に配慮すれば出費が増加するという思い込みは、もはや根拠を失おうとしている。ゲッコーが欲望について指摘したように、今日のビジネス生態系において環境保護主義は前向きな行動の原動力となっている。直接的に環境を改善する活動はもちろんのこと、資源と費用を節約する画期的なパッケージから輸送の効率化に至るまで、サステナビリティの経済的なメリットに強い関心が集

まっている。

実際、グリーンな企業は環境保護に向けた新しいアプローチをビジネスに取り入れる方法を学びつつある。それによって、競争優位を獲得し、差別化を図ろうというのだ。大手小売業者は、何百万トンもの梱包材をリサイクルし、廃材を処分場に輸送するばかりだったコストセンターをプロフィットセンターに転換している。世界有数の卸売業者のいくつかは、トラック輸送を鉄道輸送に切り替えることで燃料費と人件費の削減を達成した。ゲッコーはきっと、こうした取り組みの動機を大いに称賛するだろう。そう、企業の行動はあくまで利己主義に基づいている。

どういうことか説明しよう。人間の利己的な動機が勇敢で自発的な行動と社会変革を促し、結果的に博愛につながることは珍しくない。企業についても同じことがいえる。普通は、環境保護を考えるとき、利己主義を連想することはあまりない。どちらかといえば、自己抑制という言葉を連想するだろう。だが、人々は環境保護についてお説教されることにうんざりしている。「電気を消しましょう、コンセントを抜きましょう、ペットボトルの水を飲んではいけません」。もう、いい加減にしてくれ。母なる地球はいったい、いつから退屈でやかまし屋のおばあちゃんになってしまったのだろう。本来、そんなふうである必然性はない。サステナビリティはセクシーになれる。もっと賢く立ち振る舞える。そして、それがもっともうまく機能するのは、利己的な動機に突き動かされるときだ。だから「利己的であれ」という皮肉は僕らのお気に入りなのだ。私利私欲とは縁遠い目的を達成する道は、利己主義だと考えている。

環境革命と聞いてイメージするのは、苦行僧めいた風采の指導者に長髪の変人たちが従うような姿ではないだろうか。風呂の残り湯を再利用し、服は自分で縫い、冷蔵庫には一〇〇パーセント天然素材の脱臭剤を使う。そういう人々が存在するのも事実だ。節水を呼びかけるスローガンも結構だ。おしっこ《イエロー》だったら流しっこ《メロウ》なし？

　だが、実際のところ、大半の自己中心的な環境保護の指導者たちは、信条よりも特異なステイタスを気にかけている。平等主義というより、エリート主義なのだ。こういうタイプの指導者はせっかく運動が活気づいても、成功を祝福しないばかりか、運動の輪をさらに広げようとすることもなく、ますます辺境に留まろうとする。しかし、どんな革命であれ、辺境に留まっていては長続きはしない。

　僕たちが目指す革命は、アームチェアでくつろいだ物言わぬ多数派《サイレント・マジョリティー》が推進するような運動だ。いかにして利己的な関心（金銭や感情に関わる利害）と私欲を超えた優先課題（社会と環境に関わる利害）を重ね合わせるか。それが、斬新なデザインのビジネスを志すメソッドの挑戦である。環境保護は、すべての人々を狂信的な反逆者に改宗させることでは達成できない。だから、僕たちは「環境のためにやろう」という発想には賛同しない。それではおのずと限界が見えている。気軽なグリーン活動家たちによる革命を主導するには、人々の深く個人的な関心を、より広い社会と環境の課題と一致させ、利己的でもっとも魅力的な選択肢がグリーンでもあるような仕掛けをつくる必要がある。

　僕たちにとって、消費者がメソッドの詰め替え商品を選ぶ理由が、プラスチックの使用量を八〇パーセント削減できるからでも、紫色の可愛いボトルを気に入ったからでも、一向に構わない。こう質問されることがある。「メソッドがグリーンであると知らずに買う消費者がいることに不満を感じませんか」。もちろん、消費者が僕らの大きな使命に共感してくれるに越したことはないが、地球はその違いを気にしない。もともと環境を意識していなかった人々が商品を購入すれば、いずれボトルを裏返し（あるいはウェブサイトを訪れ）、見た目の美しい商品を選ぶことが責任ある選択でもあると気づいてくれるかもしれない。たとえそうならなくても、消費者がグリーンな商品を購入したという事実は、紛れもなく前向きな変化への一歩なのだ。

環境保護を利己的なものにする運動の対象は消費者だけではない。グリーンであるというのは、あなたの同僚から競争相手に至るまで、関わり合うすべての人々に影響を与え、行動を促す活動だ。そして、他人にグリーンになる動機づけを与える秘訣は、それが正しいことだと説き伏せないことである。それよりも、人がもともともっている動機（お金の節約になります！　あなたのためになります！　使うと楽しい！）に乗っかるほうがはるかに簡単で効果的だ。

くれぐれも誤解しないでいただきたい。僕たちがグリーン志向なのは、トレンドに便乗しようという意図からではなく、それが大切だと信じているからだ。利己主義の議論はさておき、環境保護は人類が長期的に生き残るために絶対に必要だ。反論の余地はない。だからこそ、地球規模の視野に立つとき、「グリーンジャイアントになる」ことがメソッドのもっとも重要なこだわりなのだ。そもそも、僕たちが起業した理由もそこにある。目指すのは、幸せで健康な革命を家庭にもたらすため、ビジネスを通して前向きな変化を起こすこと。大げさだろうか？　そうかもしれない。それは、すべての企業の基本理念に掲げるに値するほど重要だろうか？　もちろんそうだ。

とはいえ、環境に優しい他の企業と同じように、メソッドもグリーンな企業であるというメッセージをどの程度強く発信すべきか悩んできた。環境一筋というイメージで固めてしまうと、それぞれの商品の革新的な技術や優れた効果、デザインの美しさなどが過小評価されてしまう。かつては、商品のグリーンな特徴の一部について投資家と消費者に説明しないようにしていた。なぜなら、他社の商品に比べて効果が劣ると見られたくなかったからだ。そのような誤解を避けるためにも、接点をもつあらゆる人々の利己的な欲求に訴えかける必要がある。では、僕たちが具体的にどうしているのか説明しよう。

消費者にとって利己的であること

これまで、個人的な欲求を満たす選択はグリーンでないのが普通だった。燃費の悪いSUV。高脂肪、高炭水化物の食品。何から何まで使い捨て。歴史を振り返れば、人は道徳的な行動と利己的な行動の選択肢を与えられたとき、たいていは後者を選択している。

グリーンな商品を選ぶとき、平均的な消費者はなぜそれを買うのだろう。個人的な欲求が満たされるからか、それとも社会に貢献できるからか。さあ、正直に答えて。答えは分かりきっているのだから。個人的な欲求は、必ずといっていいほど人類全体に関わる欲求に勝る（馬力と低排気ガス、あるいは余暇と慈善活動を比べてみればいい）。僕らの意図を誤解しないでもらいたいが、日頃から道徳的に立派な人もたくさんいる。しかし、人間がひしめき合って暮らす小さな惑星を救うには、それだけではとうてい足りないのである。

ある分かりやすい例を見てみよう。一九八〇年代、オーガニック運動の論調はこんな感じだった。「農薬は環境に悪いから、オーガニックフードを食べよう」。ほとんどの人はあくびをした。数年後、論点が変わった。「農薬は体に悪いから、オーガニックフードを食べよう」。今度は人々は関心を示した。牛乳にホルモンと抗生物質が含まれている？　女性は子どもたちのことを心配し始めた。男性は男なのに胸がふくらむことを心配し始めた。一般市民は、被害者が環境だけだったときは安い牛乳を買うのをやめようとしなかったが、自分たちの健康（あるいは男らしさ）が脅かされるとなると急に耳を傾けた。現在では、オーガニックな牛乳を並べていないスーパーマーケットを探すのは難しい。

洗剤業界もまったく同じ状況だった。地球のためにエコな洗剤を使おうだって？　うんざりだ。消費者は一度くらいは試してみたかもしれないが、値段が倍もするのに効果が半分となれば、使い続けるわけがない。所詮は、環境に与えるダメージを自分の目で観察することはできないのだから、利便性や洗浄力を犠牲にしろといっても無理な話だ。しかも、お隣さんが漂白剤をせっせと下水管に流しているとなればなおさらだ。購買の決定要因のインパクトが弱ければあっけなく無視されてしまう。だから、論点を個人的なレベルにシフトする必要がある。たとえば、有害な化学物質が私たちの住まいや体に入り込んでくる危険を説明するのだ。そうすると、議論は一気に身近で現実的なものになる。

僕たちは掃除に関する会話の方向性を転換させるため、家族、ペット、そして自分自身の健康をテーマに掲げる。新しい家庭用クリーナーの広告では、住まいの外側ではなく内側の空気をきれいにすることを提案している。そして、アームチェアの革命家に呼びかける。「自分を救おう。世界を救おう」。順番はこのとおりだ。ダークグリーンな使命とライトグリーンな殻のバランスをとり、消費者にとっての利己的な選択が責任ある選択でもあるように配慮しているのだ。僕らは、サステナビリティに真剣に取り組み、自分の行動のすべてをガラス張りにすることで、消費者との信頼関係を築いてきた。マーケティング活動においては誠実であることが何より大切だが、僕らのメッセージが個人的なものとして受け止められることにも注意を払っている。だから、メソッドが第一に「家」の環境に役に立ち、「地球」の環境はそのつぎの課題であると語りかけるのだ。

社会的使命を推進するブランドは、その使命

COLUMN

数年前、トイレクリーナーの発売記者会見のためロンドンに飛んだ（そう、何とも華やかな人生だ）。近年、イギリスの記者はひどく疑り深いことで知られているが、エリックがクリーナーについていかに無害か力説すると、ある記者が挑発してきた。「そんなに無害なら、飲めるんでしょうね」。引き下がれないたちのエリックは、クリーナーをひとくち口に含み、ぐいっと飲み干した。それからすぐに、イギリスの広報担当と記者の一人もエリックに続いた。言うまでもなく、メソッドのスタッフ二人が製品を飲んで（くれぐれも真似しないように）倒れでもしたら、広報活動は大失敗だ。しかも、イギリスの大手新聞社の記者まで具合が悪くなったら取り返しがつかない。会見を終えるやいなや、つぎのメールが交わされた。

エリック：おい、アダム、ロンドンでいま、トイレクリーナーを飲んだ。ルイーズも。あと有名な記者も。大丈夫だよな？

を個人的で身近なレベルで捉え直してみる必要がある。それは、「私にはどんなメリットがあるの?」という消費者の質問に答えることを意味する。人が深い愛情を寄せているもの(家族や友人、ペット、大好きな場所など)に目を向けよう。もし、あなたの使命が人々の生活とかけ離れているなら、そのままでは人々の行動を変えることは難しい。問題が壮大であるほど、それを人間の大きさに合わせて細分化すべきだろう。たとえば、氷河が消滅するとか、ホッキョクグマが暮らす場所がなくなるといった問題は、気候変動を心から気にかけている少数派以外にとっては遠い世界の話だが、なじみ深い地元のビーチが危機に瀕しているとなれば、地域住民は団結して行動を起こすに違いない。

個人的で身近なアプローチは、極端なまでの透明性を前提として初めて成立する。伝統的な企業は世界に自分をさらけだすと想像しただけで身震いするかもしれないが、それなくして顧客(あるいは「支持者」)との信頼関係は望めない。まずは、あなたの理想や目標に共鳴し、進んでリサーチをし、あれこれ質問するようなロイヤルティの高い顧客から始めよう。やがて評判と信頼が高まってきたら、関心がやや低い消費者とのつながりを強化し、それからようやく新たな支持者を獲得する段階に移ることができる。真のサステナビリティの道のりは長い。だから、企業は前進し続けなければならない。

アダム:そうだな、僕ならそんなことしないけど。
エリック:ごもっともなご指摘ありがとう。で、冗談抜きで、大丈夫だよな?
アダム:ああ。でもつぎはバスクリーナーにしとけ。ミントがそこまできつくないから。

OBSESSION 3

▲**あなたはどこに行き、家はどこから来たのか？**　あなたという存在は無害で分解可能だ。あなたの家もそうでありたいと望んでいるに違いない。

そのことを理解した支持者とともに歩もうとするとき、困難な挑戦の進捗状況を知る手段となるのが自分自身の透明性である。僕たちはいたらない点も含めて完全な透明性を保つことに努めている。失敗についても消費者の反響についても、率直に語り合うためだ。ご意見はありますか？　どんなことでも、info@methodhome.comにメールをどうぞ。あるいは1-866-9METHODに、ぜひお電話をください。何かがうまくいかなかったり、改善したい点があるときは、こちらからもみなさんにご連絡します。

透明性が素晴らしいのは、それが消費者と企業の関わり合いを深めてくれるからだ。消費者は企業の優れた面と不十分な面を評価し、より良い方向に導いてくれる。そして今度は、企業が消費者の背中を押す。そこらじゅうにある中途半端で名ばかりのグリーンではなく、新しいアイディアやアプローチを試してみて欲しいと働きかけるのだ。両者が共生関係に立ったとき、素早い変化と驚くようなイノベー

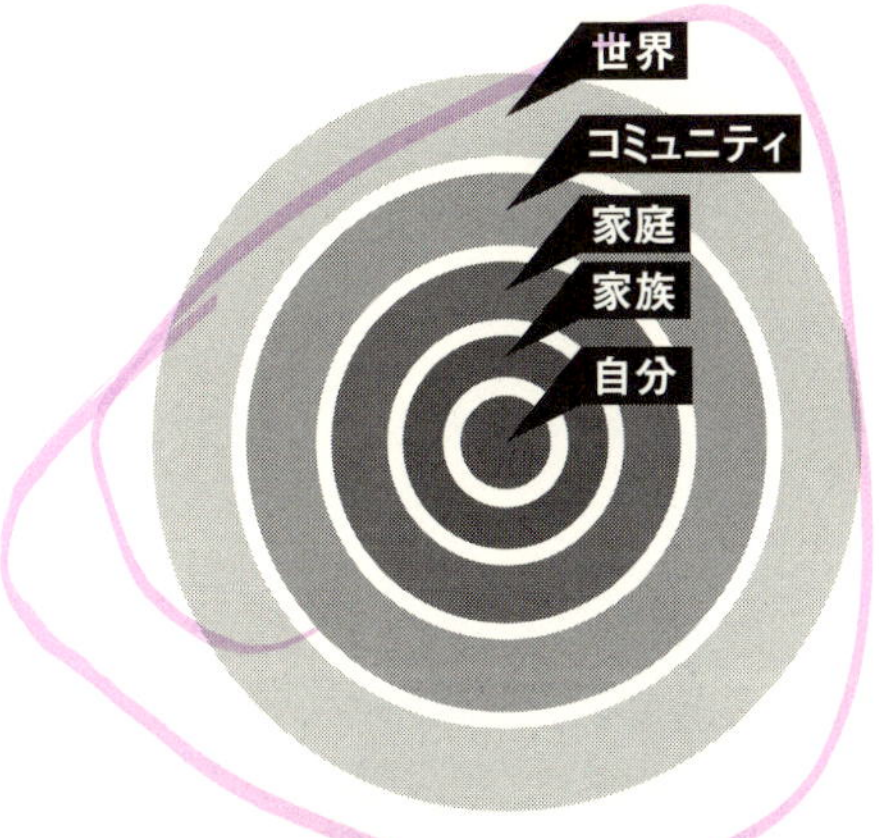

▲**個人的な動機に関連づけること。** メソッドでは、環境を守るためではなく、自分の住まいの環境を守るためにメソッドを使おうと論点をシフトさせている。

ションの推進力が生まれる。メソッドの全商品のラベルに「汚いもの反対同盟による汚いもの反対同盟のための商品」とあるのは、こうした共生関係を称えたものだ。

企業と消費者の緊密なつながりは、あらゆるグリーン企業の生命線である。そもそも、画期的なグリーン製品を発表したところで、人々がためらいや困惑を感じたり無関心だったりして使ってくれなければ、何の意味があるだろう。

二〇〇〇年頃を振り返ると、一般的に、グリーンな製品といえば見た目もにおいも悪ければ、性能も低いと考えられていた。僕たちは消費者を振り向かせるために、状況を逆転させた。グリーンな製品を自然と同じくらい美しくすることはできないのか。泥くさい人間でなければ、グリーンな製品を愛する資格がないのか。もちろん、そんなことはない。僕らはメリー・ポピンズの「一さじのお砂糖があれば、薬だって簡単に飲める」の発想に倣い、徹底したサ

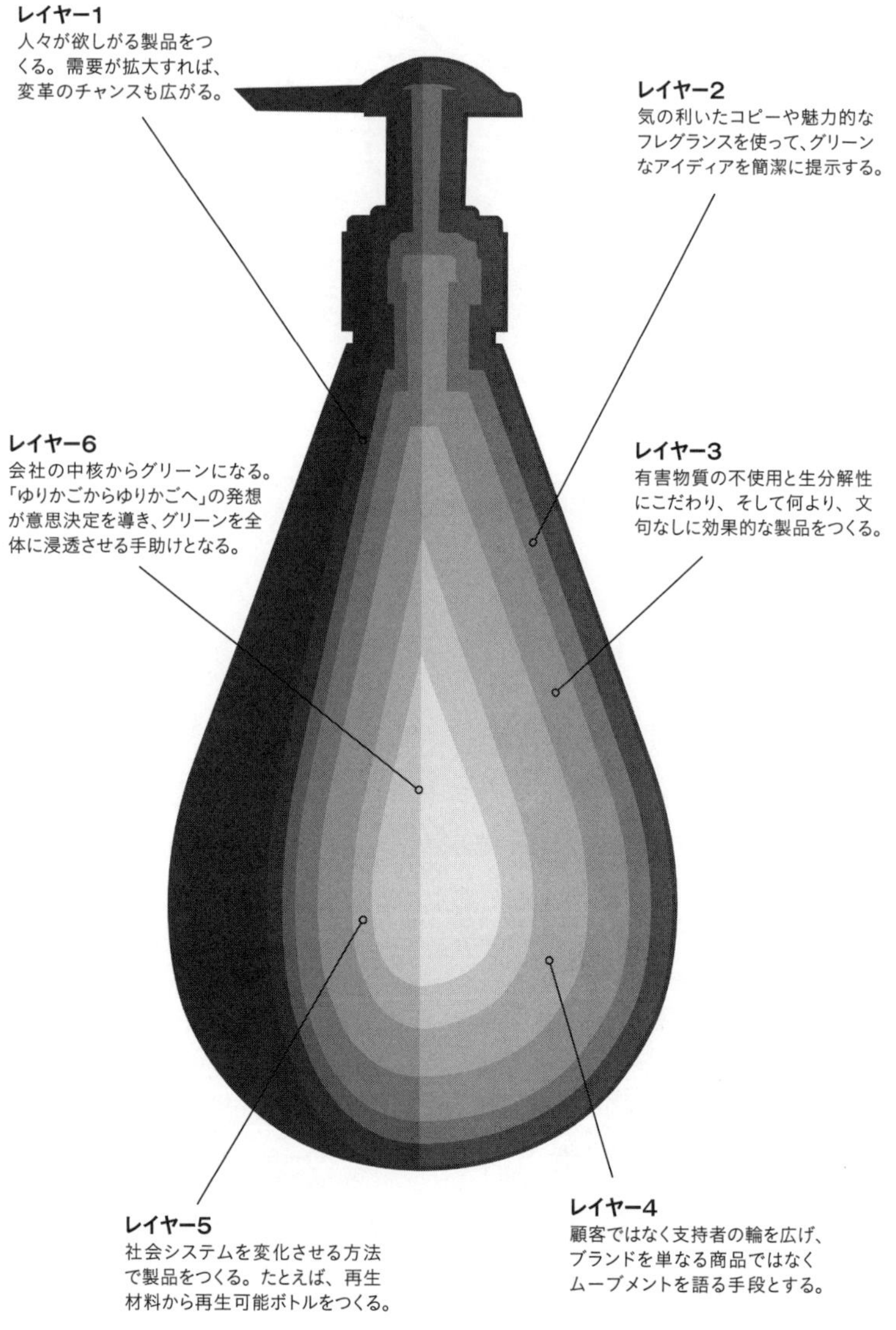

レイヤー1
人々が欲しがる製品をつくる。需要が拡大すれば、変革のチャンスも広がる。
レイヤー2
気の利いたコピーや魅力的なフレグランスを使って、グリーンなアイディアを簡潔に提示する。
レイヤー6
会社の中核からグリーンになる。「ゆりかごからゆりかごへ」の発想が意思決定を導き、グリーンを全体に浸透させる手助けとなる。
レイヤー3
有害物質の不使用と生分解性にこだわり、そして何より、文句なしに効果的な製品をつくる。
レイヤー5
社会システムを変化させる方法で製品をつくる。たとえば、再生材料から再生可能ボトルをつくる。
レイヤー4
顧客ではなく支持者の輪を広げ、ブランドを単なる商品ではなくムーブメントを語る手段とする。

ステナビリティとデザイン性を融合し、パラダイムの大転換を図った。これを「シックなエコ」と名づけたい。この表現を使うのが僕らが最初かどうか自信がないので、もしもすでに使っている人がいたらお知らせいただきたい。

チームメンバーにとって利己的であること

僕らは、サステナビリティをスタッフ全員の役割に組み込むプロセスを「グリーンキーピング」と呼んでいる。もったいぶった造語ではあるが、これは多くの企業がサステナビリティに向き合う姿勢とは根本的に違う。たいてい、サステナビリティを管轄するのは専門の部署である。良いことのようにも思えるが、サステナビリティをごく一部の社員が受けもつ周縁的な機能にしたら、成果も周縁的なものにしかならないだろう。僕らは、画期的な成果につなげる唯一の方法は全員がゲームに参加することだと

▲**誰もがグリーンキーパー。** 全員がサステナビリティの考えと、それを各自の仕事に組み込む方法について詳しく指導を受ける。

考えている。僕らにとってサステナビリティは全員の仕事だ。そのため、他の基本的なビジネススキルと同じように、僕たちは汚いもの反対同盟の一人一人にサステナビリティとは何かを教え、訓練し、発展させている。このプロセスの旗振り役がグリーンキーパーだ。彼らはスタッフ全員に、それぞれの職務においてサステナビリティをいかに実践するかを教え、そのための手段を提供している。

メソッドでは、新しいスタッフに最初に教えることの一つがグリーンキーピングの信条である。サステナビリティに関するメソッドの基本思想であり、「ダークグリーン」の中核となる教義である。

第一の信条は予防原則だ。「安全のため指示どおりにお使いください」という注意書きを見ることがあるだろう。リスクに対する従来型のアプローチの例だ。有害な化学物質でも、過剰に晒されなければ「安全」というわけだ。しかし、予防原則の立場からはこのようなリスク管理は許容されない。製品の原材料に起因するリスクはつぎの簡単な等式で表される。

リスク＝被害の大きさ（毒性）×エクスポージャー（接触頻度）

数学者に教えてもらうまでもなく、被害の大きさを限りなくゼロに近く抑えれば、エクスポージャーが増大しても深刻な事態が起こらないのは明らかだ。「指示どおり使用すれば安全」とされる化学物質が人間と環境に与える被害を警告する数々の報告書を踏まえれば、リスクではなく被害の大きさに神経を使うことが、製品デザインの唯一の正しいあり方と言わざるを得ない。そうなると、使用する物質すべてにつき、環境基準と人体への安全性基準を満たしているか検証する必要がある。そう、これはかなり手間のかかる作業だ。それでも、僕らはこの取り組みを通して、他社より優れた製品を生みだすための安全な原材料について知識を蓄えることができた。また、決して使うことのない原材料の長いリストもできあがったが、それらは洗剤メーカーの多くがいまでも使っているものである。

グリーンキーピングの第二の信条は、再生へのこだわりだ。原材料の現在、過去、未来に思いを馳せることと言い換えてもいい。サステナビリティを実現するには、使用する原材料の出所、使用方法、廃棄に至るまでの情報を網羅的に把握する必要がある。その評価手法としては、ライフサイクル・アセスメント（ＬＣＡ）が知られている。原材料の調達、使用、再生（もしくは廃棄）に伴うコストと影響を詳細に分析する手法だ。残念ながら、ＬＣＡは手間と費用がかかりすぎ、企業が使用するすべての原材料に適用することは現実的でない。たとえば、石油由来の原料一つに対してＬＣＡを実施しようとすれば、博士論文を一本仕上げるほどの時間がかかる。そこでメソッドでは、ドイツ人の設計化学者で、名著『サステイナブルなものづくり――ゆりかごからゆりかごへ』（人間と歴史社、二〇〇九年）の著者であるミヒャエル・ブラウンガート博士の考えを取り入れ、ＬＣＡのプロセスを簡素化している。「ゆりかご《クレードル》から《・トゥ・》ゆりかご《クレードル》へ」とは、あらゆるものの設計と創造の指針となる五つのシンプルな原則に基づいた設計哲学だ。具体的には、有機物質と循環利用可能な物質だけを使用する、閉じた原材料ループを設計する、廃水は飲めるほどきれいにする、太陽エネルギーを利用する、社会的公正を期す、の五つである。

さて、ここからが再生の原則の肝心なところだ。僕らはブラウンガート博士から学んだことを研究室のなかに閉じ込めず、スタッフ全員で共有している。マーケター、顧客サポート、デザイナー、守衛まで、文字どおり全員だ。誰もが、自然由来の原材料には大地に育った過去があるが、石油由来の原材料はドラム缶生まれだと知っている。そして、本当に再生可能なプラスチックは新たなボトルに生まれ変われるが、ポリ塩化ビニルは埋め立て地に居座り、私たちが利用する地下水にフタル酸エステルを染み込ませていることも。白衣姿の研究職も、スーツ姿のマーケターも、メソッドのスタッフは、すべての製品について健康と環境の観点から議論し、向上させるための共通言語をもっている。それでは、サステナビリティを社員全員の仕事に組み込むために、僕らが実践しているグリーンキーピングの極意をいくつか紹介しよう。

現実を知らせる

仕事でも私生活でもそうだが、人は自分の決断が周囲に与える影響をなかなか実感できない。たとえば、普通の人は下水処理場や再生処理工場に足を運んだことがないが（この先もないと思うが）、メソッドの社員は違う。もちろん、課外活動を楽しむために訪れるのではない。自分が周囲の環境にどんな影響を与えているかを自分の目で確かめるためだ。再生処理工場では、さまざまなタイプのボトル（あなたが再生可能だと思っているものも含まれている）がベルトコンベヤーからはじかれ、埋め立て地に送られる。下水処理場では、下水管を流れてきた漂白剤による被害を知ることになる。

私たちはこういった社会見学で得た具体的なイメージを職場にもち帰り、正しい情報に基づいた意思決定ができるわけだ。あなたが理詰めタイプだろうと、視覚型だろうと、思索型だろうと、自分の行動の結果を目の当たりにしたら、もう目を逸らせなくなる。これは私たち全員の問題であり、解決できるかどうかは私たちにかかっている。

深く掘り下げる
（再生可能だから再生されるとは限らない）

「再生可能」の厳密な意味など一般の消費者にとってはどうでもよいことだが、原材料の出所をたどり、製品のライフサイクルを調査するメソッドのスタッフは、毎日この手の問題と向き合っている。

先ほど述べた再生処理工場の例を見てみよ

▲ボトルのロールモデル。 メソッドのボトルは100パーセント再生プラスチックを使っている。世界にはプラスチックがあり余っている。新たなプラスチックをつくるのではなく、再利用すべきだ。

う。グリーンな商品として店頭に並ぶ洗剤の多くは白いペットボトルに詰められている。白は「清潔感」や「自然であること」の象徴なので、グリーンなブランド戦略には欠かせない。実際、白いペットボトルはミネラルウォーターのボトルと同じ再生可能な素材からつくられるが、いったん白く染めると埋め立て地に送られる運命となる。なぜなら、自治体のリサイクルセンターでは白いペットボトルを牛乳のボトル（高密度ポリエチレン製）など素材の異なる再生可能資源と区別できないからだ。その結果、白いペットボトルは牛乳ボトルのリサイクル業者に回され、そこでは「不純物」として廃棄されてしまう。何とも悲しい皮肉だ。「グリーンであること」を伝えるためにもっともよく使われる色が、グリーンを台無しにする犯人なのだ。もちろん、メソッドのデザイナーはこの事情を知っているから、白いペットボトルは使わない。

手段を与える

社員にサステナビリティ教育をしたら、それでおしまいではない。サステナビリティを仕事に結びつける手段が必要だ。僕たちはすべての仕事にサステナビリティを組み込む手段を提供している。たとえば、ロジスティクス担当者が輸送のカーボンフットプリントを削減するための分析ソフトウエア、広告ライターがグリーンなメッセージの受け手（ダークグリーンな人もそうでない人も）に与える印象を知るための調査報告書など。それから、パッケージング・エンジニアが適切な資材を選定するための支援ツールや、製造責任者が製造プロセスで使用する水の量を削減するための定量分析ツールといったものもある。職種を問わず、誰もがメソッドのサステナビリティを向上させる

▲作業に励む汚いもの反対同盟のメンバーたち。 環境保護への熱い想いを共有するスタッフと働くことができて幸運だ。

手段と権限をもっている。

そして、何よりも効果的な手段は、社員をフィールドに送りだし、コミュニティーに参加する機会を与えることだ。フィールドワークは仕事を通して周囲の環境に働きかけるもっとも直接的な方法である。毎年、社会貢献プログラム「エコマニアックス」の一環として、スタッフ全員が単独で、あるいは同僚と力を合わせ、数日間の地域活動に関与する（その他、社内で行うボランティア・プログラムも豊富にそろえている）。メソッドは会社として慈善活動に参加することができ、スタッフは個人的に賛同する取り組みを選択できる。サンフランシスコのホームレスに住宅を提供する団体「コンパス」に協力してもよいし（その住宅をよりきれいで健康的にするためにメソッドの製品が役に立つ）、想像力溢れるアートの力で子どもたちの学びを支え、感受性を育む「ルート・ディビジョン」の活動に参加するのもよい。スタッフは地域に溶け込むことで目的意識を深め、健康的で環境に優しい成分を選び、人々の暮らしがもっと安全で快適になるデザインを工夫する仕事に一段と打ち込むことができる。

ランチ会

メソッドでは、スタッフがいつも活気に満ちた気分でいられるように、他の分野でサステナビリティを実践する人々を頻繁に招いて話を聞かせてもらっている。僕たちはこれをランチ会（「ブラウンバッグ・シリーズ」と呼んでいる（各自持参したランチを食べながら聞くことになっている）。ゲストの顔ぶれは、デザイン会社ＩＤＥＯのＣＥＯでデザイナーのティム・ブラウンやグリーンな建築家として名高いビル・マクドノーなど、さながらデザインとサステナビリティ界の人名録のようだ。ランチ会は、和気あいあいとした交流の場を提供し、発想力を刺激し、汚いもの反対同盟の一人一人をグリーンキーパーにするのに役立っている。

競争相手にとって利己的であること

おかしな話だが洗濯洗剤はとても汚い。従来の洗剤は成分のおよそ八〇パーセントが水分であり、結果的に大量の無駄と環境被害を生んできた。メーカーは製造時に大量の水を必要とするだけでなく、パッケージングの工程でも大量の水を使用するし、小売店は商品の輸送に莫大な燃料を燃やす。被害は重量一〇キロにもなるボトル入りの洗剤を運ばされる消費者にも及んでいた。環境にも人にも優しくない大型ジャグは、消費財の世界のSUVのような存在だ。メソッドは、設立当初からこの問題に着目した。

濃縮タイプの洗濯洗剤は必ずしも新しい発想ではなかった。商業的な成功は別としてアメリカではすでに試みられていたし、日本のように空間が限られた社会では当たり前だった。だが、二〇〇四年八月にターゲットで三倍濃縮タイプを売りだすと大当たりした。買い物客は環境に優しく、小さくて軽いボトルという発想に共感した。そして、競争相手も関心を寄せるようになった。

ここからが面白いところだ。僕たちは一つのカテゴリーを囲い込んだり、特許で固めてイノベーションを失速させたりすることはせず、競争相手が追いかけてくるのを待ち望んだ。業界を問わず従来型の企業から見れば、知的財産権で武装しないなんて正気とは思えないだろう。だが、それも徹底すれば戦略となる。技術を独占するのはメソッドの哲学に反する。僕たちのカルチャーはこう呼びかけることを恐れない。「良い製品をつくったので、みなさん真似をして、もっと良いものにしていきましょう」。そう、確かに変わった発想ではあるが、競争会社までグリーンに転換させることができたら、僕らが目指すイノベーションは成功したことになる。

濃縮タイプ洗剤を発売してからわずか一六か月後、競争会社も濃縮タイプを投入してきた。先陣を切ったのが「オール・スモール&マイティ（三倍濃縮タイプ）」だ。（数年後、ユニリーバから話し合いの申し入れがあった。ユニリーバの役員がオール・スモール&マイティの商品化を承認したのはメソッドが先行したおかげであるのは明らかだった。彼らは将来に向けた協力関係の提案を用意していた）。濃縮洗剤が市場の中心でやっていけると証明した僕らは、業界に前向きな影響を与えたことになるわけだ。普通なら、こう言うだろう。「おい、君たち、うちのアイディアを真似したな！」。だがメソッドは違う。僕らはワクワクしていた。

やがて、ウォルマートも動きだした。すでにウォルマートはメソッド商品の試験販売をしたことがあったが、確かな手ごたえは得られなかった。しかし、二〇〇七年になってから、ウォルマートは翌年の五月以降は濃縮タイプの洗剤だけを取り扱うと発表した（プロクター・アンド・ギャンブルのタイドでさえ、しばらくごねたものの受け入れざるを得なかった――もっとも、二倍濃縮タイプではあったが）。

ウォルマートはこの決断について「洗剤は地球を救えるか？」と題したプレスリリースを行った。

その内容はメソッドが独自に行ったリサーチ結果と奇妙なほど似ていた。たとえば、アメリカ中の洗濯洗剤を二倍濃縮タイプに転換すれば、一年間に水を一五億リットル、プラスチックを四万トン、ダンボールを五万七〇〇〇トン節約できると主張した（メソッドは、水一五億リットル、プラスチック三万八五〇〇トン、燃料は二万五〇〇〇台の自動車の年間走行距離に相当する量という数字を示していた）。

僕らの真似をしたのだろうか？　もちろんそうだと思うが、重要なのは事実が語られていることだ。これもまた、メソッド

▲**使いすぎのちょっと汚い秘密。** やたらと大きくて、混乱させるキャップのせいで、消費者は必要以上の洗剤を消費している。あなたの衣類にも、肌にも、洗濯機にも、そして地球にもよくないことだ。

流の一例である。僕たちはイノベーションを積み重ねていくため、真似されることを大歓迎する。洗濯洗剤、クリーナーシート、トイレクリーナー、その他どんな製品についても、優れた製品を開発し、サステナビリティを実践するにあたって目標は同じだ。ビジネスを通してイノベーションを達成するため、業界にさざ波を起こし、それを大きな波にまで成長させるにはどうすればよいか。

僕たちは、ゲームでトップの座を守ることを重視している。競争相手が超濃縮タイプ洗剤の開発を先送りするのを横目に、二〇一〇年には史上初の八倍濃縮洗剤を発売した。タイドさん、今度はあなたの番ですよ。

とはいえ、必ずしも競争相手が追いかけてくるとは限らない。特に、思い描く「グリーン」の種類が違うとすれば、やっかいだ。これから紹介する例については、二〇一〇年にウォールストリート・ジャーナル紙に掲載されたエレン・バイロン記者の記事「偉大なるアメリカのせっけん過剰摂取」を一読することをお勧めする。バイロンはアメリカが洗剤中毒に陥っている状況を取材し、液体洗剤の適正使用量が不明瞭であることについて問題提起した――適量を示す目盛りはなぜ読みづらく、キャップはなぜ必要以上に大きいのか。

鋭い指摘だ。この問題の核心はキャップの大きさにある。一般的に洗剤のキャップの容量は、洗濯一回分の必要量の二倍以上に設計されているのだ（この点では「自然派」ブランドも同罪である）。メーカーは反論する。過剰使用には反対だし、予防策をつねに模索していると。つまり、製品の研究開発に一世紀と数十億ドルを費やしても、キャップの改良には手が回らなかったというのか。そんなばかな。「私たちはあなたの味方です」というレトリックは、今日のサステナブルなビジネスをめぐる根深いイデオロギー対立を象徴している。これは、グリーンを自称しながら既得権にしがみつき利益を最優先しようとする陣営と、サステナブルな生活に近づくためにグリーンで洗練された問題解決法に積極投資しようとする陣営の綱引きである。

洗剤メーカーは、指示を曖昧にしておくのは使用量を自由に調整することを望む消費者を厳格な指示で縛り付けたくないからだと弁解する。それが冗談であることを願いたい。確かに、ボスは消費者だ。しかしながら、指示どおりに洗剤を注いでも少なすぎると感じないではいられないほど大きなキャップを正当化できるだろうか。洗剤メーカーが過剰使用による悪影響を本気で心配しているなら、キャップの大きさを使用量の上限に合わせたサイズに変更すればよい。キャップの大きさを半分にすれば、使用量も半分になる。単純明快ではないか。二〇〇四年、最初の洗濯洗剤を発売したメソッドはこれを実行した。あっさり、問題解決。しかも、一年に販売される洗剤の膨大な量を考えれば、キャップを適正な大きさにするだけでメーカーはプラスチックの原料費を何百万ドルも節約し、サステナビリティに大きく貢献するはずだ。だが、そうはならなかった。大手ブランドは大きすぎるキャップを売り続け、消費者が洗剤を過剰に使い、商品を必要以上に購入することを期待した。

キャップをめぐるゲームに疲れ果てた僕らは、八倍濃縮タイプを売りだすにあたり、ポンプ式ディスペンサーを採用した。そう、キャップ自体をやめたのだ。これによって、両手を必要とする面倒な作業が、片手で押すだけの簡単な動作に変わった。消費者は使用量を自由に調節できるが、使いすぎることはない。標準の量より多めに使いたかったら、そうしても構わない——ただし、ワンプッシュで増える量は一六パーセントだけだから、必要量の二倍にも三倍にもなることはないのである。

簡単な計算問題だ。メソッドが行った調査では、消費者の五三パーセントが洗剤の使用量を「目分量」で計っているか、推奨される量の二倍に当たるキャップすり切り一杯まで注いでいることが分かった。これは洗剤ビジネスの「ちょっと汚い秘密」だが、メーカーにとっては常識中の常識だ。消費者の半数が必要量の二倍の量を使っているとすれば、アメリカで購入される洗濯洗剤の三三パーセントは無駄ということになる。何百万ポンドという不必要なせっけんが排水管に流されているのだ。環境には悪いが、株主には朗報である。アメリカでは毎年三〇億ドル以上の洗濯洗剤が売れている。その三分の一がまったくの無駄だとすれば、洗剤メーカーの年間売上は消費者の過剰使用により約一〇億ドルかさ上げされているわけだ。彼らは無駄を減らし、利便性の高いキャップをつくることに失敗したのではない――そもそも改良など望まない、一〇億ドル相当のちっぽけな理由があったのだ。

さて、あなたはいま、心のなかでつぶやいているかもしれない。たかだか洗剤じゃないか。そんなに大騒ぎする問題なのか。それなら、僕らの主張は聞かなくてもいい。代わりに、水の流れに耳を澄ましてみよう。アメリカでは一秒ごとに一一〇〇台の洗濯機が回り始める。それはつまり、毎年およそ四万五〇〇〇トンの洗剤が排水管を経由して私たちの水路に流れ込んでいることを意味する。まだピンとこないだろうか。それなら、地元の浄水場を訪れ、責任者にせっけんが周辺の生態系に（あなたの飲み水については言うまでもない）どんなに悪影響を及ぼしているか質問してみるといい。デザインは世界を良い方向へ導く力を秘めているが、それはあくまでも良いことに利用する場合に限られる。ときにはキャップのデザインを変えるだけで良い結果が生まれる。重要なのは、平均的な消費者が「調整自在」で「使い勝手のよい」洗剤を望む気持ちを、使いすぎないことで達成できる社会的な利益に結びつけることだ――それは、利己主義と利他主義とを一致させることにほかならない。

株主にとって利己的になる

サステナビリティを意識する企業は、製造や輸送に根本的な革新を取り込むよりも環境保護の慈善事業に寄付をすることを好む。つまるところ株主が求めるのは効率であって、サステナビリティの実践ではないからだ。それに、慈善事業に少しばかり寄付をすれば、みんなが良い気分でいられる。だが、他のアプローチもある。あなたは株主が環境保護を心から望むように啓発することもできる――うまくすれば慈善事業に頼らなくてすむようになるかもしれない。少なくとも、僕たちはそうしている。

メソッドのように社会的使命に多くの資源を投じている企業は少ないが、そのやり方は利益の一定比率を慈善活動に寄付するのではなく、利益のほとんどすべてを会社に還元し、お金ではなく社員の力を社会に提供するというスタイルである。拠り所となるのは「世界に変化を望むなら、あなたが身をもって示しなさい」というガンジーの言葉だ。僕たちが望むのは、企業が利益の一部を放メソッドのホームケアおよびパーソナルケア製品のすべてのラインは、汚れに強く、地球に優しい天然由来の生分解可能な成分からつくられた無害な製品です。

ゆりかごからゆりかごへ

先進的環境認証「ゆりかごからゆりかごへ」を獲得した初めてのクリーニング製品をお届けできることを誇りに思います。

成分の安全性

50を超える製品について、成分の安全性に関する米国環境保護庁（EPA）の環境配慮設計の認定を受けています。

EPEA社認定

EPEA社により健康と環境の安全性が認定された原料のみ使用しています。

グリーンソーシング・プログラム

グリーンイノベーション促進のためのサプライヤー向けサステナビリティ・プログラムを実施しています。

燃料効率

より良い燃費効率を実現するため、米国内輸送はEPAのスマートウェイ・トランスポート・パートナーシップに参加する運送会社に委託しています。

ゆりかごらゆりかごへ

環境に配慮した製品デザインとグリーンビジネスにおけるリーダーシップが評価され、「ゆりかごからゆりかごへ」の企業認証を取得しています。

動物実験はしません

創業者がPETAの2006年度パーソン・オブ・ザ・イヤーに選ばれ、動物実験を行わない企業として認定されています。

LEED認証

メソッドのサンフランシスコ本社は、建物の環境性能を評価するLEED認証を取得したグリーンな建物です。

method®
サステナビリティへの取り組み

PRODUCTS
製品

透明性
透明性を重視してすべての成分を公開しています。

100%
再生プラスチック
再生プラスチック100パーセント使用の再生可能なボトルを製造し、廃棄物ゼロ、二酸化炭素排出量70パーセント削減を達成しています。

PROCESS
プロセス

バイオディーゼル車
カリフォルニアと東海岸北部では、商品の配送には主にバイオディーゼルトラックを使用しています。

二酸化炭素排出削減
二酸化炭素排出を削減し、環境への影響を抑えるためのインセンティブを提供しています。

COMPANY
企業

気候への配慮
気候に敏感な企業として、製造、移動、オフィスでの活動に伴う二酸化炭素排出量を抑制しています。

Certified B Corporation
Bコーポレーション
Bコーポレーションの発足時から目的意識の高い民間企業の一員として、社会と環境を変えるための活動をしています。

棄するのではなく、企業が社会にとってポジティブな存在となり、企業の成長がすなわちポジティブな影響の広がりを意味するような世界だ。社員一人一人が自己の強い信念に従って行動し、その行動が地球をもっとグリーンで安全な場所にするという企業の使命に結びつく、そんな社会の到来を思い描いている。

サステナブルなビジネスのパイオニア、パタゴニアの例を引き合いにだそう。創業者イヴォン・シュイナードは、僕らのような起業家にとってまさにヒーローだ。彼は環境と社会の利益と会社の収益を徹底して一致させるビジネスを築いてきた。パタゴニアが環境のためにしていることの半分でもできたら上出来だと思う。だが、僕らの視点は少し違う。パタゴニアは営利活動から得た利益を非営利団体に移転するという意味で、僕らが「搾取して寄付する」と呼ぶモデルに立脚している。価値のある営みだが、ビジネスは元来搾取的であるから利益の一部はビジネスの外に還元すべきだという基本思想は好きにはなれない。企業の目的が社会にベネフィットをもたらすことであり、それが進歩につながるのであれば、獲得した利益は成長とイノベーションのために再投資し、そこに関わる「人々」が時間と労力を使って地域活動に参加するほうが理に適っているというのが僕らの思想だ。成長の足かせとなる支出は、ベネフィットを創出する力を削いでしまうからだ。

僕らはどこまでもグリーンな価値観を、会社としての使命と一致させるのはもちろんのこと、株主の利益とも一致させようとしている。一つの取り組みとして、「Bコーポレーション」を名乗るにふさわしい行動に努めている。Bコーポレーションとはグリーン産業の輝かしいスター的な存在であり、環境や社会の利益に貢献する営利団体の新しい経営のあり方だ。Bコーポレーションが取り組む問題は気候変動、健康、貧困などさまざまだが、あくまでも利益を追求し競争力を維持しながら社会的目標を達成する。Bコーポレーションの認定団体「Bラボ」は、企業の環境活動や社会的活動を評価し認証を与え、その評価結果をインターネットでつぶさに開示する。メソッドはさらに、役員の受託者責任を環境ステークホルダーと社会的ステークホルダーにまで拡張することを定款に明記した。これは、企業を収益面、環境的側面、社会的側面から総合的に評価する「トリプルボトムライン」の考え方に基づいて経営する意思表明であるのみならず、すべての意思決定において環境と社会への影響に配慮することをステークホルダーに誓い、企業倫理に法的拘束力をもたせたことを意味する。

メソッドはBコーポレーション認証を受けただけでなく、いち早く「ゆりかごからゆりかごへ《クレードル・トゥ・クレードル》」の認証を取得した企業でもある。すでに述べたように、この発想の背景にある理論はとてもシンプルだ。限りある地球では資源を好きなだけ使うことは許されない。あまりにも大勢の人間が、あまりにも多くの無駄な消費をしているのではないか。確かにそうだが、「ゆりかごからゆりかごへ」の発想に立つデザイナーは、問題は人口が多すぎることでも人間が消費しすぎることでもなく（消費しすぎている場合もあるが）、消費されるものが適切にデザインされていないことだと考え始めている。

この運動を支持するデザイナーは、高度な技術により生産された原材料を使うのは問題ないと言い切る。人間には創意と工夫の力がある。「技術的循環」の閉ループ内に留め、原材料が何度でもリサイクルされる限りは問題ないのだ。同じように、天然素材も生物的循環の閉ループ内で循環すべきだ。そして、生物的循環に取り込まれる物質（排水管に流される洗剤や、空気中に放出されるスプレークリーナーなど）はすべて、自然環境と共生するか、理想的には分解可能なものであるべきだ。

「ゆりかごからゆりかごへ」の概念の非常に感動的な点は、それが未来について建設的なビジョンを示し、質の高い暮らしを実現しながら、環境と社会のサステナビリティを達成する社会を目指しているところだ。長年両立し得なかった環境保全と豊かで喜びに満ちた暮らしとが調和しようとしている。「ゆりかごからゆりかごへ」とは、私たちが消費するものを良いものにするためにデザインを見直すことである。それが実現すれば、人々を幸せにする素晴らしい製品をつくったり使ったりすることは、罪悪感を伴う行為ではなく、むしろ望ましいことになる。これはメソッドの全製品とビジネスモデルにつうじる哲学だ。そして、株主を含む私たち全員が誇りに思う哲学でもある。

ベンダーとパートナーにとって利己的になる

一〇億ドル規模のブランドと張り合うには独創的になるしかない。メソッドの販売数量は競争相手よりずっと少ないから、ベンダーに対して取引量を交渉の切り札にするわけにはいかない。そこで使うのがモルモット作戦だ。メソッド自らが新しい技術を市場で試す第一号となり、実験段階からパートナーと協調する。しかし、成果は一人占めしない。むしろ、アイディアを提供し、ベンダーが僕らの競争相手さえ含めた他者を巻き込んで製品開発を進める環境を整えるのだ。この作戦によって僕らは素早く市場に打って出ることができ、ベンダーは新しい分野に事業を広げられる。他社の技術にアクセスしたいというメソッドの思惑とビジネスを拡大したいベンダーの思惑が合致するわけだ。こうして、メソッドのひらめきから新しいアイディアや技術が育っていく。最先端を走り続ける限り、競争力を維持することができる。

このようにサプライチェーンを通してサステナビリティを実現する最短の道があなたとベンダーの思惑を一致させることなら、当然、ベンダーのビジネスにも精通しなければならない。そして、ベンダーを利己的にするには、僕らが「ブルーカラー・サステナビリティ」と呼ぶ姿勢が不可欠である。

ビジネスを本当にサステナブルにするのは現場の仕事だ。入念に準備されたプレスリリースやぴかぴかに輝くソーラーパネルばかりが注目されるが、人と環境に優しい製品をつくるには、腕まくりして汗まみれになる作業が欠かせない。サステナブルなものづくりとは、デザインを再考し、非物質化し、深く掘り下げ、決して「できない」と言わないことを意味するのだ。まずは何がどこから来てどこへ行くのかを理解しなければ始まらないから、現場での作業にはおそろしく時間がかかる。生産現場、処分場、再処理工場——メソッドはものづくりの最前線で善戦していると自負している。サステナビリティの大きな勝利が、まさかと思うような場所から生まれることは珍しくない。

グリーンな素材のイノベーション活動は困難の連続だ。たとえば、消費者から回収されたプラスチックの研究を何年も重ね、やっとメソッドの要求基準に合致する材料の実用化の目途が立ち、ボトルの生産段階に移ろうとした。だが、メソッド独自のＰＣＲ樹脂に未使用樹脂を一切混入させな

▲**バイオディーゼルが僕らの走る道。**メソッドの商品の大半は、汚い化石燃料ではなく、植物油で配送されている。

いためにはどうすればよいのか。この課題を解決するには、特別な材料を保管する専用の樹脂サイロ（農場にあるサイロと同じようなもの）を建造するしかなかった。そこで僕らは、ケンタッキーのボトル工場へでかけた。

一〇〇パーセントPCR樹脂のボトルを生産するまでには、ボトル工場に隣接する土地にクレーンを使ってサイロを設置し、原材料を工場内に取り込むためのパイプとホースを配備し、生産工程を適切に保つために詳細な指示書を作成しなければならない。決してスポットライトを浴びる仕事ではないが、必要なことだ。現場での努力の甲斐あって、僕らはボトルの二酸化炭素排出量の大幅な削減（実に六〇パーセント）に成功した。そして一緒に苦労したベンダーは、高品質な一〇〇パーセントリサイクル容器の分野で世界的リーダーになった。

多くの挑戦が実を結んできたが、ビジネスと製品をグリーンにする努力に終わりはない。トラックをバイオディーゼルに切り替えるには、トラックメーカーと直談判しなければならなかった。使用済み植物油で走らせたトラックが故障しても保証はしかねるというのがメーカーの立場だったからだ。流通センターの電力源として太陽エネルギーを活用するには、廃棄された貨物トレーラーに太陽電池パネルを据えつけて、耐候性加工の配線を屋外から屋内に引き込む必要があった。それから、エネルギー消費を減らすため、原料を混ぜ合わせるタンクを断熱材で覆いつくしたこともあった。

こうして腕まくりして現場と向き合うのが、サステナブルなものづくりの唯一の現実的なアプローチだ。ゴミ箱、工場、作業現場を片っ端から見て歩かない限り、製品がもたらす影響を本当に理解することはできない。象牙の塔にこもってサステナビリティを描いても、的外れな幻想に陥るだけだ。

もちろん、僕らは小売業者の利己主義にも配慮する。一〇年間の経験を通して、ビジネスの世界でサステナビリティを実現するには何が有効で何が有効でないか、多くのことを学んできた。小売業者もグリーンになる方法を模索していて、すでに彼らなりのやり方というものをもっている。こういう場合、売り込むというよりは、むしろコンサルティングに近い接し方が適切だろう。商品のトレンドの変化や消費者の嗜好の変化を的確に捉えるため、小売業者とともに考え、彼らの立場に立ち、手助けすることで、本当に緊密な関係を築くことができる。

たとえば、メソッドとターゲットの関係は、以前のようにバイヤーだけを接点としているのではなく、サステナビリティチーム、マーケティングチーム、消費者インサイトの分析チーム、そしてサプライチェーンにまで及ぶ多面的なものに発展している。アイディアを提供し、ターゲット側の複数の機能にまたがる多くの人たちと協力すると、両者がプロジェクトに責任を感じつつ、アイディアが熟成して新しい何かが生まれる。結果的に、商品化にこぎつける確率が高くなり、相手にとってのメソッドの戦略的価値も高まるわけだ。

小売業者の役に立つため、僕らは彼らの利益と社会的使命の両面から協力する。グリーンキーパーが商談に同席するとちょっと変に思われたりもするが、競争会社があなたの商品のスペースを切り崩そうと攻勢をかけてきたとき、あなたのパートナーとなった小売業者は、あなたのもたらす掛けがえのない価値を思いだしてくれるだろう。

変革のモデル――「完璧」にこだわることの弊害

多くの企業が「完璧を目指す」のに対して、「向上の達人になる」というのが僕らのモットーだ。理由は単純で、完璧な製品やメッセージを求めていては形になるまでに時間がかかりすぎ、市場でリードを保つ時間を十分に確保できないからだ。このことを特に実感するのは、サステナブルな成分とパッケージングの分野である。結局のところ、完璧なものなど存在しない。だからこそ、不完全なソリューションの積み重ねによって誰よりも大きく前進することが目標になる。

不完全なソリューションだって？　いかにも大手ブランドが毛嫌いする考え方だが、まさに僕らはそうやって他社に勝るイノベーションを実現してきた。

▲**完璧ではなく前進。**詰め替えパウチは完璧なソリューションではないが、完璧に向かって一歩近づいた。（おまけにパッケージはバッグにも変身する）

詰め替えパウチを例にとろう。数年前、メソッドは大きなボトル入りの詰め替え用せっけんを販売していた。この大型ボトルは再生可能であるし、従来品に比べればプラスチックの使用量は少ないが、それでもたくさんのプラスチックを使用していた。しかも、その大部分が埋め立て地に運ばれる。そこで、メソッドでは、完璧なソリューションを探し求めて壁に頭を打ちつけるのではなく、ボトルのたった一六パーセントのプラスチックしか使用しない詰め替えパウチを開発した。多重構造のパウチは（いまのところ）リサイクルできないが、結果的には埋め立てられるプラスチックの量を削減できる。メソッドのダークグリーンな支持者たちは初めのうちこそ敬遠したが、よくよく計算すると環境に優しいパッケージだと納得して受け入れてくれた。不完全なソリューションではあったが、ベンダーはこれをきっかけにリサイクル可能なパウチの暗号解明に取りかかっている。他方では、僕らはテラサイクル社と提携し、パウチをアップリサイクルしてとびきり洒落たバッグにするなど新たな商品開発を試みている。

僕らから見ると、人も企業も完璧を求めすぎている。これはサステナブルです、あれはグリーンです――だが、にわかには信じがたい。メソッドのビジネスはサステナブルとは言い切れないし、他のどんなビジネスだって完全にサステナブルなものはない……いまのところは。それでも、社員一人一人が前進し、メソッドも前進している。自分が求める変化をまずは自分のなかに起こすため、私たちみんながより健康的で幸せな家庭を築く責任を自分自身に課す。一企業としてサステナブルでありたいと願っているが、目標は単なるサステナビリティではない。ミヒャエル・ブラウンガート博士は結婚になぞらえて問いかける。「配偶者との関係が、サステナブルでありさえすればよいと思う人がいるだろうか」。もちろん、いないだろう。誰だって、人生にさらなる価値と意味を与えてくれるような、豊かで満ち足りた関係を望んでいる。良い関係とは時間をかけて育むものだ。環境保護のサステナビリティも同じである――すでに良いものさえ、もっと良いものに近づくステップにすぎない。

つまるところ、僕らがビジネスに可能性を託す理由もそこにある。メソッドを興したのは、社会に対して良い変化をもたらしたいという思いが強かったからだ。とはいえ、志が正しくても物事がうまくいくとは限らない。既得権を守ろうとする企業の思惑に押しつぶされた京都議定書に関連する研究をしていたアダムは、そのことを身にしみて感じていた。発想を一八〇度転換すべき時が来ている。前向きな変化の推進力としてビジネスを利用するのだ。そのためには、ビジネスそのものをデザインし直さなければならない。

といっても、変化を起こすのは苦しいことである必要などない。難しい問題を前にして悶々としても何も変わらない。それよりも、インスピレーション一つで変化は起こせる。そして、多くの人にインスピレーションを与える最良の方法は、シンプルなソリューションを提供する最高にクールな製品を提供することだ。

メソッドは、数あるソリューションのうちの一つにすぎない。僕らは当分のあいだ、日々の暮らしをきれいで環境に優しいものにし、そして何より明るく楽しい人生を望む人々のためにソリューションを提供する役割を果たしてゆくつもりだ。従来型の環境保護運動は、人々に変化を求めながら、その人々を叱りつけてきた。気を滅入らせ、非難するようなことばかり言う。かれこれ三〇年もそんなやり方を続けて、うまくいかないのは当然だ。誤解しないでもらいたいが、地球環境はきわめて深刻な状況にある。いますぐに手を打たなければならない。選択肢は二つ。どっかりと腰を下ろして問題を分析し、枝葉末節を延々と議論するか、みんなで一緒に重い腰を上げて「とにかく何かを始めるか」。僕らは後者を選んだ。

だから僕らは完璧ではなく前進を目指す。もし地球を救う完璧な方法が存在するなら、とっくに見つかっているはずだ。現実的に望み得る到達目標は、不完全で抵抗力が作用する世界で変化を起こし、より優れたソリューションを導きだすことだろう。

僕らはサステナビリティに関して、そろそろ十分だろうかと自問したりしない。答えはノーだと分かりきっているし、近い将来イエスになることはないからだ。その代わり、こう自問する。できるだけ理想に近づけただろうか。少しでも近づくには何をすればいいだろう。行動し、変化を起こし、何かしなければならない気持ちにさせられる力強い問いかけだ。T・S・エリオットの言葉を引こう。「発意と行動のあいだに影が差す」。解決を生みだすのは行動である。

失敗の解剖学――クリーナーシート《ワイプ》の惨敗《ワイプアウト》

クリーナーシートという発想は、どうもしっくりこなかった。それは、いとこにあたるペーパータオルと同じく、日常生活を便利にしてはくれるが、キッチンでのほんのわずかな時間を節約する役目を果たしたら、あとは一生埋め立て地で過ごすのだ。残念ながら、しばらくはクリーナーシートの人気が衰えることはなさそうだから、どうしても望まれるなら、せめてより良いものを提供しようと考えた。最初に発売したシートは、砂時計のように真ん中が少しくびれた円筒形の容器に収められていた。容器のすべてのパーツが再生可能だが、パッケージに含まれる原料のせいで大量の二酸化炭素が排出される。それでも、シート自体は堆肥に戻る天然素材だし、清浄成分は生分解可能なので、市場で主流となっていた他社製品よりは環境に優しい。僕らはさらなる改良に挑戦した。いや、そのつもりだった。行きついたのが、容器をフラットパックに変えるという発想だ。赤ちゃんのお尻ふきによく使われている、あのパックと同じようなものである。

実際のところ本当にグリーンなのはどちらだろう。数字の上ではフラットパックに軍配が上がる。

ORIGINAL HOURGLASS CONTAINER vs. NEW FLATPAK CONTAINER

初代砂時計型容器

新型フラットパック

初代砂時計型容器

過去

消費者から回収されたリサイクル樹脂

現在

大量のプラスチックを使用

未来

簡単かつ一般的な方法で
リサイクルできる

新型フラットパック

過去

リサイクルされた
プラスチックは使えない

現在

材料は初代容器の8分の1

未来

多重構造であるため
リサイクルが難しい

パッケージの原材料を大幅に削減するほうが、再生プラスチックを活用するよりはるかに有利といえる。しかし、消費者に受け入れられなければ始まらない……僕らはここでつまずいた。消費者はフラットパックの使用方法にいまひとつ不慣れであったり、単純に砂時計型容器のデザインが気に入っているといった理由からフラットパックには目もくれず、砂時計型はどこで売っているのかと探して回った。結局、フラットパックの売上は横ばいで、この部門の売上はがた落ちした。

僕らは似たような経験をいくつか重ねた結果、環境面で最大の効果が得られるかどうかだけでなく、質的な側面にも注意を払って原材料を選定するように配慮している。その商品はクールだろうか。消費者は手に取ってくれるか。ストーリー性はあるか。すべての変化には判断が求められる。科学的な効果と感覚的な効果には複雑な関係がある。仮に、ある判断が環境への影響を一〇ポイント改善するとしても、消費者はそれをひどく不格好だと思ったり、最悪その商品を買うことさえしないかもしれない。そんなときは、グリーンという観点からはやや劣るとしても（たとえば、二酸化炭素排出量が八ポイントの改善に留まるなど）、直感的に分かりやすく、便利で、使うのが楽しくなるようなシンプルなソリューションを検討する。先に述べたイギリスの詰め替えステーションと、詰め替えせっけんの比較でも分かるように、こうしたケースでは僕らは八ポイント改善のほうを選ぶ。なぜなら、最終的な目標は一〇点満点ではなく、もっと壮大だからだ。目指すのは、消費者に届かない断然優れた製品を供給することではなく、業界全体をよりサステナブルなところまで導くことである。そこに行きつくまでには、多くのステップを踏まなければならない。誰も使ってくれないグリーンな製品など意味がないのだ。

大きな飛躍のきっかけは、ほんの小さな変化である。目の前のイノベーションではなく、そのつぎにあるイノベーションを見据えることが肝心だ。

ミューズ――ストーニーフィールド・ファーム社、ゲイリー・ハーシュバーグ

僕らがジェダイだとすれば、僕らにとってのヨーダはゲイリー・ハーシュバーグだ。そして、あなたがヨーグルト好きなら、きっとストーニーフィールド・ファームの大ファンだろう。ゲイリーはこの三〇年間、環境と社会を変える運動の先頭を走り続けてきた。教育者で活動家だった青年時代から、世界最大のオーガニック・ヨーグルト会社ストーニーフィールド・ファームを指揮する現在に至るまで、彼の前向きな展望は多くの人々に影響を与えてきた。いまでは次世代を担う彼の信奉者たちが世界をより良くする運動を展開している。オーガニックを大衆に広めることにかけて、ゲイリーの右に出る者はいないといってよいだろう。

では、僕らはゲイリーから何を盗んだのか。二つある。まずは、企業の使命と利益は両立するという信念だ。僕らはゲイリーのおかげで、世界のために何かをすることと、ビジネスを成功させることは相反しないと確信できた。ストーニーフィールド・ファームの五つの社是の一つには「環境と社会に責任をもち、利益をあげる企業として規範を示す」とあり、彼はこのビジョンを経営のあらゆる局面で実践している。まさに、ビジネスの核心部に使命感と目的を吹き込むことにかけて伝説的な達人だ。きわめて真剣な企業使命に忠実でありながら、ゲイリーは大衆にオーガニックとい

▲僕たちのグリーンジャイアント・ミューズ。 ゲイリー・ハーシュバーグは、事業目的と利益を妥協なしで融合させる達人だ。

う選択肢を提供する最善の方法は、楽しくて魅力的なブランドを構築すること（そして、おいしいフレーバーをたくさん提供すること）だと証明し続けている。

ゲイリーにとって、企業使命と利益を両立させるのは、どちらか一方で妥協することを意味しない。消費者にオーガニックへの転換を提案し（ビジネスの拡大）、地球と人間の健康に貢献する（使命の遂行）。だが、過去にはいくつかの苦渋の決断もしている。特に有名なのは、ウォルマートでの販売を断行し、オーガニック業界の多くの関係者の反発を招いたことだろう。だが、彼はこう主張する。魚を釣りたければ魚がいるところに糸を垂れろ。結果的に、オーガニックを大々的に売りだしたことが波及効果を生み、クラフトなどの大企業もオーガニックを拡充せざるを得なくなった（メソッドがP&Gをはじめとする大企業に石油化学物質を断念させたのと重なる)。ゲイリーはこう言っている。「業界の強い力に対抗する唯一の方法は、自らも強い力をもつことだ」

もう一つ、僕たちがゲイリーから盗んだのは、彼の指導者としての姿勢だ。メソッドを立ち上げて間もない頃、彼は時間を割いて僕たちに会ってくれた。彼は多忙をきわめ、僕たちはまだせっけん会社を始めたばかりの若造だったことを思うと、驚くほど寛大な対応だ。すぐに分かったことだが、それこそゲイリーの人柄だった。彼は昔からずっと、社会的意識の高い若き起業家たちの指導に力を入れ、創業当初の数年間をうまく乗り切れるように手助けしている。そして、彼のそんな姿から、僕たちはとても奥深いことを学んだ――自分のビジネスをひたすら成長させるだけでなく、志を同じくする起業家を啓発すれば、世界にはるかに大きな影響を及ぼすことができる。

実を言うと、僕らがこの本を著そうと思ったのも、つぎの世代のビジネスリーダーを支援するゲイリーの姿に触発されたことが大きなきっかけだった。ゲイリー、どうもありがとう!

OBSESSION 4　KICK ASS AT FAST

第4章

こだわり4

素早くズバ抜ける

最大でなければ最速になるべし

大が小を食うのではない、速いものが遅いものを食うのだ。

――ジェイソン・ジェニングス／ローレンス・ホートン

目まぐるしく進化するテクノロジーとリアルタイムの情報化の時代にあって、私たちはメディアに強く影響される市場とつねに関わりながら生活し、仕事をしている。いたるところに液晶画面がはびこり、誰のポケットにもスマートフォンがあり、あらゆる機器に極小サイズの半導体チップが内蔵されている。メディアにとりつかれるあまり、スピード重視の技術革新に拍車をかける人間の根源的な欲求がそもそも何だったのかさえ忘れそうになる。そう、人間社会はどこまでもスピードを求めているのだ。

周囲を見渡してみよう。消費者は最新かつ最高のイノベーションや電子機器を渇望している。積極果敢な小売業者はマージンを極限まで抑えながら競争相手をしのぐ大量の商品を動かすことで利益を稼ぐ戦略に打って出る。短期的な利鞘を狙う投資家は四半期決算、月次の販売実績報告、さらにはリアルタイムの統計情報に目を光らせる。経済活動のあらゆる面でスピードが求められている。無理もない。何を買うにしても売るにしても、投資するにしても、今日の経済社会では多くの場合、ナンバーワンに輝くのはもっとも素早く動いた者だけなのだから。

スピード重視の社会は、流行に敏感な消費者にとっては歓迎すべきものだが、企業にとっては幸いでもあり災いでもある。かつて、経営者には大きな意思決定をしたらその成果をじっくり見守る余裕があった。いまでは、起業家は今日の意思決定によって明日破滅してもおかしくない。勝負がつくのはあっという間だ。コミットメントというのは昔の言葉になったのだろうか。予算数百万ドルのテレビネットワークの番組だって一回でも視聴率が思わしくなければすぐに打ち切りだ。選挙活動中の政治家が不用意な発言からその週末の世論調査で劣勢に立たされたら、もはや再起は危ういだろう。同じことは、ブランド力と消費者の信認が生き残りの条件である僕らのような企業にも当てはまる。消費者に向けて一秒ごとに数千もの商品が浴びせられる世界で、ブランドへの忠誠心は移り気なものでしかない。

いますぐ欲しいという人々の飽くなき欲求は、それ自体が目的化しているかのようだ。ほとんど実質的な変化はないというのに商品はアップデートされ、再発売され、ブランドを刷新して差しだされる。どれも消費者の関心をくすぐり話題性を保つための懸命な努力だ。電子機器メーカーは、わずか数か月後には時代遅れになるスマートフォンやパソコンを最新機種と称して宣伝する。スーパーボウルやワールドシリーズが終わると数日後には優勝チームをモチーフにした限定版ポテトチップスが店頭に並ぶ。短期間で廃れることを前提としたこのような商品は、企業がトップの座を守ることをますます難しくしているが、それだけではない。大量に排出されるゴミ問題をも深刻化させている。増殖し続けるコンピューターや携帯電話や電子機器といった電子廃棄物は、年間四五〇〇万トンにものぼる。ボーイング747に積み込んだら、実に一〇万杯分だ。

旧態依然とした体質で知られる出版業界さえ、速度を上げ始めた。ワンクリックで書籍がダウンロードできる時代になり、アメリカ人の一〇人に一人はすでに紙媒体ではなく、キンドル、ヌック、あるいはソニーの電子ブックリーダーで読書を楽しんでいる。進化しているのは媒体だけではない。スピードを求める読者の欲求は多作な著名作家をますます駆り立て、ジェイムズ・パタースン（『多重人格殺人者』〔新潮文庫〕）やジャック・キャンフィールド（『こころのチキンスープ』〔ダイヤモンド社〕シリーズ）は、（共作者の助けをかなり借りて）毎年一〇冊以上もの新作を発表する。どこを見渡しても、消費者はスピードをもてはやしている。

大量の商品をストックして高速回転させる小売業者は、商取引のスピードを誰よりも肌で感じている。目端が利く小売業者は昔からすばしっこいものだったが、今日の商品サイクルの短さは異常なほどだ。誰でも経験があると思うが、とても気に入っていた商品のフレーバーや香り、あるいはタイプが（場合によっては商品そのものが）いつの間にか市場からなくなっていたと知り、がっかりすることがある。発売から一年たってスーパーマーケットの棚に留まっていられる売れ筋商品は七つに一つにも満たない。こうした状況はヒットを狙う開発の現場を息苦しいものにするばかりか、ブランドと小売業者を否応なしに薄利多売の競争に追い立てる。

スピードにとりつかれているのは、消費者や小売業者だけではない。気の短い投資家はウォール街で秒単位で起きている振動にまで反応し、一セントの正確さで状況を分析する。これが商取引に与える影響は計り知れない。あらゆる業界で企業は可能な限り短期間で業績を向上しなければならないというプレッシャーに晒される。しかし、誰もがスピード競争に参加している以上、ただ速いだけでは優れているとはいえない。ゴルフコースをパーで回るようなものだ。このような経済環境で、資本力で劣る小さな企業は、すべての競争相手を凌駕するほどのスピードで行動することが最大の（あるいは唯一の）強みとなる。

メソッドはこれまでずっと、規模が小さいことによる不利をスピードでカバーしてきた。そうするしか選択肢はなかった。歴史的に見れば、最初に多国籍化した大企業のうちのいくつかがユニリーバやP&Gといったせっけんの会社であり、いずれも一世紀以上かけて現在の規模にまで成長してきたのだ。彼らが習得したのは、互いに競争を繰り広げるのではなく、圧倒的な市場支配力を利用して自分に有利なルールを定め、ごくわずかな選手しか参加できないような大規模な試合を主催する方法だった。メソッドのような成り上がりをゲームに参加させないために多額の投資を行ってきたのだ（そんな話は信じられないだろうか。それなら、全米展開のスーパーマーケットで一インチでも売り場を確保できるか挑戦してみて欲しい。これについてはつぎの章で詳しく述べる）。僕らが一億ドルの売上を達成した時点でも、業界の覇者の五〇〇分の一以下の規模でしかなかった。小さな企業が消費者トレンドの一歩先を読み、動きの鈍い巨人たちをやっつけるには、イノベーションを市場に届け、より大きなリスクを背負うしかない。合言葉は「巨人の脚のあいだを走り抜ける」こと。僕らは小さくて変わっているけれども、足の速さには自信がある。

起業家なら誰でも、素早く行動することがどれほど大切かを理解している。起業家は、この世界を何とかして変えたいと（あるいは少なくとも一儲けしたいと）切望し、ぐずぐずしていたら誰かに先を越されてしまうと焦っている。僕らが知っている起業家には必ず、何かをつくり、育て、広めたいという抑えがたい欲求がある。とにかく行動しなければという野心がDNAに組み込まれているのかもしれない――もし、あなたが僕たちと同じタイプなら、「ゆっくりつくっていこう」なんて言葉には、ぞっとするに違いない（ウウッ）。

そんなわけで、僕らは最初から、メソッドを可能な限り素早く動かすことに全力を注いできた。それはもう偏執的なほどだった。デザイン性と品質を志向するアプローチは文句なしに斬新だったが、成功したら真似されるのは目に見えている。リードを保つには、身のこなしにかけて誰よりも機敏でなければならない。売上の伸びに合わせた自然な成長を重視する企業もあるが、僕らは外部資本を取り込んでいち早く離陸しようとした。大きく出ることとしか頭になかった。

創業当初を振り返ると、最新の業績データを反映させるようにパワーポイントのプレゼン資料をつねに書き直していたのを思いだす。投資家を安心させ、信頼をつなぎとめるため、思いつく限りの分析手法を使って経営数値をアピールした。ごく自然なことだが、半信半疑だった小売パートナーたちも、メソッドの急成長ぶりを目の当たりに

COLUMN

スロー革命

あまりにも動きの速い世界に生きていると、「スロー」であることが魅力的に思えてくるものだ。ランニングマシンに乗せられた宇宙家族ジェットソンのジョージの言葉を借りれば、「ジェーン！このおかしな乗り物から降ろしてくれ！」といったところだ。

一九八六年、カルロ・ペトリーニが、地元の食材を丹念に調理して、ゆっくりと味わうことを提唱するスローフード運動を始めた。現在、彼が設立した組織は一三二か国に一〇万人の会員を擁するまでになっている。

二〇一〇年、スターバックスは、コーヒーハウスの雰囲気を取り戻すための努力として、バリスタに一度につくる飲み物は二つまでにするように指示を出した。コーヒーの出し方が流れ作業のようになってきたという顧客の声に応えたのだ。

して、ようやく熱心に接してくれるようになった（ホッケーのスティックの先端みたいな幸先のいいチャートを見せつければ効果は抜群だ）。販売網を大幅に拡張し、品ぞろえを充実させた結果、四半期もかけずに三〇〇パーセントの売上上昇を達成したことは、メソッドの信用を高めただけでなく、独特の高揚感も生んだ。振り向いてくれたのは小売業者だけではない。投資家、求職者、ジャーナリストも同じだ。急成長のおかげで、製造業者とのパートナー契約、熱意あるスタッフの採用など、あらゆることがやり易くなった。だが、成長には中毒性の薬物のような側面がある。ひとたび高みに達したら、さらに飛行を続けるためにますます努力しなければならない。そして、僕らがすぐに思い知らされたのは、急激

▲小さい＋速い＝成功。 小さい＋遅い＝ひかれて死亡。このイラストはメソッドの元スタッフ、トム・フィッシュバーンが描いてくれた。ありがとう!（イラストのなかの言葉：「俺たち、しょっちゅうブレーキを踏んでるのに、どうして“ファストフォロワーズ”って呼ばれるんだろう?」「ほら追い越してみな!」）

な成長には忍び寄る新たな問題を覆い隠す性質があるということだった。

スピードこそが勝利へのもっとも確実な道だという助言は聞き慣れていると思う。どんな業界でも、どんなタイプの顧客層が相手でも、確かにそのとおりだ――少なくとも短期的には。実は、本章で述べるこだわりは、かつては「スピード」と呼んでいた。しかし、経験を積むにつれ、本当に「素早くズバ抜ける」(ただ素早く成長するのではなく)には、長期的なビジョンと短期的な敏捷さのバランスが必要だと認識するようになった。言うは易く、行うは難しなのだが。

バランス感覚

四半期の数値目標、問題の迅速処理、一夜にして生まれるサクセスストーリー。現代のビジネス環境においては、短期的な勝利ばかりが重要に見えるかもしれない。しかし、最速かつナンバーワンであることは危険と隣り合わせだ。スピードが呼び寄せる恩恵は魅力的だが、それが裏目に出たときの衝撃は、一気に酔いが覚めるほど深刻だ。スピードは過ちをも誘う。それに、高速で移動していれば、ちょっとした過ちが大惨事を招きかねない。市場調査をやっつけ仕事ですませれば、見落としだらけだったり、解釈を誤ったりする。急ごしらえの製品テストでは、判断ミスや手順のミスが避けられない。商品を軽率に発売すれば、パートナーや小売業者、顧客を失望させる。僕たちがこのことを理解するまでには随分と時間がかかり、いくつもの失敗を重ねてきた。

初めのうちは、敏捷性は生き残りのための策だった。急いでプロトタイプをつくり、すかさずテストし、真っ先に市場に出す。そうやって存在意義を証明しなければならない。ところが次第に、スピードは必ずしも成功を約束しないと知った。分別のないスピードは、無謀なだけだ。

商売の世界では、「ファスト（速い）」という言葉を使い古された言い回しと結びつけて捉えることが多い。手間のかからない食事（ファスト・フード）、口先ばかりの宣伝文句（ファスト・トーク）、安直な暮らしぶり（ファスト・リビング）――あまりよくないニュアンスでも使われる言葉だ。確かにこういった「速さ」が必要な場面もある。僕らだって、実質より目先の売上のために全力疾走したことがないわけではない。しかし、このようなスピードを発揮したところで、良い結果は得られない。せいぜい胃潰瘍になるだけだ。本書で紹介する七つのこだわりのうち、「素早くズバ抜ける」はとりわけ誤解されやすい。本章で正しい速さとは何かを見きわめることに（そして、無謀なスピード至上主義を避けることに）かなりの紙面を割いているのは、そんな理由からだ。

飛ばしすぎの危うさ

僕たちは早い段階から積極果敢に攻めすぎたと言ったら、ちょっと控えめな表現になるだろう。最高速度で競争し、自爆したというのが本当だ。振り返ってみると、無謀ではなかったにせよ、僕らはひたすら重力に逆らっていた気がする。現実問題として、滑走路から飛び立つには大勢の協力者を納得させるだけの勢いが必要だ。そのためのエネルギーは安定飛行に入ってから使うエネルギーの三倍にはなる。初期段階では、速すぎる成長なんてものはない。だが、最初の数年間を乗り切ったメソッドは、目の前のチャンスに飛びつき、未知の領域に踏み込んだ。それは、大きな過ちだった。やればできそうだという理由だけで、事業分野を広げようとしていたのだ。

二〇〇三年、ウォルマートと商品開発に乗りだしたのが最大の失敗例だ。ウォルマートはメソッドのハンドソープに興味を示し、ボディソープがあればもっと面白いと言ってきた。他の小売業者のスタンスも同じだった。彼らは、メソッドの斬新なハンドソープが大当たりしたことに興奮し、品ぞろえの拡充を強く期待した。

ビジネスを築くのは、家を建てるのと似ている。しっかりとした土台がなければ始まらない。僕らがメソッドの基礎を築いたとき、ボディケアを建て増しすることまでは想定していなかった。世界最大の小売業者と提携してボディソープを製造販売するのは、ホームケア（すでにノウハウを蓄積した分野）から大きく逸れる最初の試みだった。それはまるで、ある日突然、三階を増築するようなものだ……下に何もないというのに。僕たちはブランドにビジネスの道案内をさせるのではなく、ビジネスにブランドの道案内をさせていた。経済的なメリットは確かに魅力的だったが、メソッドのボディソープは戦略的にはナンセンスだった。

それでも、とにかくボディソープを売りだして、いくつかの理由で失敗した。まずは、商品の市場投入を最優先し、マーケティング予算を広く薄くつけたことが中途半端な販促キャンペーンにつながった。しかし、これは単純な戦術ミスだ。それまでのメソッドの躍進を支えたのは、ホームケアにパーソナルケアのアプローチを適用するという戦略だった。そのインパクトは絶大だった。ところが、ボディソープについては、パーソナルケアにパーソナルケアのアプローチを適用した。そ

▲スピードが命取りに。 背伸びしたくなるときが来るが、決して焦らないこと。成長が遅すぎて破滅するより、速すぎて破滅する企業のほうが多い。

れはまるでインパクトを欠いていたのである。さらに重大な過ちは、ビジネスチャンスを追いかけることに夢中になり、カルチャーシフトを利用するという僕らが培ってきた成功法則からも逸脱してしまったことだ。

ボディソープに浮足立っていたちょうどその頃、姉妹ブランドのブルームを立ち上げた。カーケア用品をやらないかと提案してきたのはターゲットだった。僕らは話に乗った。ただし、カーケア用品は新ブランドから発売すべきだと判断し、誕生したのがブルームだ。聞いたことがない？　なぜならすぐに事業譲渡したからだ。このような失敗をいくつも重ね、最速になるために猛進すると、かえって失速を余儀なくされることを思い知った。品質問題

（容器の漏れやポンプの不具合）に対処し、失策を軌道修正することに時間をとられ、主力製品の改良が後回しになった。

問題はこういうことだ。本質的に、スピードにはリスクが付きまとう。リスクの大きさは、他の章で取り上げる他のこだわりの比ではない。もちろん、利益を求めて素早く行動するのにリスクが伴うのは覚悟の上だし、開発サイクルを短縮すればそれだけ収益機会は増す。しかし、いくらスピードが最大の味方といっても、その取り扱いを誤ったときの衝撃の大きさを忘れてはいけない。この一〇年間で僕たちが学んだ最大の教訓の一つは、アクセルとブレーキを的確に踏み分けるタイミングの重要性だ。素早く行動する術を身につけることも大切だが、素早く「ズバ抜ける」には、経験と熟練がものをいう。では、長期的視点に立った判断と、短期的なイノベーションやスピード感のバランスをどうやってとるか。これが本章の核心部分だ。

敏捷さを鍛える

生き残るのは、もっとも強い種でも、もっとも賢い種でもなく、変化にもっとも柔軟に適応する種である。

――チャールズ・ダーウィン

ひらめきは一瞬で得られることがあるが、イノベーションは時間をかけて積み上げていくものだ。アイディアのなかには山火事のような勢いで世界に広まるものもある。だが、多くの優れたアイディアには、心に深く訴えかける何かがある。いつまでも色あせない魅力だ。音楽の世界にも同じことがいえる。表面的な流行歌はたちまち人気に火がつくが（「アイス・アイス・ベイビー」とか）、忘れられるのもあっという間だ。それに対して、魂と深い味わいのある音楽（エリック・クラプトン、ローリング・ストーンズ、アレサ・フランクリンなど）は、ヒットチャートに登場するまで時間がかかることもあるが、時を経て聴く人の心に響き続ける。メソッドにとっては、長期的な深みと、短期的な人気をどうバランスさせるかが課題である。しっかりした土台を築きながら、流行の最先端にいるにはどうすればよいだろう。

当然、スピードは重要な決め手になる。企業が成長したら、気をつけるべきは動きが鈍くなることだ。「敏捷性」の意味を調べてみよう――必要に応じて加速したり減速したりする能力、とある。まずは、時間が自分の側についているかを見きわめよう。ボディソープやブルームのようなチャンスを先に延ばすことはできるか。あるいはいますぐ行動すべきか。いまの僕たちなら、「時間をかけすぎるのと急ぎすぎるのとでは、どちらが事業により大きな悪影響を与えるだろうか」と自問する。ここで確固たる判断基準をもつことが大事だ。しかも、揺るぎない展望を保ちながら、いざ行動するにあたってはどこまでも柔軟でなくてはならない。目的地はしっかり見据え、道順にはこだわらない姿勢である。

ブランドの醸成について考えてみよう。これは忍耐を要するプロセスであるから、ぶれない視点が欠かせない。ブランドというレンズを通して新しいチャンスを見いだすのが、イノベーションだ。アパレル業界で成功しているＪクルーとＨ＆Ｍはどうしたのか。Ｊクルーはここ数年で、考え抜かれた鋭い視点を鮮明にし、再び注目を集めてきた。素早くてイノベーティブかといえば、そうでもない。来年のJクルーのカタログがどんなものになるか誰でも想像できる。彼らは、確立したスタイルと流行に左右されないスタイルで独自の成功モデルを手にしている。対照的に、スウェーデンに本拠地を置くH&Mは、いわゆる「ファスト・ファッション」の分野で人気を集めている。『USウィークリー』誌の最新号を彩る流行の最先端を、数日から数週間以内にあなたの家の近くの店舗に並べるビジネスモデルだ。まさにスピード勝負のスタイルである。Jクルーとは異なり、H&Mは商品を刷新するサイクルが短いので、H&Mらしさというものがない。H&Mは消費者が着たいと思うブランドではなく、そこで買い物をしたいと思うブランドなのだ。

Jクルーの普遍的なスタイルと、H&Mのようにイノベーションを推進してトレンドの先端を走るスタイルのあいだのどこかに、僕らが敏捷性と呼ぶ最適解がある。僕たちにとって、敏捷性とは、カリム・ラシッドとの協力関係のような機会をものにし、ブルームのような機会を見送るといった判断を的確に行うことにほかならない。思い返せば、僕たちが敏捷性を発揮した決断のほとんどは、ブランディング（忍耐）とオペレーションの効率化（スピード）のあいだでせめぎ合う判断だった。このバランスを保つのは想像するほど難しくはないが、下手にやれば敏捷性は無謀になってしまう。メソッドでは、毎日機敏に意思決定を行い素早くズバ抜けるために、小回りの利くサイズとスピードを武器とする、ありとあらゆる方法を発見してきた。

司令塔に徹する

いち早く成果を手にしたいばかりに、社員を急かしたり、ビジネス工程の目標達成時間を短縮したり、サプライヤーに無理な納期を押しつけたりしても、結局思いどおりにはならない。本気で組織のスピードアップを図るなら、オペレーションを隅々まで革新する必要がある。僕らは、社内のすべての役割、プロセス、事業部門を再考し、組織のあらゆる階層にスピードの要素を組み込んできた。

メソッドでは、イノベーションに関わるクリエイティブな活動と研究開発をインソーシングし、製造をアウトソーシングしている。グラフィックデザインから成分開発に至る知的財産活動は社内で行い、ロジスティクスや製造などの作業は社外に委託する。クリエイティブな活動はすべて社内で行うべきである。それこそがブランドの魂だからだ。ブランドを「唯一無二」の存在にするのは、アイディア、デザイン、成分、そして技術である。また、最高品質の原材料の調達などの戦略分野も社内で行っている。他方で、製品を効率よく小売店に供給するといった競争相手としのぎを削る必要のない分野は、外部の専門家に任せている。競争上の強みを活かせない分野で貴重な時間や資金を浪費したくないからだ。僕らは司令塔の役割に徹し、得意分野に集中する。そうすることで、敏捷性を存分に発揮できる。

クリエイティブな仕事を外注せずに社内で行うことには、組織の真実味を引きだす効果もある。あなたの会社でも、マーケティングチームの仕事場を（試作品の開発に奮闘中の）工業デザインの専門家チームと（支持者からの電話やEメールに対応する）カスタマーサポート部隊の中間に配置

▲**魂を外注してはいけない。**実験室で、
つぎのひと品を調理するグリーンシェフ。

したら、ブランディングや商品ラベル、広告の言葉がまさしく現場から生まれたものになり、やがて一貫性のある完璧なブランド表現が自然に発信できるようになると思う。さらに、創造的な活動を社内に留めるメリットとして、必要に応じてブランドのイメージを適切に微調整できるし、新しいグリーンな原料から最先端のパッケージング材料に至るまで、新しいものを即座に取り入れる態勢でいられる。

では、製造はなぜアウトソースするのか。それは、有形資産（工場、トラック、南フランスのオフィスなど）が資本を拘束し、負債を膨らませるからだ。必要なときにベンダーと提携すれば、設備投資に使わずにすんだ資金を、ブランドの独自性を高めるために使う余裕が生まれる。また、商品やコンセプトごとに最適なパートナーを探して協力し合えるという意味で、機敏でいられる。僕たちは、実に幅広い分野のベンダーと多様な協力関係を築いてきた。どのパートナーも、得意分野と特徴的な技術を誇っている。複雑な流線形ボトルに精密に印刷することを得意とするパートナーもいれば、容器の三つの側面にラベルを貼る作業を一分間に一二〇回もこなすパートナーもいる。僕らは新しいアイディアを頭に描いたら、それに適した生産体制をすぐに構築できる。また、市場が変化したら、製造インフラの一部を素早く組み替えて対応できる。このような柔軟性のおかげで、僕らはイノベーティブであると同時に敏捷でもいられるわけだ。

だが、自社工場を保有していないからといって、製造工程に責任を負わないかといったら、もちろんそんなことはない。メソッドの製品は主にアメリカ中西部で製造されているので、シカゴのオフィスを窓口として、製造パートナーと共同してものづくりに関わっている。シカゴオフィスは、自社工場を稼働させないメソッドが製造現場の知見をビジネスの工程にフィードバックするためのきわめて重要な戦略投資である。僕らのアプローチは、いわばハイブリッド・モデルだ。壁を隔てて製造業者に製品仕様を渡しておしまいではなく、僕らはパートナーとともに現場で汗をかき、新しいソリューションを考え抜いている。そうすることで、自分たちがどれだけ本気で取り組み、何かあればいつでも腕まくりして奮闘し、何としてもビジョンを形にするという強い責任感を示しているのである。

OBSESSION 4

親友《ファスト・フレンド》をつくる

コアバリューとして敏捷性を重視し実践する優れたサプライヤーを見つけることは、それほど難しくない。そして、そんなサプライヤーが見つかったら、あなたが希望するスピード感に合わせたスケジュールを設定し、スピードを自分のコアコンピタンスとすることができる。しかし、そこまでなら、すでに競争相手も達成しているかもしれない。最速になるには、独創的にならないといけない。そのための秘策は、ベンダーのモルモットになることだ。ベンダーの得意客になり、一緒に未知の領域に挑戦する見返りとして、彼らの事業の発展に一役買うのだ。メソッドでいえば、それは製造が難しい斬新な形のボトル、単価の高い独特なポンプ、サステナブルな新成分などを意味する。成功例は枚挙にいとまがないが、特筆に値するのは世界最大のペットボトル製造企業の一つ、アムコーだ。再生プラスチック一〇〇パーセントのボトルの製造（世界初の試み）という僕らの要請を受け、同社はいくつもの技術的課題を克服して見事にボトルを完成させた。メソッドとのパートナーシップを一つのきっかけとして、アムコーはいまや再生ペットボトルにかけて業界を牽引する存在になっている。

当然のことながら、外部パートナーの力を借りるということは、その相手に厳しい要求を突きつける場面が増えるが、それはパートナーが新たな能力を身につけるチャンスでもある。その能力とは、二年後に市場が求めるような技術や知識だ。こうした協力関係を通して、僕たちは新たなアイディアをいち早く市場に問うことができるし、ベンダーはより賢くなり、技術力と競争力を高めることができる。クリーナーシートの製造業者と何か月にもわたって協力し、完全に堆肥化可能な一

GREEN PRODUCTS
COME FROM
GREEN COMPANIES

▲モルモットになること。 100パーセントPCRボトルを製造するため世界最大規模のボトル製造会社と提携する。

〇〇パーセントPLAのクリーナーシートを世界で初めて完成したとき、僕らのパートナーはまったく新しい技術分野において、業界で唯一の供給者の地位を獲得した（PLAとはポリ乳酸のことで、再生可能な植物原料からつくられたプラスチックの一種である）。

モルモット作戦のおかげで、いまでは消費財業界のパッケージや原材料のベンダーは、アイディアがひらめくと真っ先に僕たちに知らせてくれる。僕らは新技術を採用した商品を市場に送りだし、そのアイディアが優れていることを確かめられる。僕たち自身も新技術の功労者の一人として評価が高まる。ベンダーは、自分のアイディアが市場に受け入れられた実績をより大きな顧客（メソッドの競争相手など）にアピールし、顧客層を拡大できる（僕らはそれで構わない）。僕らの望みはただ一つ、新技術を誰よりも早く試したいのだ。再生ボトルでも、堆肥化可能なクリーナーシートでも、天然成分の洗浄溶剤でも、こうしたやり方は成功モデルとして機能してきた。決め手は共生関係だ。僕らはイノベーションを市場に紹介し、その有効性を証明するためにベンダーの力となる。その代わり、新技術を真っ先に使う特権を手に入れる。言ってみれば、僕らはパートナーの事業開発のための実験室だ。優れた新機軸を具体化する秘密開発《スカンク》プロジェクト《ワークス》が遂行されている場所がメソッドなのだ。

消費者動向を予測する――トレンドを追うのではなく、トレンドをつくる

世界屈指のスピードを誇る企業の多くは、新しい製品やサービス、あるいはビジネス機会の成功の可能性を迅速かつ的確に予測する能力をもち合わせている。トレンドを発見したり、つぎに来る波を予想するのが得意な企業は結構あるのだが、構想段階のアイディアの妥当性を素早く精査して、具体化する能力をもち合わせた企業は非常に少ない。アイディアやイノベーションにブレーキをかけ脱線させる最大の要因は、消費者調査である場合が多い。

消費者調査には本心を覆い隠す傾向があり、また本音の議論や対話を阻害する弊害もあるため、下手にやれば時間の浪費となる。たとえば、誰かが「じゃあ、まずは試してみたらどうかな」と言ったら、本心は「面と向かってくだらないアイディアだとは言いにくいから、ひと月ほど保留にして、別の誰かに却下してもらおう」だったりする。

ある大規模な消費者調査によると、大規模な消費者調査は不正確であることが多いと証明されている。テレビドラマ『マッドメン』の主人公ドン・ドレイパーはこう指摘する。「新しいアイディアというのはまだ誰も知らないんだから、調査の選択肢に含まれているはずがない」。国民的コメディドラマ『となりのサインフェルド』の制作者が見本フィルムを試写会で上映したとき、不首尾に終わったことは有名な話だ。登場人物が魅力に欠け、ジェリーは主人公としてはインパクトに欠けると思われたのだ。モニターの一人は、「男二人でコインランドリーなんて、盛り上がるわけがない」とコメントした。

消費者調査は、水晶占いよりバックミラーに近い。結局、消費者は一番なじみ深いものに引き寄せられるので、消費者の声に耳を傾けすぎると、消費者が過去に好きだったもののリストを手にすることになる。消費者は既存の製品を評価する能力においては優れているが、トレンドやカルチャーの変化（たとえば濃縮洗剤やサステナブルな竹材）を誰よりも早く見つけるのはあなたの仕事だ。それが見つかったら、思いっきりアクセルを踏み込むべきだ。

ともすれば事業開発のプロセスのなかで埋もれてしまう優れたアイディアを救い、企業の躍進につなげるには、消費者調査の使い方を改める必要がある。僕らは、消費者に導かれるのではなく、消費者から刺激を受けるという姿勢をとっている。デトロイト生まれとしては、ここでホッケーの逸話を披露したい。ウェイン・グレツキーは「ＮＨＬでプレイするには小柄すぎる」と烙印を押されていたにもかかわらず、史上最高のホッケープレイヤーの評価を不動のものにした。どうしてか。彼はこう答えた。「普通のプレイヤーはパックがあるところに向かって滑る。僕はパックが飛んでいく先に向かって滑るんだ」。僕らの仕事は、消費者が向かうところへ滑ることであり、それを可能にするには消費者が向かう方向を予測するしかない。それが実行できれば、消費者が自分で求めていることにさえ気づいていない何かを提供できるのだ。

成長するには未来を見通さなければならないが、未来を的確に予測する唯一の方法は、それを自分で創造することだ。現状に着目するのが大企業なら、未来の可能性に着目するのが起業家だ。未来を創造するには、洞察力と度胸、信じ続ける強さが求められる。メソッドでは、創造的なプロセスの初期段階で消費者インサイトを活用し、それをとっかかりにしてイノベーションをもたらすアイディアを紡ぎだしている。だからこそ、僕らは自前で市場調査を行うのだ。自分で調査をすることにより消費者の

▲**メソッドのお母さんたち。**リサーチのほとんどは、支持者との共同作業で行われる。

動向をより的確に予測できるし、僕らのプロジェクトに深い知識をもたない外部のパートナーに頼るよりも、はるかに迅速に結論を得られる。考えてみて欲しい。社内の担当者が消費者動向に精通することに時間をかければ、それだけ消費者の将来の反応をうまく予測できるようになり、会社はより短いサイクルで新製品を発売できるのだ。

ソーシャルメディアとオンラインメディアが爆発的に普及したおかげで、消費者インサイトを知ることは格段に容易になった。ネット上の商品レビュー、企業のフェイスブック、そして一般の人々のブログ——インターネットを使えば、費用をかけずに、あなたのブランドについてリアルタイムの消費者インサイトを手にできる。多くの企業が顧客サービスを何時間も時差のある遠く離れたコールセンターに委託しているが、僕らの場合は、消費者の声は直接ブランディングチームに伝わってくる。それこそが消費者インサイトなのだ。耳を傾け、集約し、それらの洞察を行動に転換するプロセスの全体を所有すれば、消費者動向をより身近に、よりつぶさに感じ、消費者インサイトを会社の戦略に反映させ、知識を将来に活かすことができる。

創造の過程を視覚化する

「創造の過程を視覚化する」とは、アイディアに命を吹き込むプロセスを表現している。絵コンテ、独創的な素材、広告のシナリオなど、アイディアの具体的な形はさまざまだが、もっとも分かりやすいのはプロトタイプだろう。デザイナーは抽象的なアイディアをプロトタイプ化することで、そのアイディアを評価し、さらに発展させてゆく。

また、アイディアを目に見える形にすれば、懐疑的な人々の疑念を払拭できる場合もある。有名な逸話だが、ジョージ・ルーカスでさえ『スターウォーズ』の売り込みにあたって映画の構想をプロトタイプ化し、床に寝転がってフィギュアを動かしながら各場面を演じてみせた。プロトタイプは、理論と戦略のあいだの堂々めぐりから脱出するにも有効だ。討論を重ねても、パワーポイントのプレゼンテーションを繰り返しても一向に意見がまとまらないなら、プロトタイプは低コストでリスクなしの打開策になるだろう。そこから新しい発想が生まれ、誰もが同じ造形や映像を共有している感覚が得られるからだ。

さて、プロトタイプができたら、チームのメンバーがそれぞれの専門知識をもち寄って、製品化に向けて命を吹き込む段階だ。

▲**進化の過程。**対話の促進にはプロトタイプ化が有効だ。

そうやって協調するからこそ、最終的な完成品を全員が自信をもって支持できる。プロトタイプを手に取って、時間を逆戻りするようにしてプロジェクトを進行すれば、みんなが同じ完成品を目指していると実感できる。また、最高意思決定者（たとえば僕たち）はそのプロジェクトから少しばかり距離をおくことができる。ケネディがＮＡＳＡのメンバーに対して人類の月面着陸の瞬間を描いて見せ、これを実現させるのだと語ったように。

プロトタイピングはあらゆる意思決定のカギになるので、一連のプロセスの早い段階から行う習慣をつけるとよい。メソッドのオフィスを歩いたら、あちらこちらでプロトタイプを目にするだろう。粗削りなボトルの原型、材料を切り貼りしたポンプ部品、発売が迫る製品の完成形に近いものなど。僕らは未来の新聞の切り抜きまでプロトタイピングしたことがある。商品が完成した状態を想像し、大当たりしたアイディアを称賛する架空の記事を書くのだ。このようにアイディアを具体化すると、関係者全員の意欲が高まり、つぎのステップに進むために必要なフィードバック（次第に焦点は細部に絞られる）が得られる。サルからヒトに変化する過程を描写した古典的な進化図のようなプロセスをたどると、スケッチブックに描かれた製品が実際に店頭に並ぶまでの時間が短縮される。たくさんの意見やアイディアを必要とするが、こうしたプロセスを経て基本コンセプトが鮮明になり、その成功の可能性を的確に評価できる。

また、僕らは一つの製品について、しばしば「並行ルート」と称して、二つの構想を同時進行させる。つまり、一つの研究開発ルートを地道に歩む（一つのチームが一つの成分あるいは一つのパッケージについて一歩一歩テストを行い、改良を重ねる）のではなく、同じ仕事を複数のチームに割り当て、出荷可能な複数の製品の選択肢を用意する作戦だ。たとえば、二〇一〇年に発売した最新の食器用洗剤はその方式で開発された。開発者は二種類のボトルのプロトタイプを製作した。一つはプッシュプル式キャップの一般的なもので、もう一つはワンプッシュ式（メソッドの洗濯洗剤用ポンプ式ボトルと同じようなタイプ）である。通常、企業はこのような開発手法を「経営資源の無駄」とみなして、採用しない。しかし、この手法にはスピードと柔軟性という利点があり、後の工程で時間的余裕とより多くの選択肢を確保できる。食器用洗剤の場合、製品コンセプトの一貫性や発売スケジュールに影響を与えずに、製造開始の直前まで成分とパッケージを熟考する自由度を享受した。

小さく失敗して、痛手を最小限に抑える

市場調査は、市場で行うのが一番だ。自分より大きな競争相手に勝つには、多少の懸念が残る商品であっても市場に送りだして、あとから修正を加えるアプローチをとらざるを得ない。メソッドの一部のスタッフは、このやり方を冗談交じりに「ベータテスト」と呼んでいる。技術がハイスピードで進化し、競争が激化する環境にあって、移ろいやすい消費者トレンドの一歩先を走り続けるのは日増しに難しくなっている。次世代の起業家が大手ブランドに挑むとすれば、製品ライフサイクルを再考すべきだろう。トレンドの移り変わりはあまりにも激しいので、衰退の兆しが表れてきてからつぎのアイディアを検討し始めるのでは遅すぎる。「うまくいっていることに口をだすな」とか「壊れていないものを修理するな」といった古くさい助言は忘れよう。もはや、そんな時代で

▲**ベータテスト。** 小規模な会社は多くのことを小規模で試すことができる。自分が弱い立場にあるなら、優れたアイディアをひねりだし、有効性を証明し、それからスケールアップしよう。「ゲストスター」は、フレグランスの新コンセプトをベータテストにかけるプログラムである。

はない。

流動的なビジネス環境においてつぎのトレンドをいち早くキャッチするには、試行錯誤を繰り返すしかない。新しいカテゴリーと呼ぶべきものが必ずといってよいほど資金の潤沢な大手ブランドではなく、ガレージから生まれてきたのも、それが理由かもしれない。メソッドは最近、ディズニーとハンドソープで手を組んだ。世界的に有名なミッキーとのパートナーシップをもちかけられ、僕らはベータテストから始めることにした。何といっても、キッズ市場は移り気だ。ドーラやスポンジ・ボブが幅を利かせる一方で、失敗して墓場行きになったキャラクターは数知れない。購買の決定権は親から子どもに渡される。親と子どもの両方から愛される商品づくりは可能だろうか。本書が出版される頃には、一部の小売店にミッキーマウスのボトルが並び始めているだろう。失敗したら、僕らは最小限の費用で撤退できる。成功したら、あなたもすぐに近くの店でミッキーボトルに出会えるはずだ。

僕らは市場を学びの場と捉え、売上の数字に真実を語らせ、失敗を通して成功しようと試行錯誤している。このアプローチは小回りが利き、費用を抑えられる（一ドル当たりバットを振れる回数が多くなる）。ただし、消費者との信頼関係が必要条件だ。結局のところ、ベータテストを行うたびに、消費者に対して、結果がどう出るか分からないパートナー契約の締結を求めているに等しいからだ。

例として、僕らが開始した「ゲストスター」プログラムを紹介しよう。これは、流行を先取りした新しいフレグランスのハンドソープを販売するにあたって採用した限定販売のプログラムだ。基本的に販売チャネルは特定の小売店に限定し、場合によっては地域も限定する。小売店は多品種を扱う大型店である場合が多いが、メソッドは焦点を絞り込み、ベータテスト期間が二か月を超えることはまずない。試験販売と何が違うのか、と思われるだろう。ゲストスターの考え方では、ベータテストが成功し、消費者の反応が上々であれば、間髪入れずにつぎのアクションに移行する。つまり、僕らは直ちに全米に向けて商品を出荷する態勢を整えているのである。

ベータテストの究極の目的は、何が有効で何が有効でないかを知ることだ。失敗のコストを低く抑えるだけでなく、すべての失敗を過去の教訓としてつぎのテストに活かし、改良を重ねながら最終的に勝利を収めることを目指す。いわば、一度に一五メートずつボールを打って、合わせて一本

麻スイ

＊　麻スイは2～3時間で徐々に消えていきます。

＊　麻酔をした所は感覚がありません。
極端に熱いもの、冷たい物はさけて下さい。

＊　感覚がありませんので　頬（ホッペタ）・舌（ベロ）
をかんだりしても　気がつかない場合が
あります。物を食べる時は気をつけて下さい。

＊　特に　子供さんは　むずがゆい感じがして、
その部分を　もてあそんだりします。
（ホッペタを吸ったり、唇をかんだりします）
大人の方が　気をつけて下さい。

福島県郡山市富田町字五輪下57
御町・和歯科クリニック
佐藤　和宏
TEL　024-954-5535

領　収　証

患者番号	氏　名
0000011802	大竹 匠　様

請求期間　（入院の場合）
平成　年　月　日～平成　年　月　日

受診科	入・外	領収書No	発行日	費用区分	負担割合	本・家	区分
歯科	外来	0000034893	平成25年10月23日	社保	30%	本人	

保険	初・再診料	入院料等	医学管理等	在宅医療	検査	画像診断	投薬
	246点	点	200点	点	点	48点	55点
	注射	リハビリテーション	処置	手術	麻酔	放射線治療	歯冠修復及び欠損補綴
	点	点	604点	点	点	点	点
	歯科矯正	病理診断	食事療養	生活療養			
	点	点	円	円			

保険外負担	評価療養・選定療養	その他
	円	円
	（内訳）	（内訳）

	保険	保険（食事，生活）	保険外負担
合計	11,530円	円	円
負担額	3,460円	円	円
領収額合計	3,460円		

（注１）課税控除明細書となりますので大切に保管してください。
（注２）この領収証は再発行いたしません。
（注３）印紙税法第５条の規定により収入印紙不要。

富田町字五輪下５７
卸町・和歯科クリニック
☎９５４－５５３５

領収印 佐藤

のホームランを飛ばすというわけだ。無論、このやり方で成功するには、一回ごとのスイングに要する費用を抑えるテクニックを習得しなければならない。さもないとたちまち資金を食いつぶしてしまう。要するに、小さく失敗して、失敗の痛手を最小限に抑えることが肝心なのだ。

スピードは企業文化の決定要素である

外部の変化のスピードが内部の変化のスピードより速いとき、終わりはもう見えている。

――ジャック・ウェルチ

「素早くズバ抜ける」スピード感は、他のこだわりとも相互作用して、メソッドのユニークなカルチャーを決定づける要素の一つとなっている。言うまでもなく、製造や物流業務のアウトソーシングだけではスピードアップは図れない。かつて、僕らは会社を一枚岩にするのになんの努力もする必要がなかった。全員の意識が合致しているかを折に触れて確認する必要もなかった。みんなが一つの部屋で仕事をしていたのだから当然だ（仕事のあとはみんなでバーに繰りだした）。仲間意識に満ち溢れ、意見はごく自然に収斂し、共同作業は少しも作業とは感じなかった。振り返ってみると、スタートアップ企業としてメソッドが誇っていたスピード感は、他でもない強力なカルチャーの副産物だった。

ところが、組織が大きくなると、それが原因で失速しそうになった。おかしな話と思われるだろう。スタートアップ企業が勢いに乗ってきたら、経営資源が充実し、売上が伸び、経験値が上がり、

"get'er done."
「すぐにやろう」
メソッドの社内で
しょっちゅう耳に
するフレーズ。

▲スピードは企業文化の要素である。 業界の巨人にはプロセスのカルチャーがある。我々には、スピードのカルチャーがある。

パートナー関係が広がるから、何もかもやり易くなると考えるほうが普通だ。素人じみた間違いはせずにすむし、ほとんど空振りに終わる営業ピッチを繰り返す必要もない。製品を開発するたびに手探りでプロセスを構築する必要もなくなる。ところが、バスの乗客が増えるにつれ、全員が納得して一つの結論に到達するには余計な時間が必要になり、もはやバッターボックスに入ってバットを振るだけという簡単な話ではなくなる。全員で歩調を合わせることが難しくなるのは何も僕らだけの問題ではない。ビジネス書の多くがこういった問題を取り上げ、それぞれに示唆、処方箋、あるいは解決法を示している。やっとのことで全員をバスに乗せて正しい席に座らせても、今度はどの道を通ってどこに向かうのか、意見を一致させるのに苦労する日々が待っている。どうしたらスピードを保ち、機敏に立ち回れるのか。僕らは、「カルチャー」がスピードを持続させる手助けになるのではないかと思考をめぐらせた。

コラボレーションを促進するには健全な議論が必要だ。だから、議論を活発化させたいという思いは強かったが、議論と言い争いの線引きは微妙である。安心して自分の意見を主張し、率直に議論できる雰囲気が大切である。それは、誰もが同じ方向に向かい、より大きな目標を共有した状態で話し合いを締めくくることができるカルチャーを意味する。迅速な意見集約は優れた実行力を可能にする一方で、そこに到達する過程が素早く行動する組織の能力を傷つける恐れも否定できない。

それでは、一つのビジョンのもとで意識を一致させながら、誰もが気兼ねなく意見を交換するには、どうすればよいだろうか。

揺るぎない視点をもつブランドになる

素早くイノベーションを叩きだすには、コアバリューに合致する視点をしっかりと保つ必要がある。僕らは、新しいアイディアや製品と向き合うとき、いつも同じ基準に照らして検討する。それはスマートか。セクシーか。サステナブルか。支持者を獲得できるか。メソッドの風変わりな社風にふさわしいか。こうした問いはすべて、僕らが大切にする社会的使命と結びついている。目指すは、幸せで健康的な家庭革命を起こすこと。あなたのブランドの視点は何だろう（二、三秒以上考え込むようなら、そもそも視点が欠如しているか、もっと適切な視点が必要だ）。意思決定の過程では、揺るぎない視点が迅速な意思決定を促すフィルターとして機能する。それはまさに、自分たちは誰で、何を目指し、社会的使命が何であるかについての共通認識を直感的に表現したものだか

OBSESSION 4

らだ。

価値観に基づいて意思決定をすれば、社員全員が自分のキャリアはさておき、会社にとって最善の策を考える環境が自然と生まれる。守るべき原則があれば、悩むことなく決断できる。たとえそれが痛みを伴うものであっても（むしろそんな時にこそ、というべきか）。数年前、スプレー式のエアフレッシュナーを発売したとき、製造工程の不備により、どこの家庭にも存在する細菌が混入してしまった。防腐剤は環境に優しいものだったため（一般的なものよりグリーンだが、正直なところ効果も弱かった）、細菌の繁殖を食い止められなかった。やや恐ろしげな話に聞こえるかもしれないが、実際には、そのエアフレッシュナーを使用して具合が悪くなる危険性は、スシを食べてあたる危険性よりも低かった。リコールの義務が発生したわけではなかったが、問題発見から数時間後、僕らはその商品を店頭から引き揚げた。たいていの企業は同じ立場におかれたらそうはしなかったと思うが、自分たちの価値観というレンズを通して問題を考えたら、決断は簡単だった。

企業が自己の役割や優位性について明確な視点をもっていなければ、自己の存在意義の向上に寄与しない戦術やアイディアに貴重な時間を費やすことになるだろう。メソッドは価値観に基づいた確固たる視点のおかげで、自分たちが誰で、何をすべきか、全員が同じ認識でいられる。だから、不適切な決断をしたり、アイディアを無闇に幅広く追求して時間を無駄にしたりする可能性を遠ざけられる。

たとえば、僕らはメソッドの代表的なパッケージ・デザインについて、明確な視点をもっている。つまり、シンプルながら人目を引く、均整のとれたデザインである。この原則を出発点として、円錐形の洗濯洗剤ボトルをデザインするのに要した時間はわずか二日だ。莫大な費用をつぎ込んで、何か月にもわたる調査や消費者テストを行う必要などなかった。

朝会

スピードには緊密なコミュニケーションが必要なので、月曜日に全スタッフが集まるひとときは、全員が走り続け、つながりを保つための重要な手段である。

朝会を開くようになったのは、オフィスを移転してスタッフが三つのフロアに散らばった二〇〇六年のことだ。朝会はいわば、ユニオンストリートの小さなオフィスにいたときの環境を再現している。週に一度とはいえ、本社の全スタッフが三〇分間一堂に会する。そのエネルギーはすさまじい。まるで、ロッカールームで檄を飛ばすような熱気のなかで意義ある会話が進行する。そうやって集まることで、四半期の売上目標や製造を司るフロアで何が起きているかなど、あらゆる面で全員が認識を共有できる。そして、この集会の真価は、スタッフ全員に個人の貢献がより大きな生態系の大切な一部であると再確認させる点にある。組織レベルでスピードアップするには、集団レベルでの共通理解と個人レベルの貢献の両方が求められる。

横断的に組織する

ポッドとは、メソッドのクロスファンクショナル・チームであり、メンバーは複数の部署や建物に分散せず、お互いの声が届く範囲で仕事をする。たとえば、洗濯洗剤のポッド、ハンドソープのポッド、さらにはバリュー・ポッドといった具合に編成されている。スピードとイノベーションを促すため、さまざまな役割のスタッフが緊密に交流し、問題をテンポよく解決する環境を整えているのだ。異なる視野と異なる技術をもつスタッフを結びつけ、専門分野の枠を超えて意見を交わし、より高いレベルの成熟と共感が達成されるように配慮している。

結論――素早く行動したいなら、社内に孤立したスタッフを誰一人としておいてはいけない。メソッドでは組織が拡大しても、ポッドのおかげで技術者とグラフィックデザイナーが起業家精神に富んだ環境のなかで、小さなチームとして協力し合っている。

フラットが速さの秘訣

七歳で小型ヨットのレースに出た僕らは、「フラットにすれば速い」と教え込まれた。水の上を速く進むには、ヨットをフラットに保てるかどうかが勝負を分ける。官僚主義的な階層のせいで後手に回るアメリカのビジネス界にも、同じことが当てはまる。機敏な企業とは、誰もが決断し、即座に行動に打って出る自由と権限をもっている企業である。ただし、誰もが有能であり、効率的かつ自主的に行動するように勇気づけられていることが前提だ。このような環境を育むために僕らが行っている一つの方法として、「飼育係」(早い話が筋肉増強剤を投与したプロジェクトマネジャー)に大きな権限と責任を委譲している。説明しよう。仕事の完成とは、最終的には会社に現金が流入することを意味する。何でもかんでも三段階の中間管理職の承認を通すのではなく(時間と資金の無駄だ)、メソッドでは飼育係が、市場に素早く展開する(すなわち素早く利益を手にする)

▲**ドアは不要だ。** スピード第一の世界に縦割り組織は存在しない。

ための日々の決断を一手に仕切る。一般的なプロジェクトマネジャーは工程表を作成し、仕事が完成するまでスタッフをせっつく。ポッド体制を敷いているメソッドでは、飼育係はあらゆる側面で、オペレーションの観点からダイナミックな洞察を与えなければならない。彼らは、ホワイトボードに描かれた構想と店頭に並ぶ商品とを結ぶ架け橋である。この二つの地点のあいだには、サンフランシスコの本社から、インディアナ州フレンチリックの工場、聞いたことのない町の配送センターに乗りつける名前も顔も知らないトラック運転手に至るまで、多岐にわたる無数のステップが存在する。

フラットなオフィスを保つもう一つの方法は、オフィスを開放的な空間にしておくことだ。メソッドでは間仕切りのないフロアプランを採用しているから、誰もがあらゆる会話に飛び入り参加でき、協力の輪が広がる。そして、僕らが歩き回って、仕事の状況をおおむね把握できるのも良いところだ。それから、そう、歩き回っているうちに、新しいアイディアや経過報告をウィキウォールに書き込んで、みんなが最新の状況を知り、さらにアイディアを発展させられるように後押ししている。

シンプルを心がける

当たり前のようで重要なことだが、複雑すぎる事柄は決して成就しない。サウスウエスト航空が到着時刻の正確さで群を抜いている理由はここにある。同社は業務の簡素化を図るため、座席指定を廃止し、旅客機の機種を一つに絞り込んだ（少なくとも最近まではそうだった）。メソッドでは、製造業務をすべて外注するなどして簡素化を図り、ブランディングや販売活動、製品開発といったコアコンピタンスに集中している。

シンプルになるといっても、そうそう簡単ではないが（自分の仕事に強い思い入れがあれば、考えすぎてしまうのは当然だ）、素早く行動するために何を捨てられるかと自問すれば、できるはずだ。多くの企業が、毎週の会議、プロセス、決まり事など、何かを付け加えるのは得意でも、不要になったものを捨てるのは苦手である。僕らが行っている一つの方法は、半年より先の計画や予定についてはあまり細かく決めないということだ。四半期を二つも迎えた頃には、思いもよらなかったことがたくさん起きているに違いない。

採用はじっくり、解雇は素早く

採用には時間をかけているが、腐ったリンゴを長く抱えすぎて後悔した経験は何度もある。スピードを維持するには、不適切な人物がチームの足を引っ張っていないか注意を払うべきだ。この問題はデリケートだが、急いで片付けなければならない。直感に反するように思うかもしれないが、そうするしかないのだ。その理由はカルチャーと関係する。腐った社員を放っておくと、自由に考え、協力し合おうとするチームに大損害を与えかねない。負のエネルギーが、まるで毒が回るように組織に充満し、まわりの社員を巻き込んでいく。問題社員に頭を悩ませて、時間とエネルギーを浪費してはならない。解雇は愉快な仕事ではないから、何だかんだと理由をつけて先送りにしがちだ。もう少し時間を与えて様子を見ようとか、自分は忙しすぎるから、解雇を言い渡す役目を誰かに頼まないといけないとか。だが、スティーブ・ジョブズの言葉を借りれば、「ろくでなし《アスホール》をおいておくより、穴《ホール》を空けたままのほうがましだ」。

失敗の解剖学——バンブー素材のクリーナーシート

僕らはいままでは、スピードを重視すればリスクは避けられず、それなりの確率で失敗を甘受しなければならないことを知っている。失敗のたびにたくさんの教訓を得たが、とりわけ「素早くズバ抜ける」のこだわりからは多くの失敗の解剖学が生まれた。

バンブー（竹）素材のクリーナーシートを発売したときのことだ。僕らは原材料調達のスピードを最優先し、交渉に時間のかかる長期契約を敢えて省くことがあった。もちろん、調達価格を一定期間にわたって固定するには、長期の調達契約は欠かせない。時間の節約のために契約交渉を避けたのはギャンブルだった。だが競争相手に先んじて市場にインパクトを与えるか（消費者をあっと言わせ、メディアの注目を集める）、数百万ドル規模の販売キャンペーンの陰にかすむか、節約できた時間が運命を分ける場合があるのも事実だ。

しかし、思いがけず市況が高騰したら、お手上げである。バンブー素材のクリーナーシートの発売にこぎつけたとき、まさにこの状況に陥った。堆肥化可能でサステナブルな竹は、使い捨てクリーナーシート産業にとって理想的な素材だった。クリーナーシート市場は、アメリカで毎年七万五〇〇〇トンの埋め立てゴミを排出しているのだ。この分野で真っ先に竹材を取り入れるチャンスに気づき、僕らは開発と発売をできるだけ急ごうと意気込んだ。

一番乗りを急ぐあまり、竹材の供給者とは長期契約を結ばなかった。商品を（鳴り物入りで）発売してまもなく、竹の需要が世界的に高まった。もはや、手遅れだった。将来にわたって最高の素材を適正価格で調達する機会があったはずなのに、そうしなかった。半年もしないうちに単価は一〇〇パーセント以上も上昇した。そして、商品は大ヒットしたというのに、利益は得られなかった。結局、販売を中止して製法とパッケージを見直し、天然木質繊維のクリーナーシートをあらためて発売した。僕らは同じ製品を二度も開発するはめになったわけだ。

スピードのミューズたち――ラッキーブランドジーンズ創業者、ジーン・モンテサーノとバリー・パールマン

「素早くズバ抜ける」こだわりのミューズと聞いたら、猛烈なスピードで革新を続けることで有名な企業の経営者を期待しただろうか。フェイスブック、グーグル、ツイッターなど、成功と失敗がナノセカンドで決まるテクノロジー業界の巨人を思い浮かべたかもしれない。実のところ、僕らが「スピードの影響」をもっとも強く受けたのは、ラッキーブランドジーンズの創業者たちだ。彼らは、アクセルを力一杯踏み込めばいいってものじゃないと教えてくれた。大事なのは、最適なペースを見つけることだと。

もう何年も前だが、僕たちはラッキーブランドの創業者、ジーン・モンテサーノとバリー・パールマンと、インディアナ・ペイサーズの試合をコートサイド席で観戦しながら話をした（うってつけの場所でしょ?）。幼なじみであるモンテサーノとパールマンは、一九九〇年にラッキーブランドジーンズを初めて世に送りだした。以来、抜群のフィット感とビンテージ感で人気を集めている。ロックンロールをルーツに、独特のユーモアを利かせたラッキーブランドは、自立した考え方や他人に流されないスタイル、ほとばしる愛情といったフィーリングを象徴している。最近では、ビンテージミリタリーの美学と日本風のミニマリズムから着想を得たデニム中心の高級ライン、シビリアネアを立ち上げている。

尊敬してやまない起業家にいつも訊くように、ファッション界で成功する最大の秘訣は何かと訊

OBSESSION 4

▲スピードではなくペース。 ジーンとバリーは時計の長針ではなく、短針を追うように教えてくれた。

ねた（当然訊かずにはいられない。僕らはせっけん業界に応用できる名案をいつも探し求めているのだ）。移り変わりの激しいアパレル業界に身をおく二人だから、変わり続ける消費者の好みにどうやって対処しているのか、示唆を与えてくれるものと思った。確かにある意味ではそうだったが……彼らの助言は、最初のうちはほとんど直感に反するように思えた。「短針に従うこと」。彼らは言った。「長針を追いかけてはいけない」

もちろん、文字どおりではない。平均的な企業はあたかも時計の長針を追いかけるように、目先の流行に翻弄されて、電池が切れるまでぐるぐる回り続ける。ところが、成功を収めた企業はゆっくりとした動きの短針に合わせて戦略を展開し、波乱に満ちたビジネス・サイクルの気まぐれに惑わされず前進している。

僕らは時を経て、モンテサーノとパールマンが言わんとしたことを理解できるようになってきた。つまり、スピードや敏捷性は、流行の仕掛け人になったり、真っ先に流行に飛びついたりすることとは無縁なのだ。素早くズバ抜けるとは、着実に前進することである。そのために必要なのは揺るぎない視点だ。それさえあれば迷うことなく迅速に、一貫性をもって、分刻み、一日単位あるいは年単位の意思決定ができる。矛盾して聞こえるかもしれないが、本当のスピードとは、時間を超越したものなのである。

OBSESSION 5　RELATIONSHIP RETAL

第5章

こだわり5

リレーションシップ・リテール

少数の小売業者と深い関係を築き、差別化に貢献する小売とは、顧客、ベンダー、マーケター、メーカーが行き交う活気溢れる交通の要所だ。それぞれの利害は交差こそするが、ぴたりと一致することはない。だから、小売はあらゆるビジネスのなかでもっとも熾烈な真剣勝負の場所の一つなのだ。このような過酷で混沌とした環境において、「小売業者との良好な関係の構築に力を注ぐ」（メソッドの五番目のこだわり）などというと、役に立たない業務ハンドブックに散りばめられた甘ったるい気休めのように聞こえるかもしれない。しかし、僕らの経験からいうと、小売と良好な関係を築けば、仕事を迅速かつ手際よくこなし、競争力を強化できる。

小売業界の風景には、メソッドのような新興企業にとって試練ともチャンスともなり得る三つの傾向が表れている。まず、業界の集約化の流れ（強者が弱者を飲み込み、市場環境を均一化している）により大規模業者に支配権が偏重し、小さなブランドにとって市場へのアクセスは一段と難しくなっている。また、事業者が長引く不況から抜けだそうと悪戦苦闘するなか、消費者は低価格という選択肢に群がり、価格決定権を享受してきたブランドに反旗を翻している。さらに、消費者が（日用品も含めて）多くの買い物をインターネットですませるようになり、バーチャルな販売チャネルは店舗販売型の販売秩序そのものを脅かすに至っている。

しばらく前まで、どの州にも独自のスーパーチェーンがあった。そして、地域ならではのブランドやキャラクターが取りそろえられていた。だが、僕らが大学を卒業した一九九六年には、早くもそんな時代は終わろうとしていた。いまではウォルマートのスーパーセンターやイケアのメガストア（店舗面積はヨーロッパの公国にも匹敵し、一日五万台以上の車が駐車するスペースを用意している）が幅を利かせ、昔ながらの地域型スーパーマーケットは博物館と化している。これらの巨大複合店は、競合するブランドや小売業者を全米規模で競わせている。平均的な規模のショッピングセンターでも、消費者は必ず、コストコ、ウォルグリーン、ステイプルズといった顔ぶれが、競合関係にあるクローガー、CVS／ファーマシー、オフィス・デポと真っ向勝負する組み合わせに出会う。

このような複合化と大型化の結果、小売業者にとっては差別化が重大な経営課題となった。自分の店の商品を他店より際立たせることは成功の秘訣ではなく、もはや死活問題なのだ。小売業者は、どこにでもある画一的な大手ブランドがひしめく分野では、誰もが価格競争に引きずり込まれるという事実に気づいている。それに、ウォルマートが相手では真正面から立ち向かっても、結果は見えている。そういうわけで、多くの小売業者が独自の品ぞろえを模索するようになった。激化する競争環境にあって、スキッピーピーナッツバターを誰が一番安く売れるか張り合って共倒れになるより、独自色を打ちだし、商品構成の最適化によりコストを抑える道を選ぶようになっているのだ。

また、差別化の方策として、プライベートブランドを投入する小売業者も多い。かつて、プライベートブランド商品（もしくはノーブランド）といえば、白と黒のパッケージに「ビール」とか「牛乳」とだけ印刷したラベルを貼り付けたものだったのを覚えているだろうか。当時のプライベートブランドの取り柄は安さだけだった。そして、こういった商品には社会の害悪というイメージがつきまとった。ほとんどの消費者は、名の通ったブランドの商品のほうが優れていると考えていたし、事実、たいていはそのとおりだった。

いまは状況が違う。プライベートブランドが劣悪な商品とレッテルを貼られた日々は過ぎ去った。長引く景気低迷のせいで、消費者の思考は必然的に「チープシック」（倹約はヒップだという考え方）になり、プライベートブランドに対する否定的イメージは払拭された。現在では、プライベートブランドは、ナショナルブランドと価格的にも差別化の点でも互角の勝負をしている。セイフウェイのオー・オーガニックス、コストコのカークランド・シグネチャー、ホールフーズの365などは、いずれも信頼できる望ましい選択肢だ（そういえば、カークランドのウォッカが大好きな友人が何人かいるのを思いだした）。イケアやトレーダージョーズ、イギリスのマークス＆スペンサーなどは、ほとんどプライベートブランドだけで展開している。有名デザイナーを起用し、他の有名ブランドと提携する流れもあって、プライベートブランドと独立ブランドの区別は曖昧になっている。たとえば、アレキサンダー・マックイーンとターゲットのコラボレーションや、メイシーズのマーサ・スチュワート、ウォルマートのベターホームズ・アンド・ガーデンズ、CVSのブーツなどが典型的だ。シアーズのケンモアやクラフツマンは優れたプライベートブランドの先駆けだったが、皮肉にもブランド価値としてはいまではおそらく、シアーズを超えているだろう。現在、プライベートブランドは、アメリカの食品と飲料の消費の約二〇パーセントを賄っている。また、年間の売上成長率に着目すると、過去一〇年間のうち九年は、プライベートブランドのほうが勝っていた。

さて、焦らないでいただきたい。小売は内なる敵の存在しないプライベートブランド一色の風景に変わろうとしているわけではない。人気というものは周期的で、小売店は消費者の反応如何でプライベートブランドに惚れ込んだり、熱が冷めたりするのである。他のお値打ちブランドより利幅が大きければ恋に落ちるが、値下げを余儀なくされ、その分を負担してくれる下請メーカーが現れなければすぐにお払い箱だ。プライベートブランドの比率が高すぎてもバランスシートに悪影響を及ぼすため、小売業者は慎重にバランスを保とうとする。割を食うのは、市場の中間部分である。売り文句一つで何とかやってきたブランド（「ガラスにスジが残らない！」、「ホワイトニング成分配合歯みがき！」）は、遅かれ早かれ自分の顧客である小売業者が投入するプライベートブランドの標的にされるだろう。そうなるまいとして、広告宣伝費を拡大するのが精一杯だ。

他方では、日用品のネットショッピングが一般的になりバーチャル化が進み、小売業者とメーカーの線引きはさらに曖昧になりつつある。では、それがどのように競争の舞台を変貌させるのか。ある意味では、ネットストアの普及は新興ブランドにとって追い風だ。競争相手と対等な販売スペース（つまり、ウェブサイト）を運営すれば、体力差はいくぶんか埋め合わせることができる。そうはいっても、日用品の売上は依然として圧倒的に実店舗で発生しているから、店頭で消費者にアピールする努力を怠るわけにはいかない。また、ネットストアで買い物する人々のほとんどはブランド品に集まり、購入ルートは信頼に足る小売店に限られる。したがって、オンラインでもオフラインでも存在感を示すことが、新興ブランドにとって重要な課題となっている。

僕らは、オンライン売上でナンバーワンのホームケアブランドを目指している。メソッドはウェブの世界では有利な立場にある。なぜなら、メソッドの商品を購入する人々はインターネットを使いこなしており、彼らこそ、ソーシャルメディアで存在感を発揮するメソッドの得意とする顧客層だからだ。重要な点だが、オンライン市場で優勢を保つために必要なのはバナー広告ではなく、デジタルなブランド体験を提供することだ。アマゾン、ザッポス、ソープなど、成功を収めているオンライン業者はいずれも並外れた感性の体験を提供し、便利でイノベーティブな特徴を打ちだす方法を心得ている。

対照的に、店舗販売では、昔気質の経営者が安売り一辺倒の他店に対抗してコスト削減を進める結果、顧客サービスの質は低下するばかりである。DVDレンタルのネットフリックス（アルゴリズムを工夫した映画の推奨、きめ細かな検索機能、充実するオンデマンド・コンテンツ）とブロックバスター（こちらは……どうだろう、あなたが本書を手にしたとき、もう存在すらしていないかもしれない）の事例研究が参考になるだろう。

業界の集約化とプライベートブランド化の潮流は、熾烈な競争と極端なまでの価格感度を特徴とする小売の風景を招き、新興ブランドを市場から締めだす障壁はいたって堅牢だ。同時に、バーチャル化は小売の構造そのものに挑戦状を突きつけている。さらには、消費者が便利で安全なオンラインショッピングを受け入れ、流通の選択肢は増えた。これらの結果、小売業者とメーカーのあいだで覇権争いが激化している。支配権を賭けて巨人どうしが戦い始めたのだ。定番商品を置きたい小売業者は、それを製造するメーカーの商品力に屈してゼロに近いマージンに甘んじる。来店客が他の商品に手を伸ばしてくれる保証はないが、とにかく来店を促すには目玉商品に頼るしかない。

他方、小売業者の淘汰により販路は狭まるなか、イノベーティブではあるが成功するとは限らない新商品をつぎつぎと投入するメーカーは、それを取り扱う小売業者のリスクを軽減するため、高額な棚代の支払いと値引きに応じなければならない。両者の勢力争いの渦中で勝ち残るカギは、小売業者（僕らの顧客）の勝利に力を貸すことだ。

メーカーから小売業者へのパワーシフト

過去一〇年間に僕らが突破した最大の難関は、いかにして大衆にアクセスする販売店網を構築するかという課題だったといえるかもしれない。そのためには、僕らより大きくて定評のある競争相手が長年にわたり占拠してきた棚スペースを奪い取らなければならなかった。信じられない話だが、今日のアメリカでもっとも価値ある不動産はありふれた近所のスーパーマーケットの棚スペースであり（一平方メートル当たり一〇〇〇万ドル）、ビジネス生態系はそもそも僕らのような弱者を排除するようにできている。業界で棚代が「割り込み代」と呼ばれていることからも明らかなように、この慣習が小売業界のイノベーションを妨げる最大の障壁になっていると言っても過言ではない。

大手ブランドは通路の最前部や中央付近に商品を配置するために料金を払い、新興ブランドは締め

OBSESSION 5

出しを食らう。小売業者は棚代による利益率の底上げを既得権と受け止めるようになり、プレイ料金を払わなければゲームに参加できない慣行が定着した。なんだか賄賂めいた話に聞こえてきたとすれば、それは事実、ある種の賄賂だからだ。

棚代は、新興ブランドにとってコスト面での障害であるばかりか、半年ごとの売上集計の段階で、小売業者が各カテゴリーの最下位一〇パーセントのメーカーとの契約を打ち切り、空いたスペースを再販売する誘因にもなっている。そして(なんとなんと)、あなたが新興ブランドを売りだしたら、あなたはおそらくその一〇パーセントに入ってしまうだろう。それだけではない。どの商品をお払い箱にするか進言する権限を誰が握っているか。他でもない「そのカテゴリーのキャプテン」、つまりもっとも幅を利かせている有力ブランドだ。そう、あなたの敵はこのゲームの審判でもあるのだ。アメリカ政府は棚代は競争を妨げる不公正な障壁であるとして、違法とする措置さえ検討している。ただし、強大な力を誇る小売業者の多く(ターゲット、ウォルマート、コストコなど)が棚代を受け取っていないことは付け加えておこう。とはいえ、いまのところ、このシステムはかなりの店で生きている。

目玉商品の必要性

小売業者が所有する不動産を武器に勢力を誇示する一方で、主要な消費者ブランドがあらゆる店舗で大きな売り場面積を占めている事実は、ゴリアテどうしの戦いにおいて、メーカーもまた力を握っていることを意味する。洗濯洗剤について見てみよう。洗濯洗剤は、ほぼ一〇〇パーセントの家庭に普及している（完全に一〇〇パーセントではないようだが、洗濯をしない家庭があるのだろうか）。タイドは市場シェアの五〇パーセント近くを占めている。それはつまり、アメリカの家庭の半分は、洗剤が切れるとタイドを探しに店に出かけるということだ。小売業者は、消費者が洗濯洗剤だけを買いにわざわざ車を走らせるのではないことを承知している。あなたは、店にいるあいだに他に必要なものをまとめて買うはずだ。そこで、小売店はタイドの利幅を極限まで絞り込み、どこよりも安いことを宣伝してあなたを店に誘い、ついでにもっと収益性の高い商品を買わせる作戦をとる。採算度外視でタイドを売るのは不本意だが、ブランドの影響力を考えたら選択の余地はない。

このような綱引きに乗じて、再び小売業者（僕らの顧客）に力を引き戻すことが、メソッドにとっての必勝法となる。洗濯洗剤で利益が出ないなら、僕らが利益をもたらそう。どの商品も代わり映えしないなら、僕らがユニークなものを提供しよう。洗剤市場が横ばいなら（市場浸透率がほぼ一〇〇パーセント）、パイを拡大する方法だって僕らが見つけよう。競争相手の作戦を逆手にとり、個性を打ちだし、顧客に対して他者とは違う役割を演じれば、僕らは顧客に成功をもたらす主要同盟国になれる。

言うまでもなく、近年の小売業界の動向には新興ブランドに不利な面が山ほどある。数量と価格で張り合おうとすれば容赦ない競争に巻き込まれ、圧倒的に優位な大手ブランドと利幅の大きなプライベートブランドのはざまで押しつぶされてしまう。では、僕たちはこうしたハンディをどうやって乗り越え、サンフランシスコのおんぼろアパートから数万店舗の販路にまで拡大したのか。皮肉にも、新興企業の参入を阻止する小売業界のトレンドのいくつかが、またとないチャンスを与えてくれた。そして、僕らは、サプライチェーンとディストリビューションチェーンとのパートナー関係を強化することで、いくつもの突破口を切り拓いてきたのだ。

差別化が生き残りの道

魅力的な儲け話がないなら、小売業者の前にのこのこと姿を現してはいけない。あなたの仕事は儲け話をもちかけることだ。それがあるから、相手は他の誰でもなく、あなたを選ぶ。僕らなら、小売業者が掃除関連カテゴリーに特に期待する三つのポイントに焦点を絞って話を進める。つまり、ユニークで、成長性に富み、収益性が高い商品であることを訴えかける。小売業者と良好な関係を築くことができるかは、有意義な価値を明確なイメージとして伝えられるかどうかにかかっている。そして、その関係を維持したいならば価格が安いだけではだめで、差別化を図らなければならない。これはメソッドのような企業にとっては至難の業だ。僕らは七つの巨大なライバル会社が見逃している何かをつねに探しているのだ。ここで述べる三つのポイントは、あなたの商品がソーダでもプラズマテレビでも、他のどんなものであっても当てはまる。では、ユニークさ、成長性、そして収益性とはどういうことか説明しよう。

ユニークであること

小売店は「当店限定!」という宣伝文句が大好きだ。よそにはない本当にユニークな商品を提供すれば、あなたは競争相手とは異なる基準で評価される。あなたの商品が他店で手に入らないとなれば、最低価格を競い合う必要などない。差別化の手法として、一つの小売業者に新商品を一年間あるいはもう少し長期にわたって一手に販売してもらう方法がある。これは、マーケティング費用の大幅削減にもつながる。小売業者は差別化の見返りとして、あなたの会社を支援し、あなたと共同して販売促進に励んでくれるだろう。

少し前、メソッドはこの戦略によって最小限の投資でフランス進出を果たした。僕らはメソッド流のアプローチを学びたいと希望する企業の使節団をいつでも歓迎しているが、あるときフランスで第二の規模を誇る小売業者オーシャ

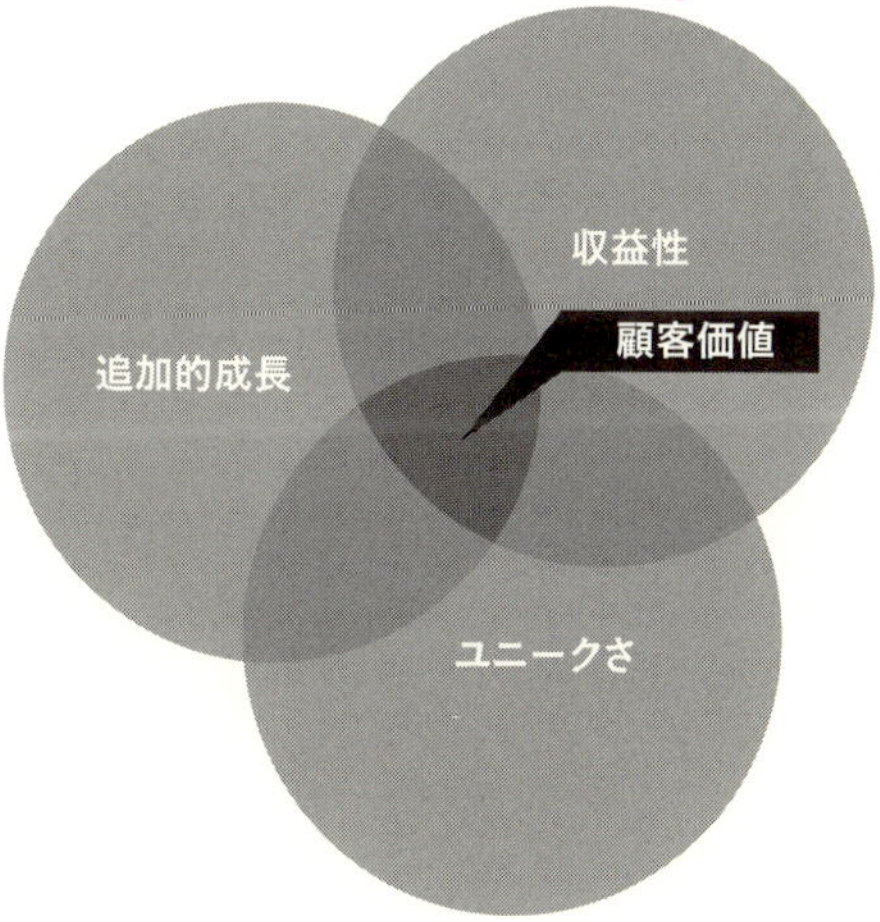

▲**利害関係を一致させる。**あなたと小売業者の利害関係を一致させるストーリーを語ろう。メソッドの場合それは、収益性、ユニークさ、追加的成長の追求だ。

ンの経営幹部が総出でメソッドを訪れた。そのときのテーマはコンサルティング営業だったので、コンサルティング手法に則って僕らの強みを説明するには絶好の機会だった（これについては本章でさらに述べる）。僕らの成功体験を聞いた彼らは、手を組まないかともちかけてきた。そこで僕らは、オーシャンにフランスでの二年間の独占販売契約を提案した。見返りとして、オーシャンは商品の陳列スペースや販売促進の点で力強くメソッドを支援してくれた。その結果、僕らはほとんど経営資源を使わずに新たな市場に参入し、さらなる発展の基礎を築くことができた。

追加的成長

小売業者は追加的成長、すなわち売上の純増を何よりも望んでいる。したがって、この願いを叶えるためにあなたがどんなふうに役立つかを示すことは、履歴書に名前を書くのと同じくらい大事なことだ。追加的成長をどうやってもたらすか。小売業者と協調する際に本当に大切なのは三つの方法だ。僕たちが通っていたグロスポイントノース高校の経済学の先生がよく引き合いにだした「馬車の鞭」の話で説明してみよう。

この鞭を見たら、もっと多くの人々が鞭を欲しがるに違いないから、商品カテゴリーに新規の顧客を呼び込める。

鞭の新たな使用方法を提案したら、すでに鞭をもっている人々が二本目の鞭を欲しがるだろう。

まったく新しいタイプの鞭を提案したら、新しい商品カテゴリーとなり、すでに鞭をもっている人々も新しいタイプの鞭を欲しがるだろう。

僕らの場合、追加的成長をアピールするなら、こんな感じになる。うちの洗剤はすごくクールだから、みんな掃除が終わってもシンクの下に隠さずカウンターに置いたままにしますよ。そうすると、見て楽しく、使うのも楽しいわけです。僕たちは実際に、洗剤を衝動買いしたくなるほど魅力的にすることで、ニーズをウォンツに転換させた。ターゲットでの試験販売期間に売上目標を達成できなかったとき、僕らはこのおかげで救われた。バイヤーは統計データを分析し、メソッドの商品の売上が洗剤部門においてほぼ一〇〇パーセントの純増であり、ターゲットのビジネス拡大に寄与していることを発見した。これこそ、小売業者にとっての金脈だ。たとえ取引金額が大手には遠く及ばないとしても、僕らは小売業者の成長（そして利益）に対して追加的に貢献していたのである。

収益性

小売業者はユニークさと成長性のみならず、収益性についてもますます声高に要求し始めている。多くの小売店はぎりぎりの利幅で商売をし、マスマーケットを頼りに赤字商品で集客を図っている。

そして、多くの小売店が棚代に過度に依存しているのだ。そこで、小売業者が利益を獲得する手助けをすれば、あなたは彼らの親友になれる公算が高い。小売業者の視点に立って、「良い」、「より良い」、「最高」という単純なセグメンテーションで考えてみよう。

良い……最低価格ラインのバリュー商品(安ビールの代名詞ミルウォーキーズベスト)。
より良い……通常、市場の大きな部分を構成する中間層を顧客とする大手ブランドがここに区分される(バドワイザー)。
最高……特選品(こだわりのシエラネバダ)。

一般的にいって、企業の利益の源泉は市場の両極に位置するバリューブランドかプレミアムブランドのいずれかだ。この傾向はマイケル・J・シルバースタインとニール・フィスクの『なぜ高くても買ってしまうのか』(ダイヤモンド社)で詳しく論証されているが、バリューブランド、プレミアムブランドのいずれにも属さない中間層は危機に瀕している。これには大きく二つの原因がある。一つは、マスメディアの衰退とともにマスマーケットが衰退したことだ。どんなジャンルを見ても、中間層のマスブランドは、下降線をたどっているか、停滞しているかのどちらかだ。もう一つの原因は、消費動向の変化が市場の両極で起きていることだ。同じ機能ならどれでも構わないと考えてより安いものに乗り換える消費者の支持により、バリューブランドは成長している。そして、品質が高ければ割増料金を払ってもよいと考えて高いものに乗り換える消費者の支持により、プレミアムブランドも繁栄している。ところで、バリューブランドの領域で競争するのは、小売業者が利益率の向上を狙ってプライベートブランドに傾斜している状況では難しい。そうなると、小売業者の収益改善のためにあなたが必要とされるのは、「最高」の領域しかない。

小売業者は量を捌くことに気をとられがちなので、あなたがもたらす売上は比率としては少ないが（たとえば、たった一パーセントだとしても）、そのカテゴリーの五パーセントの利益を生みだす可能性があることを、バイヤーに絶えず思い起こさせる必要がある。規模を競うゲームでは大手が勝つが、小売業者が収益性の向上を望むなら、コモディティ化を避け、あなたのブランドを育てる必要性を認識するだろう。

販売活動とは感情を伝えること

単純な話だが、企業の使命を果たすため、まずは自分を知ってもらい、商品を使ってもらわなければならない新興ブランドにとって、ものをいうのは情熱だ。バイヤーを言いくるめて大口契約を取りつける話術の巧みさの問題ではない。議論し、協力し、共有する価値観を土台として世界に何を提供できるか。その過程で、どうやって両者が利益を得るか。

成功に向かうストーリーを描くことも大切だが、販売活動は本質的に感情の伝達であることを決して忘れてはならない。相手にじかに会うことをせず、資料を送って返事を待つだけだとしたら、本末転倒だ。情熱とは周囲に伝染しやすいものだが、僕たちは大手ライバルとはスケールの違う情

▲もちろん、変わり者だって販売促進の役に立てる。 ステーキハウスより、もっと意外な方法で営業会議をやってみよう。売上が伸びなかったとしても、楽しめるはずだ。

熱にレバレッジをかける。幸い、僕らには明確な目的と成熟した文化があるので、実行するのは簡単だ。もしもあなたが自分のしていることに情熱を感じていないなら（特にあなたがセールス担当なら）、別の仕事を探したほうがいい。情熱を示すことで初めて、自分と相手の利益を一致させることができるのだから。そして、お互い同じ考えをもっていることを確認できたら、あとは共通の戦略を練り上げるまでだ。

ここから先はメソッドの風変わりな社風が本領を発揮する。ブルームボール（訳注　ほうきとボールで行うアイスホッケー）で対戦しながら営業戦略を議論したり、小売店に店員のベストを着て登場したり、訪ねてきたバイヤーを全社あげての激励会で迎えるサプライズイベントを行ったり。また、営業会議の一環として、ベッドでディナーを楽しむサパークラブに出かけたり、『アイアン・シェフ』風のコンテストを開催したり（訳注　アメリカでは『料理の鉄人』の吹き替え番組が人気を博し、二〇〇五年以降アメリカ版『アイアン・シェフ・アメリカ』が放送されている）、テキーラ教室なども開いている。営業会議をすべて歌で行う企画はまだ実現していないが、これもあと一歩のところまできている。

全員とは友だちになれない

僕らの望みはすべての消費者にバスクリーナーを売ることではなく、環境と社会と美意識について進歩的な考え方をする一部の消費者に、家をきれいにするのに必要なものすべてを届けることである。すでに述べたように、僕らが追求しているのは市場シェアではなくて顧客シェアだ。そのためには、一部の潜在的な顧客をそれ以外の顧客よりも優遇する必要がある。つまり、デモグラフィックス（人口学的属性）とサイコグラフィックス（心理学的属性）の観点からメソッドにより適したターゲット顧客に深く働きかける必要があるのだ。

多くの起業家が最初に犯す過ちの一つとして、事業を拡大しすぎることが挙げられる。メソッドも例外ではなかった。会社を立ち上げてからわずか数年で、メソッドの商品はあらゆる小売店の店頭に並んだ。限られた相手と深いレベルで関係を築くという初心があったにもかかわらず、僕らはいつの間にかふさわしくない小売店にイエスと言い続けていた。売上を目の前にちらつかされる状況で、信念を曲げずにいるのがどんなに難しいかを思い知った。結局、僕らは一部の小売店がメソッドにはふさわしくないことを（あらためて）学ぶはめになった。

ブランドの過剰な拡大を防ぐ方法の一つは、売上目標を量から質へ転換することだ。最大数の関係を築くのではなく、あなたのブランドと同じような価値観と目標をもったパートナーと提携し、最良の関係を築くことを目指さなくてはいけない。あらゆる店に進出しようとは思わないほうがいい。もしそんなことをしたら、価格でしか差別化できなくなってしまう。

成長には必ず妥協が伴うことを心に留めて欲しい。そして、適切なパートナーシップを構築したら、自分の目標を見直してみよう。どれくらいの規模になりたいのか。どこに到達したいのか。僕らは一〇〇億ドル規模の企業になることを目指していない。目指すのはどこまでも特別な企業になることだ。特別になることを目指した結果一〇〇億ドルに成長するなら、それはそれでよいのだが。

COLUMN

いかに参入するか

確立した分野に参入するのは楽ではない。僕らが効果的だと思った戦略をいくつか紹介しよう。

1　テスト市場を開拓する

周辺で店長に仕入れの決定権がある店舗を一〇軒くらい探す。通いつめて、いずれかの店長に商品を置いてもいいと言わせたら、いよいよテスト販売の開始だ（販売実績を積み上げたら、より大きなチェーンに掛け合える）。

2　代替的な参入ルートを利用する

バイヤーでなくてもいい。とにかく小売業者の内部の誰かに働きかけて熱くさせよう。僕らはマーケティング分野の人脈を使って、ターゲットのマーケティング担当者にバイヤーを説得する手助けをしてもらった。

小売との関係については、大手ブランドが圧倒的に有利に思えるかもしれないが、メソッドは小さな企業でも、ユニークな特徴を活かせば、小売業者と長期にわたる強力な関係を築けることを証明してきた。大手企業には発言力、経営資源、規模のメリット、顧客へのリーチ、腕力がそろっている。これに対して、グリーン革命を標榜する小さな会社のリレーションシップ・リテールには、優れた戦略、リスクテイク、そして起業家精神が求められる。

市場シェアより顧客シェアを追求する精神に則って、僕たちはあらゆる小売業者ではなく、もっとも価値のある小売業者に重点をおく決意をした。ターゲットやクローガーと密接に連携し、僕らは一つのバスケットに卵をたくさん詰めすぎたかもしれないが、そのバスケットはとにかく頑丈だ。創業して間もない企業にとって、多くの顧客にうまく対応するには資金が足りないという現実も避

3　小売店にとってのメリットを明確にする

小売店に話をもちかけるなら、よほど面白くてシンプルな話でない限り沈黙しか返ってこないと心得ておくべきだ。小売店には新製品のアイディアや売り込みが殺到しているから、「小売店にとっての利益」を明確に伝えられないなら、邪魔すべきではない。

4　展示会には出ない

僕らはほとんどの展示会に一通り参加してきた。直接バイヤーと交渉できるなら（エフィシェント・コラボレーティブ・リテール・マーケティング社の展示会など）参加料を払う価値があるが、そうでない限り、貴重な資金は他のことに使うべきである。

5　半年から一年の独占販売権を提案する

大手小売業者は、先行販売の価値を知っている。あなたにとっては、販路を大きく広げる前に、消費者の反応を確かめる機会となる。

けようがない。多くの小売店に月並みなサービスを提供し、ほどほどの注意を払うこともできたが、僕らは資金を広く薄くばらまくより、少数の小売店に集中したほうが投資効率が高いと確信していた。このおかげで、巨大な競争相手に対して戦略的に優位に立つことができた。なぜなら、僕らは限られた資金をより賢く使うことを強いられたからだ。このような切羽詰まった状態にうまく対処することで、僕らはつぎの教訓を得た――売り込みはやめて助言すること。

売り込みはやめて助言する

メソッドを立ち上げた僕らに営業の経験はなく、頼りはエリックとアラステアのコンサルティング経験だけだった。そこで、二人が実践してきたクライアントとの関係構築のスキルを活用した。僕らはただ商品を売るのではなく、コンサルタントになったつもりでクライアントである小売店に接した。メソッドの話を始めるより先に、小売店のビジネスの成長の可能性について示唆を与えることを心がけた。さらなる成長の障害となるものは何か――そして、僕たちにできることはあるか。たとえばこんなふうに。プレミアム顧客へのサービスが手薄になっているようですね、X、Y、Zの方策はもう試しましたか？

このように手を差し伸べると、こちらの意図が商品の売り込みだけではないことが伝わり、信頼と協力の精神で会話が進む。もちろん、コンサルタントは誰よりも口が達者だ――加えていつ売り口上を切りだし、バイヤーの懐に飛び込むかを判断する能力も決め手となる。

コンサルタント流の営業には、一般的なセールスパーソンがあまり持ち合わせていないいくつかのスキルが必要だ。まずは、ノーという答えを受け入れること。本当にためになる助言をするには、客観的でいなければならない。もし、あなたの商品がその小売店の戦略に合致しないと告げられたら、素直に受け入れ、別の日に出直すしかない。そうでなければ、あなたは決して信頼すべき相手とはみなされない。小売店の立場になって考え、彼らの課題や制約を理解し、成功に導く手助けをする。それには客観性に加えて共感する姿勢も求められる。つぎに、耳を傾けること——心を込めて。セールスパーソンは一般的に口がうまいものだが、僕らが誇るメソッドのセールスパーソンは聞き上手である。小売店には市場と消費者と競争相手に関する情報がごろごろ転がっている。じっくりと耳を傾ければ、思わぬ発見があるかもしれない。

小売店の関係者をあなたの仕事場に招待することも効果的だ。ビジネスの舞台裏を案内すれば、あなたのブランドに対する理解は深まる。初めての濃縮洗剤を開発したときのことだ。僕らは、大手小売店のバイヤーを引き連れてニューヨークにいた。タイアップしたケイト・スペードとのデザイン戦略会議に臨むためだった。時刻は明け方の五時頃だっただろうか。ラストオーダーの声がかかると、バイヤーは僕らに向きなおって言った。「君たちときたら、最高の営業マンなんだか最悪なんだか。よく分からないよ」。新製品発売の段階に至り、彼らは洗剤コーナーに一・二メートル幅という異例のスペースを提供してくれた。

同じ日の晩、僕らはもう一つ、またとない経験をした。アジア・デ・キューバという店で食事中、同じテーブルに居合わせた数人の女性に、二種類の洗剤ボトルについて意見を求めた。彼女たちは快く応じてくれ、その意見は実に示唆に富んでいた。どんな仕事をしているのか尋ねると、ストリッパーだという。まったく、優れた洞察はどこに潜んでいるか分からない。新しい洗剤に不安はなかった。洗濯好きの汚いもの反対同盟にとってストリッパーが請け合ってくれたのはこのうえない推薦状だ。

会社の規模が拡大しても良い助言者としてのアプローチを確実に引き継いでゆくため、メソッドでは営業部に営業畑ではないスタッフを多数採用している。小売店バイヤー、流通コンサルタント、マーケティング専門家など前職はさまざまだ。また、小売を重視するカルチャーを育むため、小売店の関係者が来社した際には、スタッフ全員に向けて話をしてもらったり、年に一度はオフィスを閉めて、全員を周辺の店舗に見学に送りだしたりするなどの工夫をしている。

創立時から築き上げてきた小売業者との稀にみる強固なパートナーシップは、メソッドの競争力を深いところで支えている。その関係をさらに揺るぎないものにするため、僕らは製品開発サイクルに小売業者を巻き込み、コンセプトやアイディアの素案の段階から、彼らの意見に耳を傾ける。その範囲は、フレグランスからパッケージのデザインに至るまで、あらゆる事柄に及ぶ。メリットは双方向だ。小売業者はメソッドが対象とする顧客の特質と、その顧客層にアピールする方法を学び、僕らは販売の最前線でこのうえなく貴重なパートナーを得るのだ。また、小売業者との関係を強化すれば、彼らは商品の最終的な成功についてより大きな利害関係をもつことになる。優れたバイヤーは優れた商人だ。僕たちはともに働くバイヤーの商人魂を最大限に引きだそうと手を尽くす。バイヤーの思考に関する僕らの考察をいくつか紹介しよう。

小売業者は現場の目である

小売業者は消費者の性質と市場の動向に誰よりも詳しい。もちろん、コンサルタント会社と契約したり、トレンドを予測する「クールハンター」を雇って高額な市場予測を手に入れたりすることもできる。また、社内の貴重な人手を市場調査に専念させる手もなくもない。だが、なぜそんな遠回りをする必要があるだろう。買い物客と毎日顔を合わせている小売業者はあなたの現場の目となり、消費者が、どの商品をいくらで、なぜ買うのかという貴重な最新情報を教えてくれる。その代わり、小売店もあなたから学ぶことができる。彼らはあなたが獲得したいと願う消費者の全体像については詳しい。しかし、あなたがすでに獲得した支持者については、あなたより詳しい者はいない。支持者がどのようなマーケティング方法を好み、店内の商品配置に関してどのような意見をもっているか、あなたが提供できる情報も貴重だ。

小売店は経験豊富である

あなたは研究所で生みだされるつぎのイノベーションが、顧客をあっと言わせると自信をもっているだろうか。あるいは、マーケティング部が編みだした巧妙な価格戦略を駆使して、カテゴリー全体を揺さぶろうと機をうかがっているだろうか。おそらく、他の誰かが過去にそれを実行しているだけでなく、途中のどこかでつまずいているだろう。協力関係にある小売業者は、業界のあちらこちらで過去に起きた失敗について多くの洞察を与えてくれる。パッケージ、ラベル付け、週替わりクーポンのメール配信。どんなことだろうと、店頭で効果のないものは何か、一番よく知ってい

OBSESSION 5

るのは、その商品を売っている小売業者である。

小売業者はゲームに参加したがっている

小売業者は、自ら商品開発に関わると(色やフレグランスの選定、限定商品の共同開発など)、商品を成功に導くためにひときわ努力するものだ。彼らをテントの下に呼び込めば、店舗内の最高の場所を確保してくれたり、広告スペースを融通してくれたり、追加的な恩恵も期待できる。成功しようと失敗しようと、その商品は彼らの赤ちゃんでもあるのだ。新商品が消費者の興味を引かなかったとしよう。それが値下げ対象になるか、在庫処分の対象になるかは、小売業者との絆の強さ次第だ。ブロック(失敗したボディケアライン)の発売後、売上が期待に届かなかったとき、ターゲットはそれを直ちにビッグロッツなどのディスカウントストア送りにすることもできた。しかし、ターゲットはデザインに参画し、パッケージのコンセプトから最終案の決定に至るまで関わってきたので、商品に思い入れがあった。だから、すぐに見切りをつけず、商品を目立つ場所に並べ直し、本来の運命よりも長いあいだ店頭に留め、値下げについても僕らの立場を尊重し、できる限りのことをしてくれた。

小売業者ならではのアイディアがある

僕らとパートナーを組んだ小売業者は何でも好きにできるとしたら、スニーカーからシリアルに至るまで、あらゆるものにメソッドの名前を貼り付けるだろう。それくらい、デザイン性と機能性

▲**スケッチ・セッション。** 僕たちは商品開発の最初の段階から
小売業者を巻き込んで、彼らの商売のセンスを最大限に引きだす。

を兼ね備えたメソッドの商品は信頼されているということだ。また、僕らがリスクを厭わないことも、評価されている。運動靴やコーンフレークはメソッドにはふさわしくないとしても、僕らがここまで飛躍できたのは、小売業者が未知の分野に向けて背中を押してくれたからだ。たとえば、メソッド・ベビーは、ベビーザらスとの協力関係から生まれた。

リテールの速度でコラボレーションする

小売業者を開発プロセスに巻き込むと、適切なタイミングでフィードバックが得られるため、開発のスピードが増す。さらに、プロトタイプを使い、双方向のコミュニケーションを重ねれば、あなたのひらめきに対して素早く的確な評価が得られ、意思決定も迅速になる。また、共同作業を通して顧客である小売業者が当事者意識を強くもつとき、この業界では当たり前となっている商品を投入しては引き上げる短期のサイクルから脱却できる。そうして節約した貴重な時間は、大きな競争相手に立ち向かうための力強いブランド育成のために使うことができる。

これまで見てきたとおり、小売業者へのアプローチには、僕らのこだわりがすべて活かされている。とりわけ、小さな企業が巨人と戦うには、小売業者との関係においてスピードと敏捷性を発揮しなければならない。僕らは小売業者を真のパートナーと位置づけ、コンセプトの段階から彼らと協同する。かつて僕らは、製品コンセプトのスケッチ一枚で一〇〇万ドルの注文がとれるぞと威勢のいい冗談を飛ばしたものだが、勝算を高めるには小売業者の知見を早い段階から活用することが肝心だ。いよいよ新製品の発表を迎え、当事者の一人であるバイヤーが「我々は」と口にすると、鳥肌が立つ。それこそ、本当のパートナーシップが生まれたことを実感する瞬間だ。バイヤーはどこかに成功の証を残したいと考えている。だから、僕らは彼らに一定の裁量権を委ねながら、彼らの希望を叶えるのだ。時々、バイヤーのほうからアイディアを強く推されたり、あるいは具体的な商品構想の提案を受けたりして僕らがノーと言う立場になると、どっちがバイヤーだか分からなくなる。

リレーション・リテールのもう一つの重要な利点は、資本を投下する前に、新製品の売りだしに関して口約束を取り付けられることだ。特に、現金が何よりものをいう起業の初期段階では、パートナーとの口約束はコンセプトの実現可能性を高めてくれる。僕らの常套手段は、一、二の大手小

COLUMN

証拠を足がかりにする

僕らは小売との関係に関しては、少しずつ近づいて信頼関係を育む「段階作戦」をとっている。相手が慎重であれば、まずはハンドソープあたりを置いてみて、売れ行きを観察してもらえないかと頼む。消費者が気に入って順調に売れ始めると、小売業者は他の商品も扱いたいと考えるかもしれない。デュアンリードがメソッドのハンドソープをソフトソープやダイアルなどのブランドと並べてみたところ、メソッドが勢いよく売れた。デュアンリードは取り扱いアイテムをだんだんと増やし、やがて二〇種類を特別ディスプレイで販売してくれるようになった。売上が伸びるにつれ、売り場面積も拡大した。いまでは、ニューヨークのデュアンリードは五〇以上のアイテムを取りそろえている。

売業者にコンセプトを示し、一定期間は必ず店に置いてもらう口約束を取り付ける。ただの口約束だから法的な拘束力はないが、信頼関係があればそれで十分だ。そして、口約束を頼りに資本を金型に投資する。多くの場合、初回注文で開発費用を賄い、収支トントンの状態からスタートできる。

ただし、このやり方を成立させるにはスピードが命だ。口約束を取り付けたものの商品化は一八か月後というのでは、約束を交わしたバイヤーは昇進していなくなっているだろうし、消費者の好みは変化して、商品はもはやトレンドから外れているに違いない。そうはいっても、新製品の発表のたびに、社員に何週間も休日返上で一日二四時間働くことを強要するわけにもいかない。そこで、僕らがたどり着いた結論は、スピードと社員の幸福という二つの条件をバランスよく満たすには、すべての小売業者を相手に一斉に販売を開始してはいけない、ということだ。手広くスタートするとリスクが過大になるだけでなく、社員はプレッシャーに晒され、保守的な思考に陥りがちだ。いわば、芝居の初日を小さな劇場で迎えるか、ブロードウェイで迎えるかの違いのようなものだが、市場の反応を的確に読むことを重視する僕らは、まずは少数の店舗で素早く売りだし、好調な売れ行きを確認してから、より大きな市場に打って出る。たとえば、食洗機用洗剤のスマーティーディッシュは、まずは慎重に選んだいくつかの店舗から始めた。消費者の反応を分析し、製品に微調整を加え、幅広く受け入れられる確信を得てから大々的に売りだした。商品を市場から撤退させるには値引きが伴い（在庫整理のために小売店から値引きを求められる）、発売時と同じくらいの費用が発生することを肝に銘じるべきだ。大きな勝負にでる前に、くれぐれも勝算を見きわめよう。

「素早くズバ抜ける」の章で「ベータテスト」の説明をしたが、スマーティーディッシュもまた、ベータテストの一例である。

失敗の解剖学――ホールフーズのために裸になる

メソッドとホールフーズは、共通のゴールを目指し、調和するブランド戦略を展開しているが、過去には意見が一致しないこともあった。何を隠そう、ホールフーズの扉を開くには、何年にもわたる交渉と、まったくの新ライン開発が必要だった。

ホールフーズは最初から、着色料の使用を嫌っていた。彼らはメソッドの製品を徹底的に調査した。こちらも使用する着色料が安全で分解可能であることを丁寧に説明したが、まるで効果がなかった。僕らはあきらめず、テキサス州オースティンの本社に何度も足を運び、懸命に交渉し、何とかして不信感をぬぐい去ろうと努力した。着色料が環境に負荷をかけるものでないと科学的に示し、メソッドの最先端のデザインには明るく楽しいライフスタイルをイメージさせる魅力があることを指摘した。それに比べて、ホールフーズの「グリーン」なコーナーに並ぶ商品は、何とも野暮ったくて退屈であると。それでも、ホールフーズのカリフォルニア州クパチーノ店がメソッドを扱って大成功したあとでさえ、本社は相変わらず意見を変えなかった。こっちも意地になってきた。

僕らが学んだのは、小売店と議論しても所詮は勝てないということだった。バイヤーが間違っていると証明したところで、おそらく信頼関係を損ねるだけだろう。ライフサイクル分析に基づいて、無害で分解可能な着色料は、プラスチックのボトルの染料（たとえ白でも！）よりはるかにグリー

▲リレーション・リテールの威力。 メソッドの幅広い製品の集めたMスポットは、洗剤の通路に旋風を巻き起こす。

ンだと証明しても、なんの意味もない。ホールフーズは着色料に関して独自の揺るぎない方針をもっていて、それは哲学の域に達している。彼らは僕らの主張に耳を貸さず、名誉にかけて原則にこだわった。ホールフーズ対メソッド、現在一対〇。

しかし、引き下がるわけにはいかない。僕らは研究室に戻ってグリーンシェフと力を合わせ、新しい製品ラインを一から開発する仕事に取りかかった。ホールフーズが着色料を嫌うなら、使わないことにしよう。メソッドの支持者のなかには少数派ながら、メソッドは大好きだけど「フレグランスはいらない」というグループがいた。そこで、二つのノーを組み合わせ、再びオースティンを訪れ、最新作を披露した。その名も「ゴー・ネイキッド」。着色料とフレグランスを一切使用しないラインだ。もともと着色料を使っていなかったいくつかの定番商品も合わせて紹介した。ホールフーズは考えてみると言った。

数週間後、僕らは小さな会議室で待っていた。ホールフーズからの電話が鳴った。「きみたち、素晴らしい知らせだぞ。採用決定だ——全米の店舗で——二三のアイテムを置くことにしたよ」。僕らは会議室の戸を開けて叫んだ。「ホールフーズに進出だ」。オフィスは歓声に包まれた。以来、ホールフーズとメソッドは緊密に協力し、戦略面で手を取り合い、ともに利益を享受している。

現在、ホールフーズではメソッドのアイテムを四〇ほど取り扱っている。双方の哲学を尊重しながら共有できる分野を見いだすことで、両社は奥深くて有意義なパートナーシップを維持している。ホールフーズは僕らが提携する他の小売業者に比べて店舗の数がはるかに少ないが（ターゲットが一六〇〇店、ロウズが一七〇〇店に対してホールフーズは三〇〇店）、売上高ではトップクラスの顧客だ。

小売店のミューズ——提携のパイオニア、ターゲット

ターゲットは大衆に高級感を届ける真のミューズだ。何か新しいものに投資し、それを売る方法を心得ている。どの小売業者にも先んじてトレンドの徴候を感じ取り、拾い集め、提示する。ター

ゲットのような偉大な商人は、美術館のキュレーターの感性を備えている。僕らの最初の事業計画は、大衆デザインという発想を生みだしたターゲットからインスピレーションを受けていた。僕らはマイケル・グレイヴスのトイレブラシを見て、日常にデザイン性を求める傾向が高まっていることを実感した。また、アイザック・ミズラヒをはじめとするデザイナーとの画期的なコラボレーションは、小売業者がブランドとの関係を再考し始めた証拠でもあった。いまでこそ有名デザイナーが量販店とコラボレーションするのは珍しくないが、数年前にターゲットが仕掛けた戦略は革命的だった（お気づきのとおり、他のミューズと違って、ここでは僕らが影響を受けたターゲットの社員の個人名が登場しない。というのも、僕らのビジネスと使命に影響を与えたミューズの名前を挙げると、一冊の本になってしまうからだ。また、個人名を出さないのは、チームワークを尊び、個人より集団の努力を評価するターゲットの社風にも配慮している）。

ターゲットへの最初の売り込みで、僕らはカリム・ラシッドの洗剤ボトルをひっさげ、「デザイナーによるコモディティ」というコンセプトを提案した。僕らはよく、ターゲットのバイヤーに初めて会ったときの話を引き合いにだす。採用の可能性は「万に一つもない」と、軽くあしらわれた。しかし、アメリカで三番目の規模の小売業者が、メソッドのような新興企業に、試験販売として一〇パーセントの店舗で通路最前線の売り場をまるごと提供し、数か月後には全店舗での販売を認めてくれたのは驚くべきことだ。

では、ターゲットから何を盗んだのか。返し忘れた来客者バッジはさておき、僕らが盗んだのは、偉大な商人になること、つまり、ただ買い付けるのではなく、何かに投資してそれを売ることの重要性だ。あまりにも多くの小売店が買い付け専門の「バイヤー」によって運営されていて、芸術家の感性をもった偉大な商人を探すのは難しい。偉大な商人には、感性と目利きの力がある。そして、すでに認知されたトレンドを追うのではなく、自らトレンドを生みだし、顧客に影響を与える術を知っている。トレーダージョーズは偉大な商人だ。ホールフーズ、ファーマカ、ロウズ、ベッドバス&ビヨンドもまた同じである。いずれも独自の視点をもち、既存のトレンドに低価格で追随するのではなく、僕らとのパートナーシップを利用してトレンドを仕掛けようとする先見性がある。

いまでも多くの人々がメソッドはターゲットのプライベートブランドだと思っている。メソッドと聞いて真っ先に思い浮かべる小売店がターゲットだからだ。メソッドのデザインはオリジナルだが、デザインを大衆化する発想はターゲットから盗んだものだ。ターゲットのおかげで、僕らは洗練されたデザインと低価格の組み合わせが勝利の方程式であると確信した。そして、それを全米規模で証明するため力を貸してくれたのもターゲットである。ターゲットのみなさん、お店で会いましょう！

OBSESSION 5

OBSESSION 6　WIN ON PRODUCT EXPERIENCE

第6章

こだわり6

顧客体験で勝負する

製品力を磨いて格別なブランド体験を届ける

誰もが知るとおり、現代の消費者は日用品の購入にあたって選択肢の多さに圧倒されている。『なぜ選ぶたびに後悔するのか』（バリー・シュワルツ著、ランダムハウス講談社）、『選択の暴挙』（*The Tyranny of Choice*）』（Renata Salecl、Profile Books）、『選択の科学』（シーナ・アイエンガー著、文藝春秋）——私たちを取り巻く状況を読み解くための良書を選択するにも迷ってしまうほど、世の中には選択肢が溢れている。できるだけ幅広い消費者層に受け入れられることを狙った商品は大好きにも大嫌いにもなれない集団思考の産物となり、それを売るには絶えず広告宣伝を行い、ほんの一瞬でも消費者の関心を引きつけなければならない。さらには、世界中の企業が便利な通信手段、安い労働力、安い製造コストを活用して、同じ方向に向かって競争している。その結果、店頭や倉庫には同じような商品がひしめき合い、あらゆる消費財について、いたるところに非効率が生じている。その状況を観察したければ、テレビショッピングやオンラインストアもよいが、何といっても、現代資本主義の見本市であるスーパーマーケットを訪れるのが手っ取り早い。

平均的なスーパーマーケットの取扱商品は、約四万ＳＫＵ（stock-keeping units＝在庫管理単位）にのぼるが、平均的な家庭は必需品の八〇から八五パーセントをわずか一五〇のアイテムから選ん

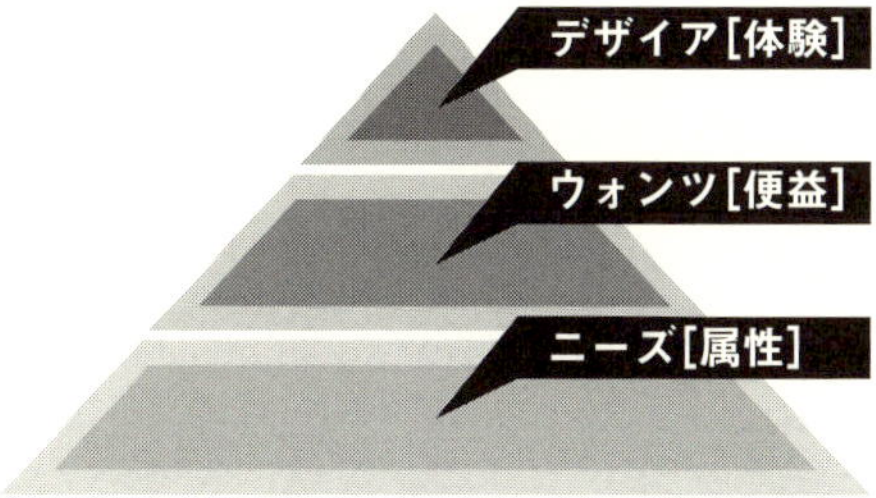

▲**商品はニーズを満たす。**体験はデザイアを満たす。モノが溢れる社会では、物質的ニーズのほとんどが十分に満たされているので、より感情的な感覚のレベルで競わなくてはならない。

でいるという。つまり、一般的な買い物客（あまり暇ではない人々）は、店内の三万九八五〇点のアイテムを無視しているわけだ。仮に、来店客が買い物の平均的な所要時間とされる三〇分間に、すべての通路のすべての箱や袋や札に目をやるとすると、一つの商品に与えられる時間は〇・〇五秒にも満たない。

品質も価格も大差のない商品に戸惑う消費者は、合理的な基準よりも、次第に記憶や感情を頼りに購買決定をするようになっている。脳科学によれば、感情は論理の五〇〇〇倍のスピードで働くというから、時間に追われる現代社会においては数秒（あるいはコンマ数秒）がものをいう。消費者自身は意識していないが、その選択の背後では、メーカーや小売業者によるブランド体験をめぐる戦いは熾烈さを増し、競争のあり方をも変えようとしている。企業は商品やサービスを際立たせるため、私たちの感情と記憶に基づいた意思決定を巧みに利用して、より良いブランド体験を創出しようと模索している。

消費者の購入決定に関わる動機を少し掘り下げてみよう。これはピラミッドで考えると分かりやすい（そう、僕らはピラミッド好きだ）。動機のピラミッドの底辺を占めるのは「ニーズ」だ。あらゆる消費財に共通して存在する根源的な動機である。車の購入でいうなら、家族全員が乗れるスペースがあるとか、安全装備の充実といったことが相当する。きわめて単純な話だ。その上の階層は「ウォンツ」であり、革張りの内装、V8エンジン、コンバーティブルトップなどがこれに相当する。そして頂点の階層が「デザイア」、つまり心が欲するものだ。ここからは感情の領域に移行する。たとえば、あるブランドを買って、良い気分を味わったり、自分の社会的立場を確認したりする欲求がデザイアである。これは、「責任感のある市民でありたい（だからプリウスを買おう）」とか、「成功を実感したい（メルセデスにしようか）」といった形で現れる。あるカテゴリーが成熟し、基本的なニーズとウォンツが満たされると、消費者はより大きな満足を求めてピラミッドを登っていく……理想的には。当然のことながら、支持者があなたと一緒にブランドのピラミッドの頂点に向かっていくことを望むならば、それなりの工夫が必要だ。

際立ったブランド体験を提供する

顧客のデザイアを満たす力で競争に勝つには、製品だけに頼ることはできない。クールなボトル、心地よい香り、豊かな泡立ち――これらは消費者が望むものではあるが、感情のレベルにまで入り込んで心を揺さぶるには足りない。もう一度、車の購入の例で考えてみよう。クールな気分を味わいたくて最高級のオープンカーを購入しても、それを家の前に停めておくだけでは満足できない。デザイアが完全に満たされるのは、ルーフを全開にして疾走するときだ。つまり、デザイアを満たすのは商品そのものではなく、それを使用する体験である。
そういうわけで、あなたの商品をデザイアの対象にするには、素晴らしいブランド体験をつくりださなければならない。これは、そう簡単なことではない。考えてみて欲しい――あなたは週に何回くらい素晴らしいブランド体験をするだろうか。ガソリンスタンド、スーパーマーケット、最後に乗った飛行機はどうだろう。どれも、いまひとつだったのではないだろうか。企業は消費者調査に多額の資金をつぎ込んでいるのに、いまのところ語るに値するような消費者体験はほとんど見当たらない。成熟した分野を思い浮かべてみると（タイヤ、ティッシュペーパー、テープ）、失望するほどではないにしろ、差別化の余地もほとんどなさそう

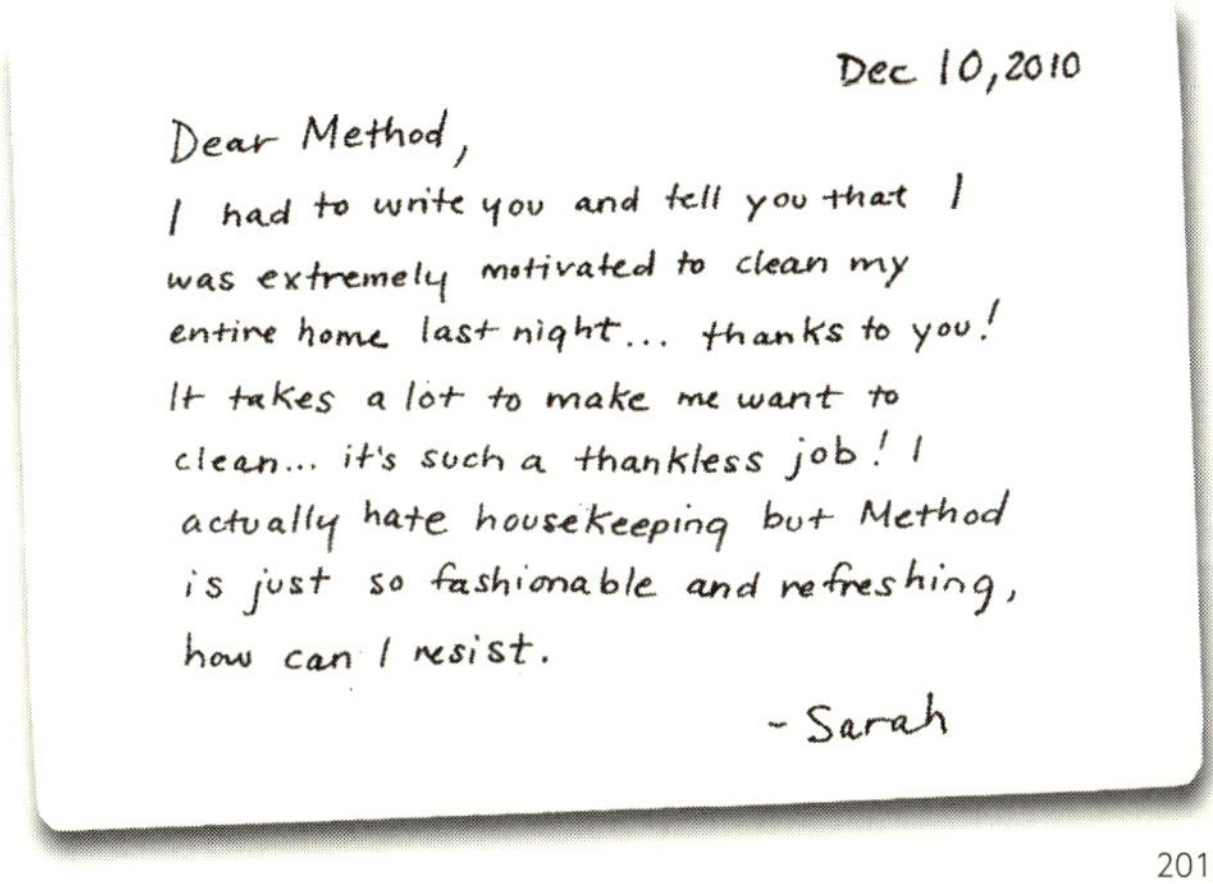
Dec 10, 2010

Dear Method,

I had to write you and tell you that I was extremely motivated to clean my entire home last night... thanks to you! It takes a lot to make me want to clean... it's such a thankless job! I actually hate housekeeping but Method is just so fashionable and refreshing, how can I resist.

- Sarah

2010年12月10日

メソッド様

どうしてもお知らせしたいのですが、昨夜はものすごく掃除をしたいという気になって、家中をきれいにしました……どうもありがとう！　いつもはなかなか掃除をする気にならないんです……だって、ちっとも割に合わない仕事だから！　正直言って、家事は大嫌いですが、メソッドがあまりにもおしゃれでさわやかなので、掃除せずにはいられません。

――サラ

に思える。当然だ。ニーズもウォンツもすでに満たされているのだから。それでも、より良い「体験」を届けるチャンスは、メーカーから小売業、サービス業に至るまで、あらゆる分野に無限に存在する。では、より良い体験とは何だろう。それは、印象的だったり、卓越していたり、あるいは想像を超えるものだったりする。顧客を競争相手ではなく、あなたのところに何度も呼び戻す理由でもある。品質が高いだけでは不十分だ。今日、高品質であることは最低条件にすぎない。

私たちが人生にもっと豊かな体験を求めるのは自然な流れだ。モノが溢れ基本的なニーズがほとんど満たされると、社会はいっそう体験を重視する。サンフランシスコ州立大学で心理学を教えるライアン・ハウエル博士は、人をより幸福にするのは物質ではなく体験であると実証している（ハウエル教授の研究については、Personality and Well-Being Labを参照のこと）。供給過剰の経済社会においては大半のニーズとウォンツが満たされ、体験は物質よりも貴重になる。旅行産業が好例だ。ヴァージンアトランティック航空やWホテルといったブランドを利用すると、ヒップで若々しい気分になれる。二〇年ほど前、ホリデーインはホテルでの体験を「最高の驚きは驚きがないこと」というキャッチフレーズで画一化した。対照的に、Wホテルはまったく逆のことを約束する――素晴らしい体験であなたを驚かせてくれるのだ。

どこで生き残るのか

僕らは、洗剤業界でニーズとウォンツだけで競っても勝ち目がないと確信していた。業界トップの競争相手とは売上規模にして五〇〇倍の差があるだけではなく、一〇〇年の歴史の差があるのだ。

それは、想像し得る消費者のあらゆるニーズとウォンツを発見して（あるいは考案して）、その九九・九パーセントを満たす一〇〇年だった。

世の中には、もっと良い食器用洗剤はないかと探し回る消費者はあまりいない。何十年ものあいだ、最強の洗浄力、最強の殺菌力、最強の消臭力が大多数の消費者を獲得してきた。かつてないほど多くのイノベーションが生まれた世紀を経て、クリーニングに関するニーズとウォンツはほとんど掘り尽くされた。そして、大手ブランドは揺るぎない信用力を築いている。彼らはマスメディアの黄金時代に名声をつかみ、窓ガラスにスジを残さない性能や洗浄能力の高さといった消費者の一般的なニーズを幅広く捉えた。強力なマーケティングに支えられ、これといって独創性のない、凡庸で似たような商品がよく売れた。そんな巨人に真正面から勝負を挑むのは、クロロックスより白くなる漂白剤を開発するようなものだ。だが、そんな戦いは不毛だろう。そこで、潤沢な広告宣伝予算をもたない新興企業にとっては、魅力ある製品を通して素晴らしいブランド体験を届ける意味はとりわけ大きい。

ライバルに匹敵する研究開発費も消費者調査部門もないわが社には、選択肢は二つ。あきらめるか――あるいはゴールポストを移動し、ソリューションだけではなく、ブランド体験を中心に据えて戦いの場を再定義するか。消費財の大半がコモディティ化したからには、洗浄力のみを売りにしたクリーナーを提供する選択肢はなかった。誤解しないでもらいたいが、僕らも洗浄力がとても大切なことは分かっているし、有害な化学物質を使わずにズバ抜けた洗浄力を発揮する製品の開発に努めている。だが今日では、製品の効果を高めただけではスタート地点に立ったにすぎない。僕ら

▲消費者は不足しているものには支出を惜しまない。掃除に何よりも欠けているのは楽しさだ。裸で掃除をしてもいいのに、残念ながらこれはまだ広まっていない。

はきれいにするという体験をもっと良いものにしようとした。それを楽しい体験にしようと考えたのである。

率直に言って、多くの人々にとって掃除は相変わらず楽しいものではない。そこに何よりも欠けているのは喜びだ。しかし、人は不足しているものには支出を惜しまない。僕らは女性のフォーカスグループから話を聞き、現代的な女性になることがいかに大変で複雑なことか知った。主婦としては自分たちの母親並みに完璧でなくてはならないのに、職業人としては父親並みに働かなくてはならない。そんな彼女たちが、他でもない僕らの商品が掃除から苦痛を取り除き、とても個人的な課題を克服する手助けになっていると感じている。

顧客体験で勝負するメソッドのこだわりの核心は、論理から感情への転換だ。メソッドを立ち上げて以来、この洞察は僕らのものづくりに強い影響を与えてきた。僕らは消費者動向のマクロ的な変化と製品への強い情熱を融合して、ブランド体験で抜きんでる会社を目指してきた。それを実現するには、徹底的に製品づくりに軸足をおいた組織を構築する必要がある。今日、勝ち残っている企業の顔ぶれを見れば、いずれも製品づくりに秀でていることが分かるだろう。アップル、ダイソン、ナイキ、ＢＭＷなどは典型例だ。世界は偉大な製品、つまり本当にユニークなブランド体験をもたらす製品を創造する組織を評価するようになってきた。メソッドは、まさに製品に軸足をおいた組織を構築している。すべてはとびきり魅力的な製品をつくることから始まり、それが達成されたら、あとは自然に流れてゆく。

理想をいえば、貴重な資金と時間は類いまれな製品の開発により多く使い、宣伝による心理的知覚操作にはあまり使うべきではない。

――ケロッグ経営大学院マーケティング学教授　フィリップ・コトラー

素晴らしいブランド体験が素晴らしいマーケティングを生む

ごく最近まで、企業が新製品を発売する際には、好意的なメディア露出を期待して、広報部から影響力のある新聞、雑誌、テレビに広報キットを送付するのが当たり前の光景だった。メディアの関係者は製品を試したわけでもないのに、美しく整えられた資料や広報担当者の人柄に影響され、期待に応えてくれることもあっただろう。ところが今日では、ソーシャルメディアやアマゾンなどのオンライン小売業が発達し、誰もが意見を発信し、編集者になれる。オンライン上のレビューやちょっとしたコメントが不特定多数の閲覧の対象となる。市民の一人一人が製品の成功を左右する力をもつようになったといえよう。あなたは、中学生のとき先生から、大人になっても消せない記録に君のしたことを書くぞと脅されたりしなかっただろうか。いま、その記録は本当に存在し、インターネットと呼ばれている。市場に平均以下の商品を送りだして消費者の信頼を裏切ったら、編集者たちはこぞってあなたを酷評し、いつかあなたの孫がそれを知ることになるだろう。

ツイッターが映画産業に与える影響を例にとろう。サシャ・バロン・コーエン主演の映画『ブルーノ』は、公開初日からたった一日で入場者数が二桁減となった初めての作品だ。初日の晩に映画館をあとにした大勢の観客が、ツイッター、メール、投稿、ブログ、フェイスブックで、あまりに

★★★★★ Fantastic floor cleaner. ...

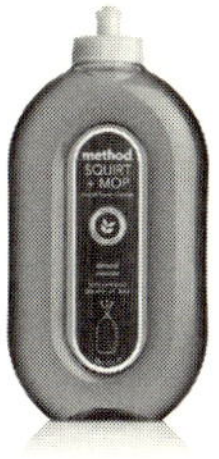

“Fantastic floor cleaner. I've tried everything because I have a dog who constantly likes to leave paw prints on the floor. I also really try to buy natural products. This floor cleaner works very well on my hardwood... it leaves it very clean and shiny and it smells fantastic. I recently ran out and had to run to the store and buy a competitive product. It had nowhere near the same gleaming, lasting effect. I threw it out and returned to Method.

「素晴らしいフロアクリーナーです。愛犬がいつも床に足跡をつけるので、いろんなものを試してきました。ナチュラルなものを買うようにしています。このクリーナーはわが家のフローリングにぴったりです……とてもきれいになってつやが出るし、香りも最高。最近、クリーナーがきれてしまい近所で他社の製品を買いました。つやが全然出なくて、仕上がりも長持ちしませんでした。その製品はすぐにやめて、またメソッドにしました」

▲いまや誰もが編集者だ。 あなたのブランドを生かすも殺すも消費者次第だ。

もくだらない映画だという感想を広めたのだ。翌日には観客が激減した。これは、コーエンの以前の作品『ボラット』が少数の観客に的を絞り、口コミでカルト的人気を集めた傑作だったこと（とにかく、それを観た人々にとっては）と比べると、あまりにも対照的だ。

透明性が高く、チャットで溢れた今日の世界では、製品そのものが広告である。消費者は感情を揺り動かされた商品体験をぜひとも他人に教えたいと思う。劣悪な商品体験を与えたら、酷評されるのは間違いない。そして、失望をぶちまける方法を手に入れたら、もはやカスタマーサービスに電話する必要など薄れてくる。さらに悪いことに、辛辣なレビューやコメントは、失敗作を販売中止にしても、返金しても、オンライン上に居座り続ける。反対に、素晴らしい体験を提供したら、消費者はその発見を友人や身近な人のみならず、無数の人々と分かち合いたいと強く願うということ

▲**メソッドにとって、「鋼の切りだし」は広告宣伝費だ。**
最高にクールなパッケージをつくるほど有意義な投資はない。

だ。今日、ブランド体験は本当に重要だ。良くも悪くも、口コミのきっかけは消費者の経験なのだから。

新しい市場環境で成功するため、僕らは「鋼を切りだす」費用を広告宣伝費と位置づけている。「鋼を切りだす」というのは、オリジナルの製品製造に必要な鋳型をつくる最初の工程だ。鋼の塊を買って、それを希望の形の鋳型に加工する。費用のかかる工程なので失敗は許されない。多くの企業がオリジナルのボトルに投資せず、標準化された、あるいは出来合いのボトルを使うのはそのせいだ。しかし、鋼を切りだす費用を広告費用と比べると、投資利益率はずっと高いことに気づいた。メソッドでユニークなデザインのボトルを新規に製造する場合、平均して一五万ドルの初期費用が発生する。これは既存のボトルを採用する場合と比べると高くつく。仮にその一五万ドルを節約して、代わりに広告につぎ込んだとしたら、どれだけのものを得られるか。たいしたことはない。全米規模の雑誌なら、四分の一ページの広告スペースさえ購入できない。ところが、ユニークなボトルをデザインすれば、数百万人にリーチする無料のメディア露出とソーシャルメディアに発展する可能性がある。それが広告効果をもたらし、小売業者の注意を引き、条件のよいスペースに商品が昇格し、新たな顧客が衝動買いしてくれるかもしれない。期待を超える商品を提供すれば口コミが広がる。メソッドがどんなに大きな声で叫んでも広告合戦には勝てないのだから、僕らに代わって商品に叫んでもらおうというわけだ。多くの企業は、商品の成功は潤沢な広告予算が保証してくれるという前提のもとで製品を開発している。しかし、いずれのカテゴリーであれ、マーケティングの支援がないことを前提として、商品自体の魅力で選ばれるような個性的で特別なものを志すべきだ。マーケティングは優れた商品をより高く打ち上げるためのロケット燃料なのであって、平凡な商品をヒットさせるための一か八かの手段にしてはならない。

素晴らしい体験は明確な視点によってもたらされる

ブレインストーミング・セッションで、同僚が「ヴァージンならどうするかな」とか、「ディズニーならどうだろう」と発言するのを耳にしたことがないだろうか。その社名があなたの会社のものでないとしたら、危険信号だ。優れた製品に向かう出発点は、明確な視点である。視点がぶれていれば、あらゆる局面で苦戦を強いられる。飛びぬけて素晴らしい商品体験を創出している企業はどうか——ダイソン、アップル、ヴァージン、ギネス、ミニクーパー……どのような企業でありたいか、そして社会においてどのような役割を果たしたいか、明確な視点をもっている企業ばかりだ。そうではない企業は、万人受けを狙い、方向性を見失っている。たとえばアイホップ。インターナショナル・ハウス・オブ・パンケークス（ＩＨＯＰ）は、かつて明確な視点をもっていた（店の雰囲気にもこだわって建物はバイエルン風だった）。ところが現在、世界各地のスタイルを取り入れたユニークでとびきり美味しいパンケーキを提供するより、ディナーを販売することばかりに力を入れている。アイホップの重役たちはこう考えているかのようだ。「デニーズならどうするか」

メソッドでは、「メソッドならどうするか」と問いかける。僕たちは自らのブランドが発想の原点となり、それがあらゆる創作活動のコンセプト・ブリーフとして機能するように配慮している。メソッドの視点は、包括的で楽観的、シンプルかつ野心的だ。ブランドのＤＮＡを表現するステー

デザインのイノベーション
美しいだけではだめ。斬新＋スマートであること。

効果的な成分
十分に効果的であること。僕らにはそれを科学的に実証する技能もある。

生き生きとした香り
どんな香りでもいいわけではない。どこまでもユニークな視点＋体験を実現する。

健康的な選択
人＋動物＋地球にとって健康的な選択でなければならない。

▲ブランド体験の柱。 デザイン性と品質を調和させ、多面的な商品体験を提供する。

トメントをそのまま引けば、「スマートで、セクシーで、サステナブル」。スタッフが、ブリーフを見るまでは仕事に取りかかれない、なんて言うのを聞いたら、僕らはすかさずたしなめる。「ブランドがブリーフじゃないか！」。では、どうすればスマートで、セクシーで、サステナブルな製品が生まれるのだろう。

僕らは、明確な視点を共有する工夫として、メソッドの商品がもたらす体験が必ず満たすべき基準を「ブランド体験の柱」として定めた。「ブランドの柱」というのはよくあるが、敢えて「ブランド体験の柱」としたのは、マーケティングを製品に染みこませるというメソッド哲学に合わせるためだ。日常のつまらない雑用を楽しい体験に変えるため、デザイン、香り、効果、環境の四つの柱を掲げている。製品がこれらすべてを満たしたら、市場に送りだす準備は万端だ。たとえば、最新の食器用洗剤では、一般的なボトルにつきまとう液だれを解消するポンプを採用し、香りは高級なアロマキャンドルに近づけた。洗浄力では大手ブランドに少しも引けをとらないけれども、成分は断然肌に優しい。ブランド体験重視のメリットは二つある。すなわち、消費者はより良い体験を得ることになり、メソッドは競争力を強化する。製品そのものは模倣される可能性があっても、ブランド体験は唯一無二である。

明確な視点を意識することによって、慎重に取捨選択し、何をすべきかだけでなく、何をすべきでないかの判断が容易になることも重要だ。ある意味、新製品や新サービスの開発における最重要課題は、取り入れてはいけないことや、排除すべきことを見きわめ、シンプルになることだ。あまりにも多くの製品が不必要に複雑化している。「機能マニア」と呼ぶべき製品は、何でもそれなりにはこなすが、見事にやれることは一つもない。社会が複雑化するにつれて、シンプルさへの欲求は高まっている。アップル、イネナウトバーガー、トレーダージョーズは、これを的確に捉えている。そういえば、誰か、複雑になりすぎた僕らのリビングで、ベビーシッターが三〇分のチュートリアルビデオの世話にならずにリモコンでテレビを操作できるようにしてくれませんか！

メソッドの視点の最大の長所は、何といってもその拡張性だろう。つまりこういうことだ。より良い製品をデザインしたら何が得られるか。一つのより良い製品だ。しかし、より良いブランド体験をデザインしたら、数多くの製品を生みだすプラットフォームが得られる。これは、メソッドが

▲製品ではなく、哲学を販売するのだ。

短期間に大きく成長した理由の一つでもある。僕らはいつも同じ戦略に基づいて、新たな分野を切り拓いてきたのだ。ブランド体験とは、ワクワクする感覚だ。そしてそれは、そのブランドの際立った個性に触れることだ。カテゴリーによっては、消費者をワクワクさせ、個性を発揮することが、とても自然にできることがある。メソッドがベビーケア製品に注目したときもそうだった。

会社は成長し、多くの社員に新しい家族が誕生した。ベビーケア製品に関しては、個性的なデザインにこだわり、グリーンなソリューションを重視したものがないことに気づき、それなら自分たちでつくろうと考えた。意識の高い親は優しい成分を求めているので、フタル酸エステルやパラベン（主だったベビーブランドは長年ラベルに表示していなかった）などの有害な化学物質を使用しない製品（たとえば、「ライスミルク＆マロー」）は大いに歓迎された。だが、メソッドのベビーラインを際立たせるのは成分だけではない。ここでもこだわりを貫き、ボトルのデザインもユーモラスで個性的なものにして、サステナブルな素材を使った。また、忙しくてどうしようもない親の実体験も念頭において開発にあたった。ダイパークリームには片手で押すだけのポンプ式ボトルを採用し、ベビーウォッシュのキャップはとびきり大きくしてすすぎ用のボトルとしても使えるようにした。一つ一つの特徴はインダストリアルデザインの小さな勝利にすぎない。だが、ライン全体としては、メソッドのブランド体験へのこだわりのダイナミズムが体現されている。

最高のブランド体験は感情と理性の両方に響く

たいていの企業は製品の機能面の差別化ばかりを重視し、感情面での差別化の威力を過小評価している。事実に基づいて理性に働きかける「目に見える」商品特性は、重役会議やフォーカスグループの討論では高評価を得るが、それが実際の消費者の思考や行動を反映しているとは限らない。企業は、感情と機能の両面で秀でたときに初めて、消費者ロイヤルティを獲得する。確かに、消費者は商品の感情的な特性よりも機能的な特性に目を奪われがちだが、どの競争相手も同じような機能的特性を備えていたらどうだろう。あなたは別の方法で違いをアピールしなければならない。そして、研究によれば、感情的な特性で差別化を実現しているブランドは、そうでないブランドに比べて六〇パーセントも高いロイヤルティを獲得している（フォレスター・リサーチ調べ）。

したがって、特に新興ブランドが高いレベルのロイヤルティを達成するには、絶対に勝つ自信のある機能的特性に集中投資すべきである。そうなると、相対的に重要度の低い特性には資金が回らなくなるのはやむを得ない。典型的な例は、サンフランシスコのすぐ近く、バークレーに店を構えるスーパーマーケット、バークレー・ボウルだ。生鮮食品と輸入食材の品ぞろえがとてつもなく豊富で、まさに食通の天国だ。問題は、悪夢のような顧客サービスである。レジには長蛇の列、商品を並べる店員は混乱に対処しきれず、通路は買い物客でごった返している。店は意図的にサービスを二のつぎにして、品ぞろえの充実に徹底的に投資している。店内を歩いてみると、「この店は顧客サービスという言葉を知らないのか。いや待てよ、それほど生鮮食品の品質が素晴らしいのかもしれない」と思わずにいられない。バークレー・ボウルは、まさに顧客のこういった感情面の反応を捉えてビジネスを築いている。それで構わないのだ。この店が大好きなバークレーの一部の住人にとっては。ただし、他のほとんどの消費者は、高品質と素晴らしいサービスへの欲求をともに満たしてくれる場所へ向かうだろう。そして、実際のところ、優れた品質とサービスを融合して、特別な消費者とあなたが共有する「価値観」に結びつけることが、感情面で他を寄せつけないブランド体験を届けるためのもっとも効果的なアプローチだ。それによって、企業使命、目的、視点がさらに強化される。メソッドは支持者と共有する「掃除を愛する」という価値観に感覚的体験を調和させている。

さてつぎに、トイレの話題に移ろう。いかなるブランド体験にも機能面の優れた要素が不可欠だが、トイレクリーナーはその具体例としてうってつけだ。トイレクリーナーこそ、二〇〇一年の創業当初から真っ先に販売したいと思っていた商品だが、商品化は二〇〇八年を待たなければならなかった。七年の試行錯誤を経て「リル・ボウル・ブル」を市場に送りだした経緯を説明すれば、僕らが抜きんでたブランド体験にどれほど真摯にこだわっているか、分かってもらえるだろう。

陶器の研磨剤、便器の殺菌剤——いや、トイレクリーナーは初めからメソッドの事業計画に掲げられていた。華々しい商品とは言い難いが、それは僕らがこの業界で革新しようと誓ったあらゆることを象徴するアイテムだ。とにかく、トイレクリーナーは醜悪で、ホームケアファミリーの恥さらしだ。どの家庭にもあるけれども、なるべく考えたくない代物。さらに悪いことに、それは家庭内に存在するもっとも有害な製品の一つでもあり、ボトルにはさまざまな警告がくまなく表示され、少量であれ誤って口に入れようものなら最寄りの中毒事故管理センターに連絡するようにとまで脅される。そして、最悪なのは、使用時の不快感である。消費者は何週間かに一度、汚れたタンクの重い蓋を取り外して手を突っ込むか、膝をついて悪臭ただよう便器に数インチまで顔を近づけてブラシでこする作業を余儀なくされる。

醜悪で、有害で、使うのも不愉快——トイレクリーナーはまさにメソッドが向かうべき理想の市場だった。僕らは研究室を立ち上げてすぐ、有害物質を含まないトイレ用の洗浄成分の開発に着手した。ところが、トイレクリーナーが有害であるのには無理からぬ理由があった。リン酸塩や強酸は、沈着したカルシウム、赤さび、バクテリアなど、便器につきものである汚染物質を除去するのに十分な威力をもつ数少ない成分だったのだ。市場ではオーガニックなクリーナーも売られていたが、洗浄効果に関しては一般のクリーナーの足元にも及ばない。しかも、便器というのは効果の面

▲飽和状態の市場では、妥協の産物は売れない。

で妥協が許されない領域だ。環境に対する意識がかなり高い市民でさえ、ボトルの前面に「あらゆる雑菌」を撃退するとあったら、裏面のどくろマークには目をつむってしまう。

　僕らのグリーンシェフは、液体、クリーム、ジェルなどを片っ端から試した。そして、試作品にブラシとスポンジをセットにして社員に持ち帰らせたが、どれも効果は不十分だった。僕らの基準に適合しない成分を使う誘惑に駆られたことは何度もある。それほど、忌まわしく有害な無機酸に対抗できる有機酸の開発は困難を極めた。だが、僕らは誘惑に負けなかった。

　まるで白鯨を追うかのように未知の成分を探し、数年が過ぎた。企業としては売上を伸ばさなければならないし、支持者からは「とてつもなく大きなチャンスを逃している」とさかんに指摘された（新製品のリクエストとしてはトイレクリーナーを望む声が圧倒的に多かった）。しかし、すでに販売されている競争会社の有害な製品と同等以上の洗浄効果を確認できない製品を世に送りだす気はなかった。そしてついに、二〇〇八年の初め、エンジニアの一人がメソッドのグリーンシェフをことごとくはね返してきた暗号の解読に成功した。乳酸をいくつかの新しい再生可能な界面活性剤と調合することで、（ゴシゴシこすらなくても）大手ブランドに劣らない洗浄力を発揮し、消費者が手で触れても問題がないほど安全な液体洗剤を生みだしたのだ。ブランド体験に対するこだわりをしっかりと保ち、それに必要な技術を何年も待ち望んできたメソッドに、もはや迷いはなかった。ユーカリミントの香りのリル・ボウル・ブルは、胃袋のように膨らんだボトルに詰められ、ただちに全米に向けて発売された。

感情的な体験を届けるというのは、人の感覚に働きかけることを意味する。なぜなら、感覚こそが人の感情につながる近道だからだ。しかし、それを実践しているブランドはどれほどあるだろう。人が「きれい」について語るとき、それは「きれいだと感じる」状態を指している。ところが、ほとんどのクリーナーには、きれいだと感じられる要素はまるでない。クリーナーを使うときの感覚的体験といったら、使用中は息を止め、終わったらしばらくその場から避難し、最後にはひどく不格好な容器を棚にしまい込むといったものだ。清潔さに関わる文化史のどこかで、消費者は悲鳴をあげるようでなければ効果がないと信じ込まされるようになった。いったいそれのどこがきれいなのか。僕らは、美的感覚に訴えるきれいなデザインと、本当にきれいと感じられる成分と、まわりを魅力的な香りで包むフレグランス（漂白剤のようなにおいではなく）を融合して、新しい感覚的体験を生みだした。また、パッケージについても人間らしさを思わせる形と、つい触れたくなるような素材を使うことで、触覚的な体験も加えている。僕らの狙いは、掃除という日常の作業を心地よい感覚的体験にまで高めることだった。偉大なブランドは例外なく理性、感情、感覚に働きかける優れた価値観をもっている。僕たちは、メソッドがその三つすべてを提供できるように努力している。

ソフトなイノベーションで素晴らしい体験をもたらす

一般的に、成長戦略において企業が重視するのは、莫大な研究開発費を投じ、多くの技術者や博士が力を合わせて到達するブレークスルーに象徴されるような「ハード」なイノベーションである。テフロン、バイアグラ、セグウェイなどはその典型だ。こういったイノベーションの難点は、費用とリスクの大きさである。製品そのものの開発費もさることながら、それを普及させるために多額のマーケティング費用を要する。また、マスマーケティングはかつての威光を失っているから、この手のイノベーションの投資回収サイクルは長期化し、そのあいだの財務的な負担も大きい。さらに、新技術がつぎつぎと生まれ変わり、特許紛争が不安要因として加わる状況では、大きなイノベーションを高い予測可能性をもって実行するのは非常に難しい。驚くような新商品だって、商業的に失敗する可能性は否定できないのだ。

他方で、ソフトなイノベーションの担い手は、大がかりなイノベーションに依存せず、それぞれのカテゴリーに品質、ブランド体験、売上の面で新たな基準を打ち立てている。

メソッドでは、ソフトとハードの両方のイノベーションのバランスを保つように心がけている。誤解のないよう断っておくが、僕らも大きなイノベーションが大好きだ（たとえば、世界的に称賛された画期的な八倍濃縮の洗剤）。しかし、多くの企業がブランド体験と差別化の決め手になり得るソフトなイノベーションを過小評価している。ソフトなイノベーションの利点は、研究開発費が少なく、消費者に容易に「理解」されるため、マーケティングの支援をさほど必要としないことだ。また、発想が親しみやすく、学習曲線が急勾配となるため、成功の予測可能性が高い。

このようにリスクが比較的小さいにもかかわらず、ソフトなイノベーションは、商品カテゴリーを根本から覆したり、固定観念を打ち砕いたりする力を秘めている。メソッドのキューカンバー・オールパーパスクリーナー、涙型のハンドソープ、あるいは新しいポンプ式の食器用洗剤などがそうだ。似たような商品は以前からあるが、メソッドの商品はいずれも新しい香りや形、インタラクティブなブランド体験を提供している。

僕たちにとって、ソフトなイノベーションには、製品の香りやデザイン、ウィットに富んだ個性などが含まれる。単独ではどれも画期的とはいえないが、これらが複合して大きなインパクトを与える。「住まいにアヴェダを」という最初のキャッチフレーズを振り返ると、ホームケアにパーソナルケアの手法を取り入れる発想は革命的だったが、そこに到達する道のりはきわめて進化的なものだった。

僕たちは魅力的な消費者体験を演出するため、あらゆる商品に感情面の差別化要素を仕込んでいる。具体的には、シーミネラルなどの思いがけないフレグランスを使い、容器のキャッチコピーに

パワフルで無害――それは神話ではありません。僕たちは相変わらずユニコーンについて研究しています。

汚れをやっつけるお手伝いをします

パワーグリーンの技術さえあれば油汚れもこびりついた汚れもひとたまりもありません。シュッとひとふきするたびに、毒性とは無縁の素晴らしい栄光に包まれながら、天然由来の生分解可能な成分が強烈なクリーニングパンチをお見舞いします。トウモロコシとココナッツを原料とするクリーナーが汚れを分解し、心地よい勝利の香りだけが残ります。

▲顧客体験は細部に表れる。 意外なフィーリングが製品と消費者の結びつきを強める。

主人公として怒れるリスを登場させ、あらゆる観点から当たり前のものに大胆に挑戦する。素晴らしい体験とは人間のもっとも人間的な部分が揺さぶられることであり、人間とは意外性を求める生き物だ。せっけんというありふれた分野では差別化の余地は狭いから、意外性は細部に宿る。手に取ったときのラベルの感触、カウンターに置いたときのボトルの姿、スプレーの音、ボトルの裏面の思わずクスリとしてしまう言葉。キャンドルの小箱に添えた取扱説明書にさえ、ちょっとした驚きが待っている。ソフトなイノベーションとは、他にはない意外な何かを提供し、それを積み重ねてトータルで一つの経験を生みだすような創意工夫である。

　ソフトなイノベーションを生みだすた

▲**1＋1＝新製品。** トレンドを求め、世界中を旅して集めたお土産が並ぶひらめきの壁。

めの有効なテクニックとして、アイディアの「流用」がある。他人の創作の一部を取りだし、それを新たな分野、あるいは意外な用途に再利用するわけだ。流用という発想は（程度の軽い盗用をやんわりと表現したにすぎないが）、卓越したビジネスには欠かせない。僕らはいつも何かを盗んでいる。朝会はイノセントから盗んだものだし、フレグランスのシーミネラルはベアエッセンシャルから盗んだアイディアだ。また、食器用洗剤のさかさまボトルは、利便性から考案された自立式テープラーからヒントを得たし、最初の洗濯洗剤のプッシュ式の簡単計量キャップはマウスウォッシュのアクトからデザインを借用した。みなさんにもぜひ僕らのアイディアを盗んでもらいたいと思っている。まったく別の分野のアイディアを利用するのは模造品の製造とは大違いで、被害者なき犯罪である。

模造品を製造すること（他人の成果を盗んでその他人と張り合うこと）は、自分がろくでなしであるだけでなく、独創的なアイディアを形にする能力がないと公言するに等しい（実際、僕らもこういう輩にいつも悩まされている）。しかし、別の分野のアイディアを利用するというのは、他人のイノベーションからヒントを得て、それを新たな目的に写し取ることだ。また、まったく別の分野や外国のトレンドに着目し、そこで満たされた消費者動機が、自分の分野でも満たされる可能性を考察することでもある。これは、すでに別の分野で有効性が証明されているわけだから、予測可能性の高いイノベーションを生む堅実な方法だ。メソッドのブランドコンセプト（パーソナルケアをホームケアに応用する）自体も、流用の産物だった。僕らはパーソナルケアで消費者の心を捉えたものをホームケアに流用する方法を探した。ラベンダーなどの心地よいフレグランス、主張のあるボトルデザイン、触っても安心な成分——どれも身近な友だちから盗んだものである。

僕らは着想を求め、つねにいくつかの業界に注目している。主な分野は家庭用品、化粧品、機能性飲料などだが、これらに限っているわけではない。製品の輸送に植物油を使用するバイオディーゼルのアイディアは、地元サンフランシスコの食品卸売業者からもらった。みなさんにもぜひ、カテゴリーのコモディティ化の流れをかわすために他人のアイディアを流用し、その教訓を自分の描いた理想を実現する手助けとしていただきたい。

他業界の成功例に触発される場合でも、パッケージの細部にひねりを加える場合でも、ソフトなイノベーションの発想は役に立つ。あらゆる製品を一から設計しなくても、素晴らしい体験を提供するチャンスはあるのだ。

優れたブランド体験は二極化している

体験とは本質的に個人の感性なので、あなたの試みのすべてを誰もが受け入れるなどと期待してはいけない。それどころか、万人を喜ばせようとするのは、つまらない製品をつくるもっとも確実な方法である。ますます消費者のセグメントが細分化されつつある世界では、すべての消費者にとっての及第点をとるより、消費者の九〇パーセントを怒らせても、残りの一〇パーセントの注目と関心を捉えるほうがいい。言い換えるなら、万人にとって無価値であるより、誰かにとって大切なものであるほうがよいということだ。

キャデラックの例を見てみよう。卓越したデザインとしてあこがれの的だったキャデラックだが、一九八〇年代から九〇年代にかけては活気を失っていた。刺激的で誰もが欲しがるブランド、時代の最先端をいく成功のシンボルだったはずが、いつしかシニア層が選ぶ車になっていた。何としてもイメージの刷新が必要になったキャデラックは、当時流行していた丸みを帯びた流線形のスタイルを捨て、エッジの際立ったゴツゴツした外観を採用した。それは、キャデラックの伝統からの決別であるだけでなく、当時の車のオーソドックスなデザインからの脱却でもあった。多くの消費者が拒否反応を示した。ところが、それを気に入った人々は熱烈に支持した。二極化の力を信じ、大胆で意外なことに挑んだGMは、他とはまるで違うブランド体験を提供し、一度は古くさくなったキャデラックを再生したのである。

消費者調査はもっとも幅広い層に受け入れられるソリューションを探すことを目的としているが、ヒット商品のほとんどは少数の消費者の支持から火がつくものだ。新製品の開発においては、ユニークさや個性を削ぎ落とし、広く大衆にアピールしようとする誘因が作用する。だが、妥協の産物はモノが溢れる市場では売れないし、消費者による評価の機会もないままに優れているかもしれない製品特長を削ぎ落とすなんて、間違っている。メソッドはいつも、何かをきれいにするには核エネルギー並みの威力の化学物質が必要だと信じている消費者と、強力な化学物質を含む製品がきれいなわけがないと信じている消費者の対立を経験している。僕らが貢献したいと思う世界観はどちらか、言うまでもない。消費者があなたの商品を愛し、夢中になることを望むなら、別の誰かはあなたの商品を心底嫌うことになるはずだ。

素晴らしい体験は最強のチームから生まれる

過去数十年にわたって、多くの企業が品質と生産効率の地道な改善に成長の活路を求めてきた。その結果、フォーチュン五〇〇に名を連ねる企業で幅を利かせているのは、イノベーションよりも実行力に秀でたタイプの社員だ。他方、いつでも固定観念を打ち砕くイノベーションの好機をうかがっているようなタイプは不足している。そんなタイプがいたとしても、変革を推進するポジションで適切に処遇されていない可能性が高い。

優れた製品開発のプロセスの本質は、それはプロセスの問題ではないということである。イノベーションが自然に溢れだすような魔法のシステムなど存在しない。イノベーションとは、新天地に踏み込み、まったく新しい何かを発見することである。プロセスとは、いつも予定した場所に到達するための道具だ。プロセスは、納期を厳守し、コスト目標を達成し、経営指標を達成するには役立つが、創造的な発想が生まれる神秘の場所では弊害となりかねない。

僕らは、イノベーションに向かって進もうとするとき、プロセスをできるだけ混沌とした状態にして、決定的に重要な手順だけを要所に組み込んでいる。言い換えれば、プロセスは可能な限り排除し、必要限度で活用する。デザイナー、クリエイティブ、エンジニア、そして成分の開発者は、コンセプト・ブリーフが明確になり、製品仕様が固まるより先に仕事に着手することを期待されている。それでも、誰もが製品コンセプトをはっきりと理解している。ブランドそのものがコンセプト・ブリーフだから、誰もが同じ地点から出発できるのだ——製品をスマートで、セクシーで、サステナブルにするにはどうすればいいいか。アイディアはウィキウォールから飛びだして、まわりのスタッフを刺激する。そして、あらゆるものをあらゆる段階でプロトタイプ化してコミュニケーションを視覚化すれば、アイディアはさらに深まっていく。

戦略的な方向性が定まったら、二つの窓から外部の視点を取り込むのが僕らのやり方だ。支持者の窓、そして小売業者の窓だ。コンセプトを細部まで具体化した製品モデルを使って、支持者の協力を得てテストを行う。つぎに、支持者からの正直なフィードバックをもとに製品に微調整と最適化を施し、それが小売の現場で成功するかについてパートナーの意見に耳を傾ける。こうして支持者と小売業者の異なる視点をバランスさせ、コンセプトを最終形に仕上げていくのだ。このアプローチは、スタッフが消費者テストや小売業者のスケジュールに気を配ることから、必然的にプロジェクトの進行を促進する効果もある。

製品コンセプトが明確に理解されたあと、僕たちはやや体系的なアプローチに転じて、目標とする品質、発売時期、利益率をクリアするための確認作業を行う。生産の効率性についてはライン・トライアルを行い、印刷物についてはは創造的なビジョンが生き生きと伝わるように入念にチェックする。飼育係（プロジェクトマネジャー）はプロセス全体を指揮し、コミュニケーションを促し、鋭い質問を投げかけ、関係者を仕事に没頭させる。このあたりから毎週の製品会議を始動させ、クロスファンクショナルな視点を通して、スケジュールに影響を与える要因が発生したら対処する。

頭脳は社内、製造はアウトソースが鉄則だ。ここで重要な要素は、開発部門とオペレーション部門の主要機能からなる社内チームの融和である。あらゆる知的財産活動を社内で垂直統合した僕らのチームは一枚岩で頑強だ。このようなチームメンバーが一丸となって一緒に仕事をすれば、年月

OBSESSION 6

を重ねるごとに顧客の商品体験の質はますます向上してゆく。僕らのオフィスを歩くと、フレグランス、成分、エンジニア、工業デザイナー、グラフィックデザイナーなど、多彩な専門家が集まったチームに出会うだろう。彼らは、絶えず最高のブランド体験を生みだす方法は、さまざまな分野で最高の職人を探し集めて融合し、それぞれの得意分野で力を発揮できる環境を整えることだと確信させてくれる。このような環境があってこそ、「良い」を超えた「最高の」製品を生みだす組織の実行力が養われるのだ。妥協して、製品をつまらないものにするのは簡単だ。メソッドでは、専門家チームがコンセプト段階から実行段階まで緊密に連携して仕事を進めるから、開発の最終工程に突入しても改良を加えられるし、予期せぬ障害を前に妥協したくなるような状況を切り抜けられる。

そして何より、製造プロセスの全体を通して、僕らがいつも意識していることがある。その製品を自分自身が使いたいと思うか？　そのように問いかければ、消費者を導き、イノベーションに拍車をかけ、右へならえの罠を避けることができる。つまるところ、僕らの製品はチームメンバー全員の情熱でできている。最高のブランド体験を届けるには、ありきたりの戦略や消費者調査など要らない。それらは情熱の代わりにはならないのだ。

失敗の解剖学——バブルの神話を崩壊させ、食器用洗剤で勝利する

もっといい食器用洗剤はないかと洗剤のことばかり考えている消費者なんて、いるわけがない。しかし、ビジネスを立ち上げて二年目から、僕らは食器用洗剤の分野で勝利することにこだわって

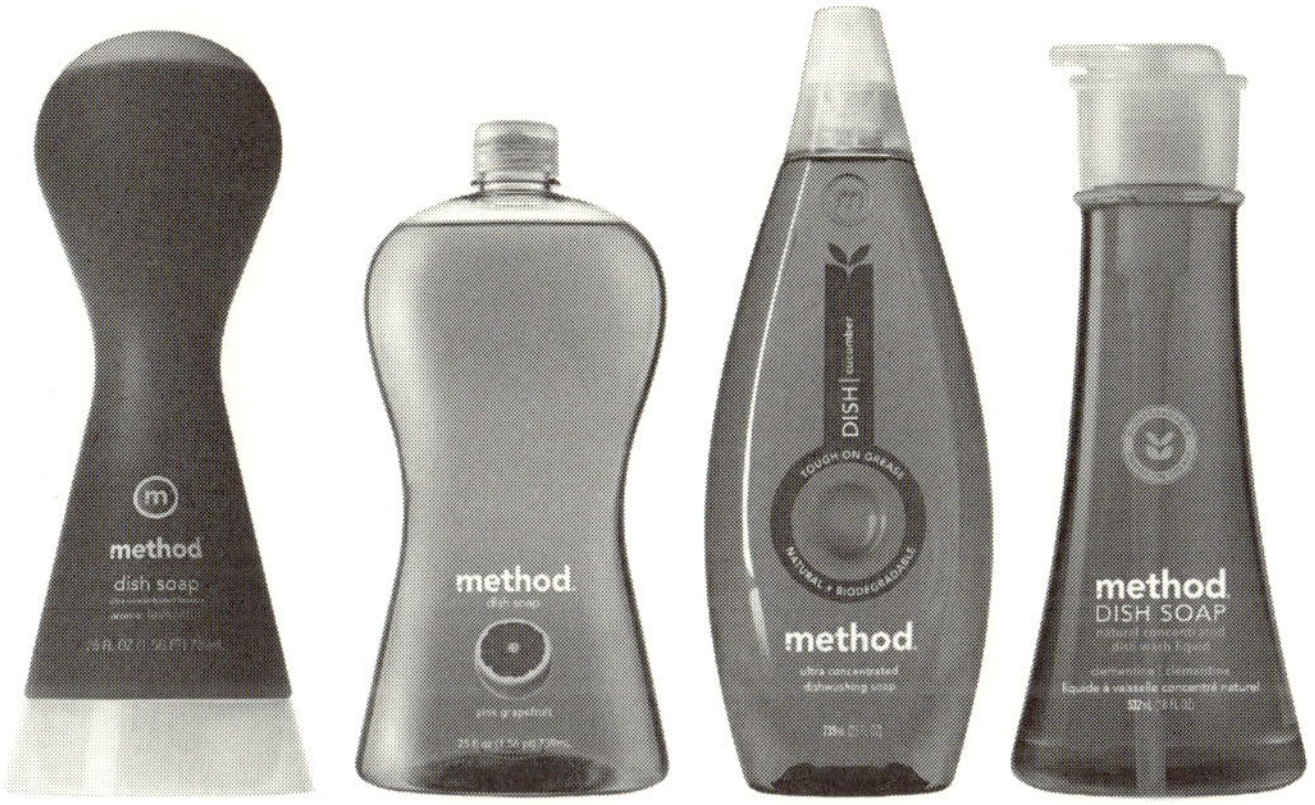

ピン → バトラー → リーフ → ポンプ

▲**食器用洗剤の常識を破る。**とても基本的な製品をつくり変えるのは継続的な戦いだった。ようやく満足できる水準に達したと思うが、感想をお聞かせ願いたい。

きた。これこそ、メソッドのブランド体験の柱で勝負できる製品だ。キッチンカウンターに置いたとき、デザイン性が際立ち、フレグランスが消費者体験の大きな要素となる。両手をたっぷり浸すものだから無害である点もとりわけ価値が大きい。しかし、既存勢力に対抗するのがきわめて難しいカテゴリーでもある。何十年ものあいだ、二つのブランドが剃刀ほどの薄い利益率と低価格で市場を寡占してきた。それをこじ開けるのは並大抵のことではない。

二〇〇二年に発売した、カリム・ラシッドのデザインを採用した最初の洗剤は、メソッドを業界の勢力地図の一角に位置づける成果をもたらしたが、僕らが願っていたブランド体験を提供するには至らなかった。美しくて、アイコニックで、機能的。洗剤がボトルの底から出てくるから、使うたびにさかさまにする煩わしさがなく、既存の洗剤よりも良い商品体験を実現していた。しかし、成分についてのイノベーションは受け入れられなかった。食器用洗剤には、突き動かせない掟があったのだ。泡立ちがよいほど洗浄効果が高いという神話である。

消費者が家庭で食器を洗い、念入りにすすぐ様子を観察した結果、食器洗いの最大の課題はすすぎ時間であると確信した。一般に洗剤はよく泡立つようにつくられているため、食器洗いは必要以上に時間のかかる作業となり、水も無駄遣いされている。僕たちは泡と洗浄力には何の関係もないことを知っていたので（信じてもらえないだろうが本当だ）、すすぎ時間を短縮するための成分を加えた。泡は十分に立つが、すすぐとあっという間に流れて、食器はぴかぴかに洗いあがる。ところが、消費者には不評だった。暮らしの手間を省きながら、十分に食器をきれいにする方法を提案したのに、消費者は泡と洗浄力を同一視していた。入念にすすぐという手間が、洗剤の威力の証明なのだ。泡は見た目だけの存在だといくら説明しても、消費者がその泡を求めているならば仕方がない。素晴らしい体験を届けるという僕らの狙いは完全に失敗に終わった。結局、泡立ち成分を見直し、いまでもメソッドの食器用洗剤は必要以上に泡立つようにつくられている。僕らはいつの日か、小さな泡が本当はどんなに役立たずか世界に伝えるキャンペーンを始めるかもしれない。これもまた、汚いものに対抗する戦いへと発展する可能性を秘めた課題である。

ミューズ——ヴァージン、リチャード・ブランソン

ヴァージン・アメリカで空を飛ぶのは、ｉＰｏｄの世界を満喫するのと似ている。パスポートサ

▲**みんな一緒に乗ってます。** 優れたブランド体験を届ける達人とチームを組む。

イズの搭乗券（どうして誰かがもっと早く思いつかなかったのだろう）から、オンデマンドによる食事の注文に至るまで、さまざまな場面でヴァージンがフライトという体験を本当に向上させていると実感する。ブランソンが提供してきた他の顧客サービスと同じく、ヴァージン・アメリカも小さな積み重ねが大きな成果に結びつくことを証明している。ラベンダー色の間接照明（目に優しい）や、機内後方に用意されたミネラルウォーター（好きなときに取りに行ける）。個人的には、一番の気配りは、トイレにメソッドのせっけんを置いていることだと思う。いまや誰もが雲の上でメソッドのハンドソープを体験できる。

リチャード・ブランソンが顧客サービスについて語るのを聞いていると、とてもシンプルだ。「フライトにちょっとした魅力を呼び戻しているのさ」と彼は言う。確かにそうだ。他の航空会社がそろってサービスを削ぎ落とし、有料化している時代にあっては、ささやかな魅力であっても効果は絶大だ。そして、エリックがヴァージン・グループに手紙を送りつけてヴァージン・ウォーターを発売しませんかともちかけた頃から、僕らもずっとブランソンに魅せられている。返事はまだもらっていない。まあ、これは話がそれてしまうのでやめておこう……。

多分、僕らがヴァージンから盗んだ何よりも大切なものは勇気だろう。凝り固まった分野で業界の巨人に挑み、もっと素晴らしい体験を提供しようとする勇気だ。僕らの挑戦はまだ一度だけだが、ヴァージンは何百回は大げさとしても、何十回と挑戦してきた。僕らが刺激を受けるのは、あの冒険心や大胆さ、楽しさ、率直さだ。分野を問わず、新しいビジネスの成功は、普通であることをやめ、信じるものに向かって立ち上がる勇気をもてるかどうかにかかっている。それを教えてくれるのがリチャード・ブランソンだ。

OBSEPSSION 7　DESIGN DRIVEN

第7章

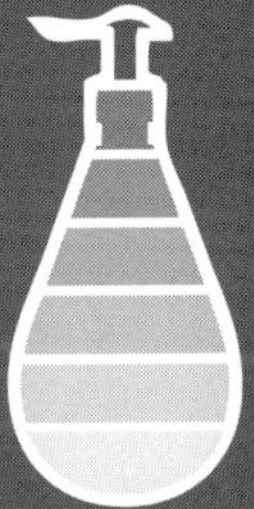

こだわり7

デザイン主導の経営

組織のDNAにデザインを組み込むリーダーシップ

これについて語るのに、ふさわしい言葉はない。ほとんどの人にとって、デザインという言葉はうわべのことを意味する……だが私にとって、デザインほど深い意味をもつ言葉はない。デザインは人間の創造性の中心にある魂だ。

——アップル社CEO **スティーブ・ジョブズ**

人類最初の道具や洞窟壁画、エジプトのピラミッドやギリシア建築——人間は昔から優れたデザインに対する眼識を備えている。だが、平均的な人のデザインIQというものを想定すると、今日のIQレベルはかつてないほど高まっているように思われる。パルテノン神殿の頑丈な柱、レオナルド・ダ・ヴィンチの未来を先取りしたようなスケッチ、そしてミニマルで実用的なiPhone。ごく普通の人の人生に占めるデザインの役割は、時代とともに広がり、そして深まっている。

僕らの祖父母の世代が大量生産の時代にしのぎを削り、両親の世代が情報化の時代に競争していたなら、今日の起業家は美意識の時代を生きている。カスタムメイドのバンズのスニーカーが欲しい？　だったらパソコンに向かって自分でデザインすれば、三週間足らずで自宅に届く。自分だけのオリジナルなエムアンドエムズが欲しい？　それならmymms.comにログインして、好きな色を選んで、チョコレートに印刷したいメッセージを書き込めば完成だ。ディスカウント店はデザイナーコラボレーションを展開し、あらゆる価格帯で洗練されたオリジナルのデザインを提供している。たとえば、ターゲットではヴェラ・ウォンのマットレスが手に入るし、イケアではミニマルなデザインが人気の北欧製品が格安で購入できる。テレビ番組もデザインに対する幅広い関心を反映している。ホームコメディーや大リーグ中継と並んで人気を集めているのが、住宅リフォームに関する『エクストリーム・メイクオーバー』、『マーサ・スチュワート・リビング』、才能あるデザイナーを発掘する『プロジェクト・ランウェイ』といった番組だ。デザインがこれほど注目された時代はなかった。そして、これほど不可解であることもなかった。

これは、デザインが誤解されているというよりは、デザインの意味が捉えがたく、話し手によってまちまちだからだ。ウェブスターやOEDといった辞書で「デザイン」を調べると、いくつもの定義が見つかる。グーグルで検索すれば、二〇億件近くヒットするはずだ。また、あらゆる質問に答えてくれるクラウド型のオンライン百科事典ウィキペディアでさえ、「一般的に受け入れられている『デザイン』の定義は存在しない」と述べ、意味を断定できずにいる。

ビジネスの世界ではデザインの多義性がいっそう混迷を深めている。在庫管理、サステナビリティ、研究開発――一つの企業のなかでも「デザイン」の意味は多様である。マーケティングチームにとっては、雑誌広告や看板広告のレイアウトのことだろう。IT担当にとっては、デザインはソフトウェア・エンジニアリングやウェブ・アナリティクスと関係している。人事の責任者にデザインについて訊ねれば、人材開発、労働力の流動性、職業構造の最新動向に関わる意見が返ってくるかもしれない。余計にややこしくしてしまっただろうか？　とにかく、立場や業界によって、デザインの意味はまるで違っている。

必然的に、デザインについては偏ったイメージがはびこっている。一般的な連想は、スーパーモ

OBSESSION 7

デル、創造の天才、高価なアイテムといったところだろう。そして、デザインはニュージャージーではなくニューヨークのもの。デザインは「アイコニック」、つまり象徴的で非現実的。デザインは神秘的で選りすぐられたものであって、万人の楽しみではない。しかし、うまくすれば、世界を癒し、人々の暮らしを変えるデザインの力を自分のものにできる。まずはそのことを理解しなければならない。

メソッドのデザイン

デザインについて語るとき、僕らは特定の製品の表現法や人間工学といった外観的なことだけを述べているのではなく、システムのデザインを含めて考えている。システム・デザインとは、ビジネスの根底にあって、どのように目標を定め、いかにそれを達成し、社会に肯定的な影響をもたらすかを決定づける、多くの場合は言葉で表現されることのない思想を指している。

トヨタの哲学「カイゼン」はどうか。「カイゼン」は日本語で「たゆまぬ進歩」の意味で、製造ラインの労働者、現場の営業、事務所の経理担当をはじめとする組織内のあらゆるスタッフから意見を求め、誰もが改良につながるアイディアを提案できるシステムだ。対照的にアメリカの三大自動車メーカーは現状維持を是とするあまり、創業当初の志から乖離していった。イノベーションや効率、顧客価値といった理念を忘れてしまったのだ。

デトロイト生まれの僕らは自動車関連の起業家たちの血を引いているので、夕食時などにこの街の衰退が話題になるのは日常的だった。デトロイトは幾重にも重なった「安全第一」の戦略のせいで停滞し、成功の源だったはずのダイナミックなデザインを窒息させていた。曲線美溢れるコルベットのフェンダーや、キャデラックの象徴的なテールフィン。デザインをリードし、大ヒットを生みだした偉大な時代は過去のものになった。あらゆる大衆文化が革新的な技術や美感の手がかりを求めてデトロイトに注目した時代は、すでに過ぎ去っていたのである。経費削減からリスクをとらないリーダーシップに至るまで、数十年にわたって蓄積した妥協の結果は、ひどく退屈で代わり映えのしないブランドと便乗モデルの山だった。

いまにして思えば、デトロイトがイノベーションに抵抗した理由は明らかだ。アメリカの自動車産業はもはや「たゆまぬ進歩」を続けるようにはデザインされていなかったのである。それどころか、現実はまったく逆だった。一世紀近く絶対的優位を保ってきたアメリカの自動車メーカーは、リスクを嫌い、自己満足に浸っていた。アジアの競争相手の脅威を過小評価し、イノベーションと創意工夫に励むことをせず、惰性と頑迷に陥るばかりだった。変化はマイナス要因と考えられた。業界を貫くスローガンは、「壊れていないものを修理するな」（もちろん、町工場の修理工はそんなふうに思っていなかったが）。

現状維持の風潮は、当時の産業界の関心がアメリカ国内と短期的な景気動向に注がれていたことからすれば、当然だったのかもしれない。企業は直近の業績を分析し、短期的視点でリスク回避を図った。そして、一九七〇年代から八〇年代にかけて課題が山積みになるにつれ、デトロイトが抱える問題は単に燃費効率や品質問題だけではないことが明らかになった。燃料価格の高騰も、国外の競争相手の台頭も、深刻な状態の症状でしかなかった。デトロイトが抱えていたのは、デザインの問題だったのである。

それから二〇年後、メソッドを立ち上げた僕らの脳裏にはデトロイトの衰退の記憶が鮮明に残っていた。自動車産業の轍を踏んではならないと心に誓った。そして、さまざまな形でデザインの大衆化の兆候が現れているのは、僕らの競争力の源泉となり得るカルチャーシフトだと判断した。僕らは製品のみならず、「会社」をデザインしようと考えた。想像したのは、期待したとおり、着実に、何度でもイノベーションを創出する予測可能性があって、意思決定を重ねるごとにその精度が増し、その結果、イノベーションが競争力を高めるばかりでなく、社会に対して望ましい貢献につながるような会社だ。

トム・ピータースがよく指摘するように、人の好き嫌いを左右する最大の理由がデザインである。僕らがティーボを気に入っているのはデザインが格好いいからだ。コムキャストのDVRが好きでないのはデザインが貧弱だからだ。遅かれ早かれ、製品から顧客サービス、マーケティングに至るブランドのあらゆる顧客接点がデザインの対象となるに違いない。それなのに、デザインを優先する企業があまりにも少ないのはなぜだろう。僕らはそのことを何年も考えている。七番目の、そして最後のこだわりとして、僕らは創業当初からデザインを中心に据えた企業を目指して努力している。

すべてをデザインに賭ける

僕らは、自己資金として四万五〇〇〇ドルずつ拠出してメソッドを立ち上げた。紙の上のアイディアをスーパーマーケットの棚の商品に変えるための予算は九万ドルだけだ。その挑戦の過程で、予算のほぼ半分をパッケージ・デザイン開発に費やした。正気じゃない？　そうかもしれない。こだわりすぎ？　確かに。ときとして、その区別は微妙である。

常軌を逸した行動にも僕らなりの理屈があった。突出したブランドを観察したところ、共通項に気づいた。優れたブランドは独特のパッケージ形式によって、新しい製品のアーキタイプを確立していた。ミントのアルトイズのブリキ缶、アブソルート・ウォッカのミニマルなボトル、レッドブルのスリムな缶。僕らがデザインに関してやるべきことは明白だった——スプレークリーナーは、それ自体を象徴するような形でなくてはならない。簡単に手に入る出来合いのボトルでは満足できず、自らデザイナーになった。ノルウェーで見つけたキャンプ用燃料ボトルの形をもとにして、ラベルのデザインはサンフランシスコ在住のグラフィックデザイナー、マイケル・ラトチックに依頼した。最初のイメージ写真は、エリックのガールフレンドとアダムがモデルになり、シンク、キッチンカウンター、窓枠の撮影セットはホーム・デポで調達した（買い物のレシートをとっておいて、撮影終了後すぐに返品した）。僕らはそれまで貯めてきたささやかな貯金をありったけつぎ込んで、最初からデザインに賭けた。ボトルが完成したあとは残りの資金を成分開発に投じたが、ボトルが

▲**余分なものを削ぎ落とす。**世界が複雑になるにつれ、シンプルなデザインが功を奏する。

僕らにとってのマーケティングになると信じていた。そして実際、そのとおりになった。

このような経験から、僕らはデザインに大きな信頼を寄せている。デザインは、即効性とインパクトを発揮する数少ないビジネスツールの一つだ。デザインには、人の感情に働きかけ、感覚を刺激し、一瞬で印象を左右する力がある。もちろんメソッドがそれを発見したわけではなく、昔から魅力的なデザインの威力にまつわる常套句はいくつもある——「一目惚れ」、「論より証拠」、「百聞は一見にしかず」。デザインはうまく利用すれば、コモディティを記憶に残る特別な商品体験にまで高める力を秘めているのだ。ビジネスに没頭すると、人が人に商品を売っているという当たり前のことを簡単に忘れてしまう。だが、人間は生まれつき、触って、見て、心で感じる生き物だ。感覚的な喜びを与えてくれるブランドや商品に心を動かされ、ユニークな経験をもたらす周囲のものに強く反応する。

メソッドは、感覚をくすぐるデザインを通して素晴らしい体験を提供する。それによって、商品が毎日の生活のなかの心地よい気分の一部として溶け込んでゆくのだ。僕たちの最終的な目標は、毎日使うせっけんをデザイアの対象にまで引き上げることである。

『タイム』誌で「プラスチックの詩人」と称えられたカリム・ラシッドを起用したのは、こうした考えからだった。メソッドを立ち上げて一年目、初めての食器用洗剤を発売するにあたり、マスコミや投資家、小売業者に向けて、メソッドがホームケアをどこに導こうとしているかを明確に伝える声明を発表した。僕らにとってこの洗剤は、自動車会社のコンセプトカー、あるいはアパレルメーカーのハロー効果を狙った商品と同じようなものだった。一つの強い印象が、数え切れないほど多くの印象に波及していくのだ。

ではなぜカリム・ラシッドなのか。エリックが用意した世界屈指のインダストリアルデザイナーのリスト（「いつでも大物のドアを叩くこと」が肝心だ）を手に、誰かが引き受けてくれるまで片っ端から頼み込むつもりだった。カリムはリストの一番上にいた。彼が少数派ではなく、多数派のためのデザインを手がけ、デザインの大衆化を信条としていると知っていたからだ。優れたデザインは普通の人には手が届かないといった神話を打ち破りたかった。そこで彼に、「わが社のデザインに革命を起こすのはあなたですか？」というタイトルでEメールを送り、食器用洗剤の平凡な世

▲プラスチックの詩人、カリム・ラシッド。 新会社や新ブランドを立ち上げるときは、デザインコラボレーターを探そう。

界を、革命的なデザインの力でまったく違うものにしたいと訴えた。とにかくびっくりした。二〇分もしないうちに返事がきて、報酬は現金と株式で支払うことで話がまとまったのだ。

僕たちはカリムと手を組んで、ユニークなパッケージ、ユニークな製品をつくるため、デザインにのめりこんだ。その伝統はいまでも生きている。小さなブランドにとっては、デザイン開発は資金をすり減らす大きな投資になるが、後ろから迫りくるライバルや、プライベートブランドの脅威を払いのけるにはどうしても必要な投資だと考えた。デザインを味方につければ、特別な存在でいられる。大きな競争相手の先を進むには製品開発を加速する必要があるが、物まね上手やプライベートブランドによる模倣から身を守るには、カスタムデザインへの投資が効果的だ。

一〇年たっても、僕たちのデザインに対するこだわりは変わっていない（使える資金は少し増えたが）。それどころか、こだわりは強くなるばかりだ。カリムと何年も仕事をしたあと、デザインを社内で手がけるようになった。デザイン中心の文化をさらに発展させ、デザイナーと他の同僚が並んで仕事をするように配置している。どのスタッフもデザイナーの仕事ぶりをつぶさに見て、会社全体のビジョンのなかでデザインが果たす役割を理解できる。僕らにとって、デザインは思考法だ。メソッドのスタッフ全員が参加する未来を描き、創りあげる方法ともいえる。メソッドでは、成分を開発するにも、会計上の課題に取り組むにも、誰もがデザイナーのように考えることを求められる。このような試みを通して、僕たちはデザインに軸足をおいたカルチャーを強固なものにする方法をいくつか発見した。

デザイン思考とビジネス思考にレバレッジをかける

クリエーターの視点とビジネスパーソンの視点のあいだに適度な緊張関係を生みだす手法については、それだけで一冊の本が書けそうだ。僕たちは何年もこの試みを続けながら、いくつものドラマを経験してきた。有能なビジネスマネジャーと独創的なクリエイティブが完璧に調和して共同作業にあたるユートピアは、雲の上のユニコーン牧場のようなものだ。しかし、僕たちは本気でそれをつくろうとしている（牧場ではなくユートピアのほうを）。懸命な努力にもかかわらず、この神

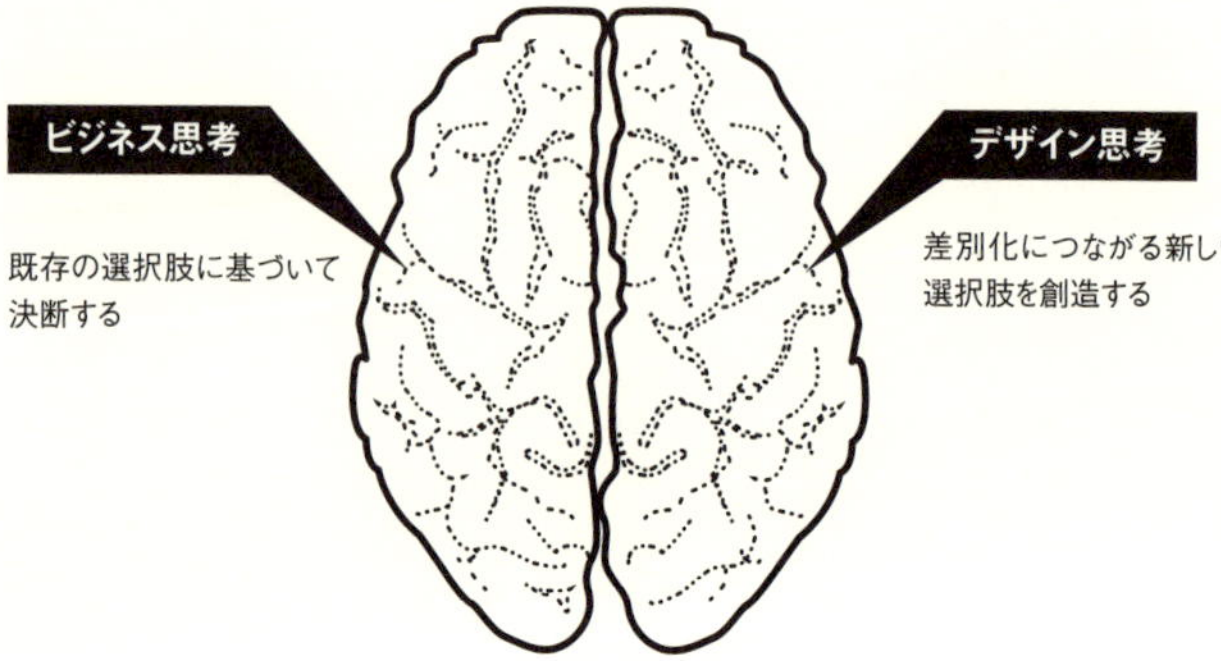
ビジネス思考
既存の選択肢に基づいて
決断する
デザイン思考
差別化につながる新しい
選択肢を創造する

▲戦略と創造性の境界線を曖昧にする。 デザイン思考とは他とは違う選択肢を提示することだ。

秘的な場所はまだ見つかっていない。それでも、マネジャーとクリエイティブがともに才能を発揮する環境を育む秘訣については、いくつかのことを学んだ。

多くの企業は、デザインを少人数からなる特殊なグループが扱うものと考えている。そして一般的に、そのグループは組織の底辺のあたりに位置している。これは不思議でならない。トップにクリエイティブなリーダーシップがない企業で、デザインを競争上の強みとする企業が存在するか、考えてみて欲しい。

メソッドにとっても他人事ではない。僕たちは社内で、デザイン思考とビジネス思考とを融合する重要性を説いている。突き詰めれば、ビジネス思考とは意思決定の質を高めることであり、既存の選択肢から、予測可能で再現性があり、可能な限り盤石なシステムをつくることだ。ビジネス思考に長けているというのは、「既存の」知識に、つまり過去に有効だった法則に基づいて決断するのが得意だということになる。そしてビジネスの世界では、何かがうまく機能しているなら、それを反復継続するのが堅実のように見える。結果として生まれるのは、信頼はできるが必ずしも独創的ではないシステムである。これは、定量化、測定、証明が可能なアルゴリズムに基づいたビジネスの考え方だ。「数値化できるものは達成できる」という経営思想に見事に適合する哲学でもある。

ところが、デザイン思考は正反対だ。それは過去には存在しない新たな選択肢や代替案を導くことに関わっている。デザインが創造するのは、新しいもの、より良いもの、あるいは異なったものである。

デザイン思考が伝統的な思考法と大きく違うのには理由がある。大多数の人は、問題を検討したり、アイディアをひねりだしたりするとき、帰納的推論（多くの観察事象から一般的法則を導く）と演繹的推論（広く受け入れられている一般的法則から個別の結論を導く）を用いる。これに対してデザイナーは、第三の方法とされる仮説的推論《アブダクション》をも用い、未来はこうなるのではないか、と思考する。まさに、かつて一度も想像されたことのないものを創造する技法だ。専門用語は重要ではなく、ポイントは基本となる概念だ。既存の選択肢を反復するのではなく、創造するのがデザイナーである。エンジニアなら問題を分析し、既知のツールから解決策を探るところ、デザイナーは既知の知識からは得られない解決策を模索する。問題に対して、まったく新しい、予測し得ない解決策に向かう習性をもっているわけだ。さて、何が言いたいか分かっていただけたのではないだろうか。つまり、斬新でユニークなデザイナーによる解決策は、うまく活用すれば、収益、サステナビリティ、カルチャーのあらゆる面で強力なツールになり得るのだ。

デザイン思考とビジネス思考が異なる働き方を要求するという事実は、多くの企業でクリエイティブとデザインの仕事が広告代理店やデザイン会社に外注されている理由を説明している。もしもあなたが、信頼性と予測可能性を求められるプロセスを管理する立場にあるなら、予測可能な結果を反復して達成する能力に優れた人材を集めたいと思うだろう。しかし、二つの異なる思考を躍動感のある一つのチームに統合したら、どれほどの力を発揮するか想像して欲しい。厳密さと秩序、破壊とイノベーションとを巧みに両立させたチームがどれほどの力をもつのか。これは僕たちがずっと思い描いてきたことである。

まさに創業以来、僕たちは共同創立者として、二つの思考を融合させる実験を続けてきた。こうした試みは、僕たちの発案ではない。デザイン思考とビジネス思考の境界線を曖昧にしている企業は、組織のトップかトップに近いところにアーティストを据えている場合が非常に多い。全盛期のモーター・シティがそうだった。アメリカの自動車メーカーが製造業の最先端を走っていた時代、各社はアーティストを指導的なポジションに配していた。GMでは、先見の明をもったハーレー・J・アールが一九五五年に「GM技術研究所」(建築はエーロ・サーリネン)を開設した。当時としては世界一モダンで充実した研究所は、世界の自動車デザイン史におけるもっとも際立ったスタイルに影響を与えた。フォードでは、創立者のヘンリーが未来を見通し、孫のヘンリー二世が第二次世界大戦後にブランドを再建してアメリカ産業を牽引する企業に育てた。それ対して、一族でもっともクリエイティブだったのがヘンリーの息子エドセルだった。彼はデザインの才能に恵まれ、一九三〇年代のアールデコ期にリンカーン・コンチネンタルをはじめとするフォード独特のスタイルを生みだした。

▲魂はアウトソースしない。メソッドはデザインをインソースするだけでなく、破壊工作員ことイノベーションのトップ、ジョシュ・ハンディのような人物をリーダーとして重用している。(ミュージシャンのモービーにそっくり?)

いま私たちは、コーポレートデザインの威力を熟知したデザインのヒーローが活躍する時代に移行しつつある。デザイン担当ヴァイスプレジデントや最高デザイン責任者が重役室で存在感と発言力を増し、デザイン自体もマーケティングや経営層のリーダーシップと並んで大切な役割を担うようになっている。デザインはあくまでも主観的であり、経営委員会によって管理されるようなものではない。だからこそ、企業は組織に審美的な視点を与え、その視点を適切に保つように監督する文化的リーダーをトップにおく必要がある。最終目標は組織全体にデザイン思考とビジネス思考を織り込むことだが、そのためには一人のリーダーがブランドの視覚的な思想を推進し、構築し、編集する必要がある。

　メソッドでは二つの視点のバランスを保

つため、デザインのバックグラウンドをもつ二人のヴァイスプレジデント（プロダクトデザイン担当VP、ブランド経験担当VP）をリーダーシップチームに迎え入れ、CFOやオペレーション担当VPとの連携を強化している。オペレーションが効率的でなかったとしたら、メソッドはこれほど長く生き残れなかっただろう。オペレーション部門やファイナンス部門は脚光を浴びる機会こそ多くはないが、充実した顧客体験の土台を築いているのは、こういった伝統的な仕事に従事するスタッフである。つまり、メソッドのある部分は、一般の消費財メーカーが機能するのと同じようにオペレーションの厳密さを発揮し（せっけんの原料を調合し、ポンプを製造し、受注業務を行う）、顧客体験とブランドのイメージを決定づける他の部分は、メーカーというよりはデザイン会社のように振る舞う。

オペレーションの予測可能性とイノベーションの独創性を両立させることは、僕らとリーダーシップチーム全体にとって日常的な課題だ。それはつまり、破壊的な方法ではなく建設的な方法で、秩序と破壊、左脳と右脳のバランスを図ることを意味する。スタッフには直感に従う自由を与える必要があるが、パフォーマンスを明確に説明できることも必要だ。僕らは、未知の領域に踏みだすためには、たまに失敗するのは避けられない副作用だと割り切り、ハードルを高く設定している。支持者をあっと驚かせるために最大限の努力をするのは当然として、不必要なコストや非効率性は削ぎ落とさなければならない。だから、現在おかれた状況を数値化するスキルと、つぎに何が来るかを感じ取るスキルのどちらについても、同じように磨き上げる必要がある。さあ、どれほどの企業がこれを上手に行っているだろうか。

デザインを社内で手がけるメリットは多岐にわたる。何より、素早くアクションがとれる。部外者とやりとりせずにすむから、相手を急かしたり、コンセプトを一から説明したりする手間が省けるし、生産工程で課題が発生しても速やかに対処できる。そして、デザイン会社に依頼した場合の信じられないほど高額の料金に比べ、クリエイティブとデザインの費用を抑制できる。デザイナーの発想から刺激を受けた別のスタッフがつぎに何が来るかを見通し、それがプロトタイプ化されて、さらに別のスタッフに伝わっていくことも期待できる。社内でデザインを手がければ、あらゆる顧客接点を徹底的に活用して、マーケティング効率を最大限に高められるだろう。もう一つ、デザイナーやクリエイティブは視野が広くて情熱的なタイプが多いので、社内のカルチャーにも良い影響を及ぼす。では、あなたの会社をもっとデザイン主導にする方法をさらに考えてみよう。

デザイン部ではなく、デザイン企業

メソッドでは、デザインは哲学であり、考え方だ。メソッドには「デザイン部」という言葉は存在しない。なぜなら、グリーンジャイアントになるこだわりと同じように、スタッフ全員がデザイナーのように考え、メソッドのビジネスを構成する分子の一つ一つに影響を与えることが求められているからだ。営業部長が初めてイギリスで洗濯洗剤のプレゼンを行ったときのことだ。彼はライバルがひしめく市場で新規の大口顧客を獲得するため、大々的な売り込みに臨むところだった。バイヤーにしてみれば、洗剤のプレゼンテーションなど聞き飽きていて面白くもなんともない。どうにかして独創的なものにしなければならない。そこで営業部長は、パワーポイントの代わりに、バ

▲**メソッド・アートスクール。** 何かをより良くするのがデザイナーである。だから、誰もがデザイナーのように考えることが求められている。

イヤーのオフィスに物干し用のロープを張り、洗濯物に売り込みの重要なポイントを書きつけていった。今日のビジネスでは、競争相手より深く考えるだけではなく、想像力でも勝る必要がある。デザイナー的な発想をせよということだ。ちなみに、洗濯洗剤の売り込みはどうなったか。そう、商談成立だ。

メソッドにおいてデザインは当然クリエイティブなプロセスだが、厳密に「クリエイティブ」な分野にデザインが閉じ込められているわけではない。たとえば、ITの活用についてもデザイン思考が働く。ディストリビューションの管理を行うハードウェアやソフトウェアに改良を加えるとき、それがどんなに些細な改良であっても、クリエイティブな解決法を探す意識があれば最善の成果が得られる。フレグランスのデザインにはクリエイティブな発想が欠かせないが、地球の果てで見つけたフレグランスを工場の生産ラインで高速移動するボトルに詰めるもっとも効率的な方法を考え出すにも、同じようにクリエイティブなエネルギーが必要だ。この手の問題は僕たちのビジネスのあらゆるところに存在するため、誰もがデザイナーでいなければならない。

このようにデザインを広義に捉えて経営にあたっている僕たちは、チームのメンバーに、どんな仕事でもデザイナー的な発想で取り組むことを強く求めている。自分の専門分野で革新的な改善策を検討する場合でも（たとえば調達責任者が、新しい素材の調達コストを軽減する見事な方法にたどり着く）、専門外の領域で改善策を発見する場合でも（たとえばセールス担当が、製品の在庫と物流をもっとサステナブルにする方法に気づく）、同じことだ。これほどまでに活発に組織内で受粉活動が行われていれば、うわべだけ飾りたてた何かが通用する隙はない。

とはいえ、Eメールのメモやパワーポイントのスライドが大好きなビジネスの世界では、デザインを凝らした第一印象というものは、先入観を排除して、なおかつ最初のひらめきに意識を集中するのに役立つことも忘れてはならない。創造性は、さまざまなタイプの人々によって、さまざまな仕事の局面や生き方において、さまざまな形で発揮される。だから企業は、すべての活動において人がもって生まれた創造性を引きだし、育み、高めることに努めるべきだ。それができれば、すなわちあなたはデザインを行っているということになる。

▲職場環境をデザインする。 メソッドは全フロアがデザインそのものだ。デザインは機能ではない。僕たちの仕事そのものだ。

誰もがデザイナーのように考えることを手助けする道具の一つがオフィス空間だ。優れたオフィス空間は、デザイン思考と協力的な行動を促し、それをカルチャーに組み込む役割を果たす。広告業界出身のエリックは、オフィス空間のデザインとそこで生まれる仕事の相関関係を体験してきた。ミネアポリスの広告代理店ファロン・マケリゴットで働いていたとき、創造性を刺激し、水が流れるように自然と協力関係が生まれる驚くべき空間が、かなりのこだわりをもってデザインされていることに気づいた。数年後、サンフランシスコのハル・ライニーに移ったあと、オフィスの引っ越しがあった。新オフィスはオーダーメイドによる空間だったが、デザイナーはオフィスのデザインと創造性の相関性を理解していなかった。まるで取り澄ました会計事務所のような雰囲気のなかで、仕事に対するエネルギーや創造性が吸い取られてしまった。これは偉大だったエージェンシーが凋落する一因にもなった。

僕たちはアダムの車で走り回っていた頃から、いずれ自分たちのオフィスのデザインが、仕事の質に大きな影響を与えるようになると考えていた。建築と人間性には密接な相互作用がある。メソッドのオフィスのロビーに足を踏み入れたら、僕らがどれほどデザインを重視しているかを一瞬で理解できるだろう。モダンな家具やむき出しのレンガの壁は、せっけん会社というより、ブティックホテルに近いイメージだ。そして、さらに重要なのは、すべての素材がリサイクルもしくはリユースされたもので、環境性能評価システムに適合していることだ。デザイン関係のフロアや部門だけにクリエイティブな雰囲気を演出する会社とは異なり、メソッドは支店を含めて全体がデザイン会社のフロアを思わせる造りになっている。そのデザインは、仕事の水準を引き上げ、誰もが無意識のうちにデザイン思考になることを意図している。これもまた、品質とデザイン性の両方を追求するメソッドの哲学を具現化した例だ。洗練されたデザイン空間によって卓越した仕事を達成しようとしているのである。

優れたデザインのオフィスはインスピレーションを与えてくれるだけでなく、ブレインストーミングを活発化する効果もある。あらかじめ時間や枠組みが決められたブレインストーミング・セッションでは最良のアイディアが得られるとは思えないし、今日の仕事の速度を考えると、ブレインストームの時間を確保するのは容易ではなくなっている。僕らが目指すのは、毎日いつでも自然にブレインストーミングが始まり、アイディアが小さな観念化のサイクルのなかで共有され、吟味さ

▲ウィキウォール。 デザインを最後の一歩ではなく、最初の一歩に。

れ、構築される企業だ。いわば仕事とは、一つの大きなブレインストームのようなものであるべきだ。

壁一面に広がるホワイトボード（ウィキウォール）から、同僚の仕事ぶりを一望できるフロアプランに至るまで、僕たちはデザインを多くの人を巻き込む思考実験と位置づけている。こうした工夫は、アイディアが自由に共有され、議論され、改良されるオープンラボのような雰囲気を醸しだす。デザイナー（成分開発者も含む）が作品を壁に展示すると、通りかかった誰もが影響を受け、アイディアを膨らませる手助けをする。ホワイトボードは会議室だけでなく、廊下にも、ワークスペースのあちらこちらにも設置されている。そうすることで、スタッフは他人の仕事を批判するばかりでなく、アイディアを積み重ねていけるのだ。共有される作品は未完成ではあるが、とにかくまず共有することで、一部のスタッフではなく、すべてのスタッフから建設的な意見を得る場が生まれる。

こうしたやり方の難しいところは、デザイナーを不安にさせることだ。何しろ、思いついたばかりの脆弱なアイディアに全社員の厳しい目が向けられるのだ。そこで必要なのは信頼である。組織がアイディアの欠点を指摘するばかりでなく、アイディアを膨らませ、より良いものにする手助けをしてくれるのだという前提がなければならない。「なるほど、いいアイディアだ。だけど問題があるな」ではなく、「なるほど、いいアイディアだ。こうしたらもっと良くなるんじゃないか」という姿勢だ。そのためには、日頃からの訓練が役に立つ。僕たちが効果的なコラボレーションに欠かせないと考える行動は次のようなものだ。

- 善意を前提とする。共通の目標からスタートすれば、まずはつくってみてから議論できる。
- 質問する。コラボレーションを台無しにする一番手っ取り早い方法は、先回りして質問に答えることだ。そうではなく、質問を投げかけよう。
- 理解を示す。新しいものを生みだすため、関心を共有する工夫をし、たった一人ではなく、多くの人の知性を活用する。
- 直接コミュニケーションをとる。Eメールだけでは、決して新しいことはできない。
- 協力的な姿勢を示す。「イエス、バット」ではなく「イエス、アンド」の姿勢で接する。

デザイン思考を育てるためのもう一つの方法は、デザインの指針（社内では「ブランド行動パターン」と呼んでいる）を全社員に配ることだ。それによって、僕たちのデザインに対するアプローチを教育し、デザイン重視の姿勢が会社の資産であること、そしてデザインについてビジョンを共有することの重要性を確認している。かつて、ある大手スーパーチェーンのバイヤーが、デイリーシャワークリーナーのボトルの目立つところに商品の利点が書かれていないと言って、改善を求めてきたことがあった。営業部長はメソッドのデザイン哲学を理解していたので、外見がすっきりしているからこそ売り場で注目を集め、支持者がバスルームにボトルを置いたままにするから商品の利便性が高まるのだと、バイヤーに説明することができた。つまるところ、会社が成功するにはスタッフ全員がデザインの力を信じることが必要なのだ。

優れたデザインが優れたビジネスである。

――IBM元社長兼会長 **トーマス・ワトソン・ジュニア**

戦略よりデザインに投資する

ＭＢＡが飽和状態に達したビジネスの世界では戦略的思考が主流となり、デザインとアイディアに基づいた思考は片隅に追いやられがちだ。慎重な投資家たちは、壮大なアイディアに賭けるくらいなら、どれほど独創性を欠いていようと壮大な戦略に賭けるほうが安全だと思っている。僕らが知っている企業は、ベインやマッキンゼーといった大手コンサルティング・ファームの戦略レポートに数十万ドルを支払いながら、勝手を知らない分野の新製品に五万ドルを投資すべきだという結論を聞いて、尻込みしたりする。だが、下手な戦略でもうまく実行されるなら、満足に実行されない優れた戦略よりもいいに決まってる。結局のところ、消費者が目にするのは戦略ではなく、実行されたものなのだ。

消費者の記憶に残るのは、見て、触れて、味わい、体験したことだ。そして、これは企業が実行したことの結果であって、背後にある戦略の結果ではない。たとえば、ヴァージン・アメリカの戦略はアラスカ航空の戦略と変わらないだろう。違うのは、戦略の実行における独創性と豊かなフライト体験だ――なんと大きな違いだろう。消費者が購入するのはパワーポイントで作成した資料ではなく、デザイン上のあらゆる決断が反映された結果としての商品である。テレビのコマーシャルを見た奥さんが、夫にこんなふうに声をかけたりするだろうか。「あなた、ちょっと来て！　テレビで素敵な戦略を紹介してるわ！」。僕らだって、単純な思考をパワーポイントの三角形の真ん中に落とし込んで、それを「戦略的思考」と呼んだりすることがあるのは認めるが、そんな戦略には限界がある。

良いニュースは、いまはデザインの時代だということだ。しかし、私たちは同時に説明責任の時代を生きている。今日、いかなるビジネス上の決定も、収益への影響に関する徹底したデータ分析と明確な裏付けがない限り成立しない。企業の新たなマントラは「計測なくして経営なし」。デザインの心理的効果がビジネスの成功にどれだけ影響を与えるかを評価するのは難しい。だが僕たちは、デザインは投資した一ドルに至るまで手応えのある見返りをもたらす数少ない道具の一つであ

▲**デザインは広告だ。**優れたデザインは優れた広告であり、ソーシャルメディアに火をつける。

ると信じている。デザインを競争上の強みとして有効活用している企業に共通する特徴は、優れたデザインが優れたビジネスをつくるという揺るぎない信念である。

何年ものあいだ、僕たちが取締役会に対してデザイン関連の支出を正当化するために利用してきた（利用しすぎかもしれないが）データを紹介しよう。ロンドン・スクール・オブ・エコノミクスによると、デザインに対する一ドルの投資が生みだす収益は三ドルに達するという。また、パッケージ・デザインの第一人者ロブ・ウォレスは、消費財のパッケージに対する一ドルの投資がもたらす追加的利益は、平均して四〇〇ドル以上になると説いている。どちらの数字を信じるかはともかく、僕らは経験的にこれを立証している。メソッドはデザインに投資することで、世界最大規模ともいえる業界においてリーダーの座へと飛躍したのだ――しかも、十分な利益をあげている。

デザインの投資利益率を理解するのが難しいのは、優れたデザインが消費者に与える心理的効果が本質的に数値化に適さないからだ。優れたデザインとは、あらゆる活動を通して最高の経験を提供することであるから、その一つの側面を取りだして評価するのも適切ではない。メソッドでは、デザインの役割について何年も議論してきたが、デザインが不要な場合もあるのではないかという意見もあった。たとえば、シンクに華やかさを添えるハンドソープのデザインが重要であることは理解しやすいが、トイレクリーナーについては意見が分かれた。どんなに美しいボトルでも、どうせ棚に押し込まれるというわけだ。僕らはこう反論する――デザイン主導を掲げるなら、より質の高い体験を提供するため、デザインを向上させるあらゆるチャンスを利用しなければならない。その約束を一度でも破るということは、ブランドのデザイン体験全体を台無しにすることにほかならない。細部にこそ、優れたデザインが生きるのである。

デザインを反復プロセスにする

デザインは反復プロセスだ。つまり、観察から着想、実行、学習へと素早く移行するプロセスであり、コンセプトが十分進化して洗練されるまで、その循環サイクルのなかでハイスピードで回り続ける。メソッドでは、コンセプト・ブリーフを作成し、デザインし、プロトタイプ化し、最適なソリューションに達するまで何度でも素早く繰り返す。一周で終了することもあれば、二〇周の試行を重ねることもある。伝統的な企業がたどるプロセスは、もっと長期的かつ直線的だ。メソッドのシステムは、イノベーションを阻む課題や障壁を克服するために、多数のスタッフが素早く精力的に意見を交わす状況を可能にしている。

　反復的なプロセスにおいては、デザインを最後の仕上げではなく、最初の一歩とすることが肝心だ。僕たちは、クリエイティブはビジネス思考をもって、ビジネス部門の才能あるスタッフはクリエイティブな思考をもって、最初の段階からプロジェクトに参加するように呼びかける。ビジネスチャンス先導型の直線的なアプローチでは、反復サイクルにみられるようなアイディアを積み重ねていく機能が制限される。多くの企業はウォーターフォール・アプローチに

▲**イノベーションとはビジネスで創造性を発揮すること。** デザインは未来を想像する手助けとなり、未来の可能性を広げてくれる。

従って、開発を複数の段階に区切って進めており、デザイナーは最終段階でプロジェクトに参加する。メソッドのクリエイティブなプロセスは、ブリーフが固まる前から始動できるだけでなく、実際にそのようにすることが推奨されている。その目的は、デザイン思考による問題解決の利点を初期の段階から活用することである。独創性が戦略にインスピレーションを与えることは多いが、その反対はない。誰もがデザイナーのように考えるカルチャーは、このように非同期的ではあるが生産性がきわめて高い方法論を可能にする。会社の隅々までを熟知し、ビジネスの方向性と仕える対象である支持者をよく理解している社員が最初から関与するからだ。目標はビジョンを推進し、迅速に動き、消費者を驚かすために、戦略と実行のギャップを埋めることである。

創造的な方法論の一例として、ディズニーとのコラボレーションのケースを紹介しよう。ディズニーから話をもちかけられたとき、共同ビジネスに踏み切るかどうかを決定するための事前調査に長い時間を費やす代わりに、僕らは真っ先にデザインから取りかかった。戦略は単純だ——子どもと大人の双方の感性に訴えかけるキッズ商品を実現するデザインソリューションの提案。キッズ市場は昔からとても難しい分野だ。購買の決定権が親から子に渡されるときに小さな空白地帯が生じ、それを飛び越える適切な商品が見えにくいのだ。必然的に、小売店のキッズ商品の一角ではキャラクターが席巻している。子どもはキャラクターに興奮するが、多くの親はキッチンカウンターにけばけばしいスポンジ・ボブを迎えることをためらい、商品に安心できない成分が含まれている可能性を懸念する。

子どもと大人のデザイアをともに満たす強力な感性をもったキッズ商品をつくるのは、簡単な仕

OBSESSION 7

事ではなかった。しかし、僕らのデザイナーとディズニーのデザインスタジオがメソッドとミッキーマウスを融合させるコンセプトの青写真を描いたときから、僕たちには何かが見えていた。メソッドのデザインチームは最初のアイディアからプロトタイプを製作し、観察、プロトタイプ化、学習、再適用のサイクルを何周か繰り返し、わずか数週間で目標を達成するデザインに着地した。ようやくこの段になってビジネス面の検討を始めたが、見て、触れて、理解できる具体的なアイディアとビジョンが出来上がっていたから、すべてが自然に進んだ。そして誕生したのが、子どもに愛されるミッキーマウスの象徴的なシルエットに、大人も喜んで家に飾りたくなるようなミニマルな意匠を凝らした作品である。

▲ただのミッキーマウスのハンドソープではない。子どもにも大人にも同じくらい愛されている。

消費者の課題を解決するデザインに専念する

優れたデザインの出発点は、「どのような問題を解決するか」という問いかけだ。

僕たちにとっては多くの場合、ヒントは汚いもの反対同盟との対話のなかにある。洗剤業界を揺さぶる二度目の革新に乗りだしたとき、どんな種類の「汚いもの」を排除すべきかを検討した。幸運なことに、この分野には倒すべき怪物がうようよしていた。僕たちは、いたるところに出没する素行の悪いジャグを退治しようと決心した。洗濯洗剤の大きなジャグは消費財のSUVだ。重くて、扱いにくくて、原材料は環境への配慮に欠けている。しかし、メーカーにとっては非常に儲かる商品だ。問題を冷静に分析し、さらに問いかけた。「消費者の不都合を解消しつつ、洗剤と環境の関係に革命を起こすには何をすればいいか」。そして、ひらめいた。洗濯機に簡単に放り込める、一回一粒ずつ使う

▲**失敗はときとして成功への扉を開く。** カプセルの開発に失敗したおかげで、それまで当たり前だったジャグに代わる方法が見つかった。だが、グリーンシェフはいつかカプセルも成功させるだろう。

カプセル洗剤はどうだ。廃棄物もなければ過剰なパッケージもなし。僕たち天才？　まあ、ある意味では。一年ほどプロトタイプ化を繰り返し、完成まであと一歩までできたが、冷水での水溶性とコストの面で問題が残り、商品体験と価格を一〇〇パーセント満足できるレベルで調和させられなかった。

魔法のカプセルへの挑戦をもうひと踏ん張りしたものの、僕たちはとうとうプロジェクトの大失敗を宣言した。しかし、グリーンシェフたちは、この独創的な挑戦の過程で驚くほど高濃縮の洗剤を発明したので（カプセルに詰められるほどの密度なのだ）、他に何ができるかと思考を進めた。ポンプ式ボトルに詰めたらどうだろう。開発チームは早速、ダイパークリームやアンチエイジング用美容液に使われるような化粧品向けのボトルに魔法の洗剤を詰めた。間に合わせのボトルだが、使い心地はつかめるはずだ。すぐに手ごたえを感

COLUMN

マッシュアップ
——偉大なデザインには緊張感がある

優れたデザインには一つの目的たるビジョンがあるが、本当に優れたデザインには、いくつかの矛盾する要素を結びつけたものも多い。ある種の緊張があるからこそ、偉大なデザインは独創性と活力に満ちたものになり、それに触れる人をわくわくさせる。ファッションや音楽の世界には、異なる要素を組み合わせた「マッシュアップ」の例がたくさんある。洗練されたファッションを得意とするジョン・バルベイトスはコンバースと組んでいるし、ジェイ・Zやエミネムといったアーティストは、スタイルがまるで違う他のポップスターと頻繁にコラボレーションしている。マッシュアップが意外であるほどエキサイティングだ。

シルク・ドゥ・ソレイユは、サーカスの概念を変えたマッシュアップの好例だ。プロデューサーたちは、世界レベルの舞台芸術と、笑いに溢れる大道芸を融合させた。そして誕生したのが大勢の

じた。スタッフが家で試し、友人や隣人にも配って、「この洗剤で洗濯の仕方が変わりますか」と質問した。

それから二週間もかからずに、プロトタイプの工程を何度か繰り返し、少人数の消費者グループに試してもらった。彼らを会社に招いて感想を求めたところ、多くが肯定的だった。郵便で洗剤を受け取ったときは誰もが懐疑的だったのに（こんなに小さなボトルで効果があるのか）、使ってみたら手放したくなくなったと彼らは口をそろえた。アイディアがひらめいてから消費者に試してもらうまで、二週間足らず。僕たちはチーム一丸となって集中した。ボトルのデザインについても、自然にアイディアが生まれた。この製品が消費者に伝えるべき利点は明らかだったからだ。いくつものボトルを試す必要も、デザイン開発に時間と費用を注ぐ必要もなかった。新しいボトルは従来の洗濯洗剤のスタイルを打ち砕いた。そして、それ

人々から愛され、敬意を表されるエンターテインメントだ。まさに優れたブランドの真髄というべき組み合わせである。デザイン性と品質というメソッド初のマッシュアップは、クリーナーの新たな規範と経験を創造した。支持者はデザインの美しさと楽しさを気に入り、僕たちがサステナビリティと人の健康のために全力で努力していることに賛同してくれる。「デザイナーによるコモディティ」――ターゲットへの最初の売り込みだって、消費者スペクトルの両極に位置するアイディアをマッシュアップしたものだった。

マッシュアップの課題として、対立する概念の組み合わせは消費者のフォーカスグループや経営委員会の理解や承認をとりにくいことが挙げられる。僕たちは、パーソナルケアではなじみ深いポンプ式ディスペンサーに洗濯洗剤やハンドソープをマッシュアップし、化粧品の世界からヒントを得たシーミネラルの香りをさらにマッシュアップした。ひとたび、マッシュアップがうまくいったら、その威力を誰かに説明するのはとても簡単なことになる。

は僕らがこの分野で足場を固める武器になった。さよなら、ジャグ。こんにちは、メソッド。

なんだかんだと、洗剤の品質を安定させ、ポンプ式ボトルで発売するまでには遠回りの二年間を要したが、壮大なアイディアは産み落とされるとすぐに孵化した。ポンプ式洗濯洗剤は、アメリカ工業デザイナー協会の二〇一〇年最優秀工業デザインエクセレンス賞を受賞した。普通はｉＰｏｄやバイクなど、もっと「セクシー」な製品に贈られる賞だ。二〇一一年グッドハウスキーピングＶＩＰ（Very Innovative Products）賞も受賞したが、何よりも大切なのは、一つの産業を変え、環境フットプリントを大幅に改善したことだ。本書を読んで僕らの製品をどれか使ってみようと思っていただけたなら、ぜひ洗濯洗剤を試してもらいたい。

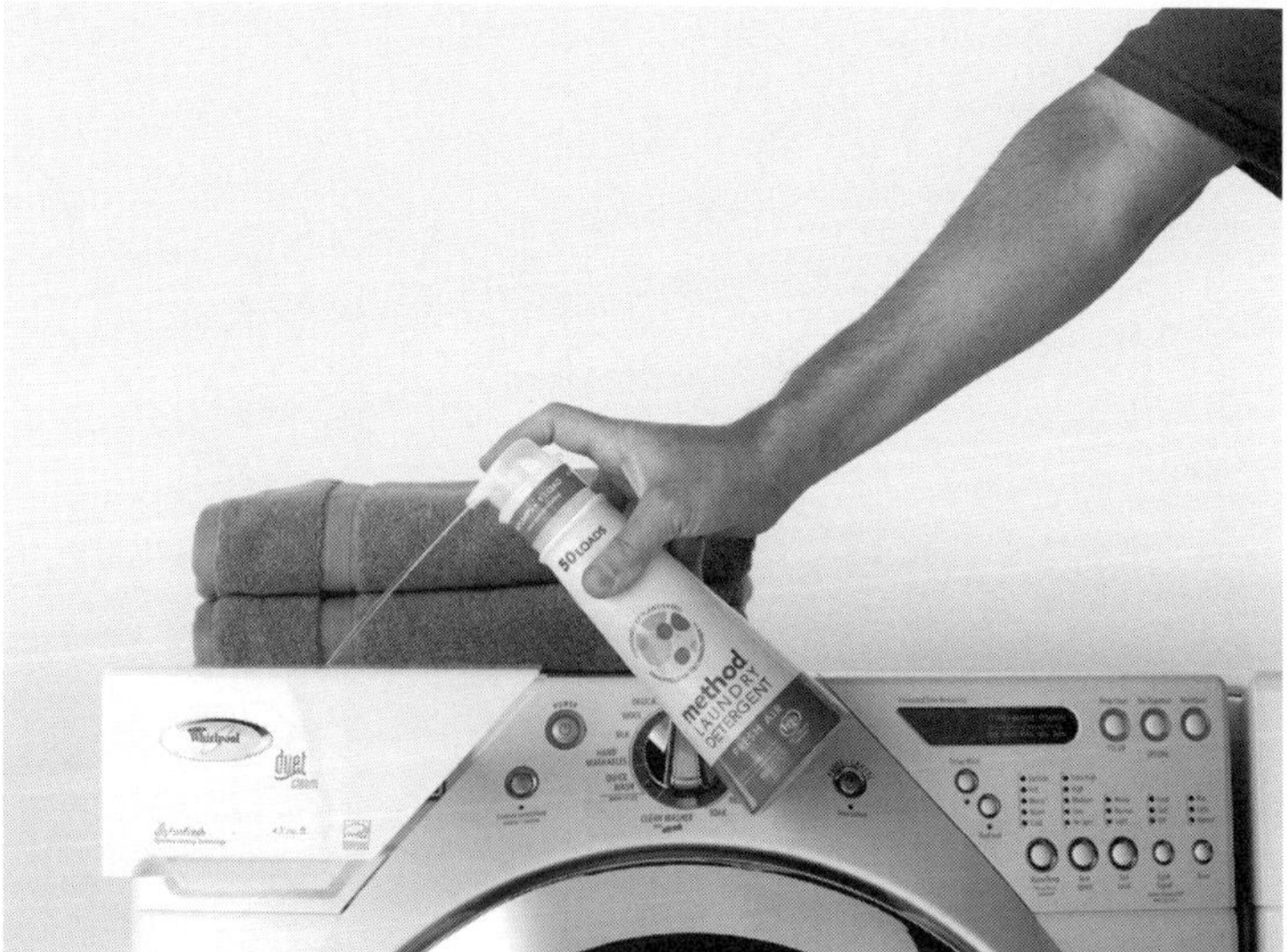

▲**パッケージと対話する。** 優れたデザインには親しみがある。

僕らがつくった、これまでで最高の製品だ。

失敗の解剖学——僕らの失敗作、ブロック

数年前、パーソナルケアへの進出を計画したとき、デザイン上の大きな壁に直面した。どうしたら参入できるのか。ボトルの形も色も、成分も、想像する限りの商品がすでに流通している市場に風穴を開けられるだろうか。ダヴを追い抜くのも、オーレイを追い抜くのも到底無理だ。

何か本当にユニークなことをするしかないが、ホームケアのデザインが通用しないのは明らかだった。そこで生まれたのが、天然素材に徹底的にこだわり、角ばった容器が特徴的なパーソナルケアライン、ブロックだ。高品質の天然成分、それまでのマスマーケットには存在しなかった奇抜で遊び心のあるフレグランスなど、いくつものイノベーションを実現した。固形せっけんのような質感も独特だし、パッケージは店頭で目立つだけでなく、シャワールームやバスルームでは、レゴのパーツどうしのように姉妹製品が互いにフィットする。そのとき、僕たちはブロックがパーソナルケアの分野に何か違うものを提供すると信じていた。僕らは正しかった——ただし、僕らが望んでいたのとは別の意味で。

数々のイノベーションにもかかわらず、ブロックは派手に失敗した。ボトルのデザインは完璧だったが、根本的なビジネスデザインが性急すぎて、場当たり的だった。ブロックは二〇〇八年の財務に大きな穴をあけた。在庫一掃のための値下げが損益計算書を直撃したのだ。このとき初めて、

新製品の撤退の費用が進出費用よりも格段に大きい場合があると知った。さらに悪いことに、ブロックがメソッドの体力を蝕んだのは、景気後退が深刻化し、競争相手がグリーンな分野に触手を伸ばしてきた時期だった。まさに最悪のタイミングだった。

幸い、僕たちはブロックの失敗から、ビジネススクールに二年通うよりははるかに多くのことを学んだ（残念なことに、授業料はビジネススクールよりだいぶ高かったが）。ともかく、ブロックの失敗から、デザインには、審美的な側面を超えて、もっと大きな意味があるのだと身をもって学んだ。

失敗その一　ブランドにビジネスを推進させるのではなく、ビジネスにブランドを推進させた

僕たちがボディケアのビジネスに進出したのは、単純にビジネス上の理由からだった。市場は大きく、既存のビジネスとシナジー効果が期待でき、利益率は高い。加えて、ハンドソープが成功したため、小売業者からはボディケアラインの充実を強く要請されていた事情もあった。問題は、メソッドはそもそも、パーソナルケアのアプローチでホームケアを切り崩す（「住まいにアヴェダを」）仕組みであるということだ。それをボディケアに応用しても、これといって切り崩す対象がなかった。メソッドの成功法則は、業界の秩序を大胆に破壊するというものだ。ハンドソープが成功したのは、消費者のスキンケアへの思いに応えただけではなく、住宅への思い入れに着目して、暮らしに彩りを添えるものとして関連づけたからだった。結論は、メソッドの居場所は住まいにあるということだ。

失敗その二　一枚岩になりきれなかった

ボディケアの分野で壮大なアイディアに到達するには、デザインを追求するしか道はなかった。僕らは、高級な香水の世界で流行っている「オブジェクト・デザイン」をボディケアに応用するという着想からスタートした。当初は、シャワールームやバスルームに林立するボトルに代えて、川辺のすべすべした石みたいに床に転がっているような容器をイメージした。そして店舗では棚に並べるより、かごに入れて売りたいとも思っていた。鋼を切りだす段階になっても、かごで販売するという発想をめぐっては意見がまとまらなかった。そこで、最後の最後で方向転換し、曲線が支配するボディソープの世界を揺るがす（と僕たちはそのと

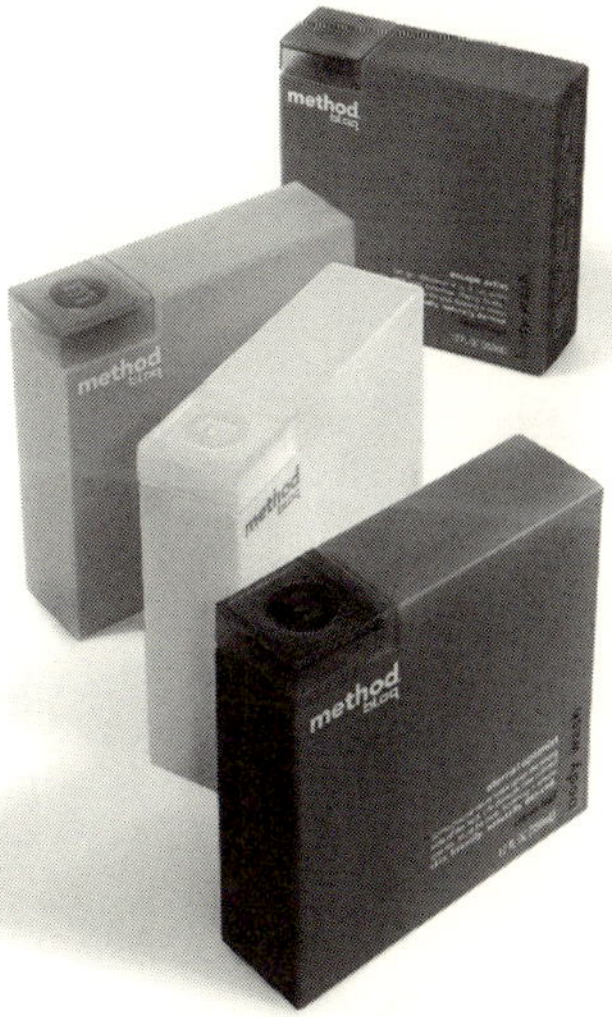

▲**「理由ある反抗」であること。** 最高の仕事に没頭するあまり、何かを見落としてしまうことはある。僕らのパーソナルケアライン、ブロックもそうだった。

き思っていた）ボックス型のパッケージに変更した。これならオブジェとして印象的だし、棚に並べることができる。素早くズバ抜けるこだわりがうまく機能しなかった瞬間だった。真四角の成形は技術的に難しかったが、発売予定日のプレッシャーのもと、それを引き受けてくれる唯一のブロー成形業者と手を組むことにした。結果的に、製造ラインは満足な速度で稼働せず、パッケージの製造工程と詰め込み工程は地理的に大きく離れていた。生産性の低さと供給ラインの非効率性に加えて、姉妹製品のそれぞれに違った色と表面加工を採用したこともまずかった。共通のプラットフォームによらず、個々のブロック製品を互換性のないアイテムとしたことは、輸送業者、在庫担当、そして購入者の頭痛の種となった。

失敗その三　ベータテストをせずに大型新製品を大々的に売り出した

サプライチェーンの非効率性と複雑な製品群は、過剰在庫の問題を発生させた。期待外れの売れ行きを目の当たりにしても、在庫を抱えすぎていたため、早急に製品を改良し、オペレーションの不具合を修正する対策がとれなかった。小売業者は早々に販売の打ち切りを決め、値下げを求めてきた。メソッドの経済損失は甚大だった。

結局、僕たちは完成品を投げ売りし、中味を詰められたことさえない、美しく高価なパッケージを数千個もリサイクル業者に回すはめになった。さらには、社員の解雇を余儀なくされ、その年のマーケティング予算は底をついた。ブロックからは手痛い教訓を学んだが、それでも、必要に応じて大きなリスクをとる姿勢が揺らぐことはない――ただし、これからは、デザイン思考をより強く意識してリスクに臨むつもりである。

ミューズ――ケイト・スペード共同創立者、アンディ・スペード

アンディ・スペード――妻でありビジネスパートナーのケイトとともに、ケイト・スペードの共同創立者として知られる――は、僕らが尊敬するデザインの達人の一人であり、偉大なミューズだ。アンディはいまの世界に飛び込む前、広告業界からキャリアをスタートさせている（ちなみに、アンディの弟はコメディアンのデイヴィッド・スペード。なんとなく、アンディの人柄を察することができるのではないだろうか。カルバンクラインのデザイン感性にコメディの要素がたっぷり加わった人物を思い浮かべていただきたい）。アンディに一番近い人物を挙げるなら、洗練されたスタイルに奇抜な個性がブレンドされた、映画監督のウェス・アンダーソンだろう。僕らはアンディとケイトを早い段階で投資家として迎えられてとても幸運だったし、二人はそのときからずっと、尽きることのないインスピレーションの泉である。

仲間内では有名な話だが、エリックはアンディにすっかり惚れ込んでいる。エリックの奥さんに言わせれば、社交的な集まりにアイディアを詰め込んだプレゼン資料を抱えてやって来る人物といったら、エリックとアンディくらいだ。僕たちはナパの上質な赤ワインが好きな点でも共通している。アンディは新しいアイディアをつぎつぎと生みだす躍動感あるクリエーターだ。誰もが食事を

▲アンディからのアドバイス……大きくなればそれだけ、細やかな身のこなしが必要だ。

楽しみにしているように、彼は気軽なブレインストーミングを楽しんでいる。それから、エネルギッシュで楽天的。彼がふりまいている前向きなエネルギーは、まわりをも活気づける。それは、僕たちのような起業家にとって、登山の途中でしょっちゅう補給しなければならない栄養剤のようなものだ。

僕らが大切にする流用の発想は、アンディからヒントを得ている。彼は広告業界の友人リッチ・シルバースタインから学んだことを教えてくれた。「誰もが過去から何かを学んでいる。だが、競争相手から盗むことだけはやってはいけない。芸術や建築の世界、あるいはどこか遠い世界から着想を得て、それを新しい方法で融合するんだ」

僕たちがアンディから学んだもっとも重要なことは、いくつもの分野に広がるマスターブランドの美意識のあり方についてだ。製品機能も消費者動機も異なるカテゴリーを統合するメソッドのようなブランドにとって、マスターブランドのコントロールは大きな課題である。アンディは、すべての商品が同じ印象を与えながら、決して同じに見えないようにするのが肝心だと教えてくれた。言い換えれば、一貫性ではなく統一感を重視せよということだ。

ブランドに人間性を与え、感情的、精神的なレベルで人々に働きかける個性を演出するアンディの才能には、いつも圧倒されてきた。だからこそ、最初の洗濯洗剤の開発にあたり、この味気ない世界にファッションの感性を取り入れるため、彼とケイトにコラボレーションを依頼した。

アンディは謙虚さを忘れず、万人受けを狙わないブランドの底力を教えてくれた。そして、デザイナーが情熱を傾け、直感に正直であるブランドは、決してその個性を見失うことなく、成長するほどにいっそう磨かれてゆくことも。大きくなればそれだけ、細やかな身のこなしが必要になる。

僕らはどうだろうか、アンディ？

CONCLUSION

結論

グッドバイ　大きな目標に向かって――あなたを勇気づける、すごく偉大なエンディング

本書の結論を書き始めようとしたものの、こう思わずにはいられませんでした。「読者がこの本からそれぞれ自分なりの結論を導きだすべきではないだろうか」。お伝えできる機知と知恵をここまでたっぷり書いてきたわけですし、言い残したこともなさそうです。もちろん、独創的なアイディアや示唆に富む体験談をあらためて箇条書きにすることもできますが、繰り返しになってしまいます。紙面はもっと有効に使うべきですよね。

とはいえ、読者のみなさんにすべてを委ねるのではなく、気の利いた言葉で締めくくるように編集者から迫られたので、最後にふさわしいことを書いてみようと思います。本当のことを言って、本書で一番言いたかったことを挙げるとすれば……それは、僕たちのせっけんを買ってください、の一言につきます。それもどっさり。友だちにも買わせましょう。見知らぬ人のショッピングカートにも放り込んでください。お願いです、どうか力を貸してください！

まあそれはともかくとして、本書でもう一つお伝えしたかったことがあるとすれば、それは、自分自身のこだわりを見つけて欲しい、ということです。あなたの情熱を駆り立てる何かを発見して

ください。それは、仕事と人生に大切な目的を定めることになります。僕たちが起業してからの一〇年で学んだことですが、高い目標と社会的使命があればこそ、ビジネスを育てる喜びと報酬は一〇〇〇倍も大きなものになります。ゴードン・ゲッコーは私欲の追求について的確な洞察を示してくれたものの、充実したキャリア形成には失敗しました。人は、自分より大きなものを支える力になりたいと願っています。それが、本当の幸せにつながるのです。もし、人生に大きな目標がないとしたら、きっとどこかで燃え尽きて、実力を発揮することもできないでしょう。メソッドのスタッフは大きな目標をもっています（自分の仕事を愛せないスタッフはたいていどこかへ去ってゆきます）。そして、僕たちも、大きな目標があるからこそ、ここまでやってこられました。

ミッションは人を刺激し、カルチャーの質を高めます。社会に貢献するという意識を共有すると、エゴを脇において、チームとして協力する風土が生まれます。ただし、ミッションを軸としてビジョンを共有するには、これまでとは違ったリーダーシップが求められます。必要なのは、業務を細かく管理するマイクロマネジメントではなく、精神的なマネジメント。新しい起業家、そしてカルチャーリーダーが人々を動機づける言葉は、「我々は何のためにここにいるのか？」と、目的意識に働きかけるようなものになるでしょう。スタッフが広い視野を維持できるように導くのがリーダーです。

最近、社外で社員集会を行い、「私たちにとって動機とは何だろう」と議論しました。お金は重要ではあるけれど、主な動機ではありません（もし、お金が主要な関心事であれば、メソッドはせっけんをやめて、株を売り始めるはずです）。そうではなく、私たちは利益よりも重要な大きな目標に向かっているのだという結論に達しました。広い視野とは、こういうことなのです。一人一人が世界をよりきれいな場所にするためにメソッドに集まっています。夢みたいな話だと思うかもしれませんが、この情熱こそが、私たちの競争力の源泉となっています。大きくても魂のない会社が惹きつけることのできない才能を惹きつけるのがミッションだからです。そして僕たちはスタッフの視野を広げるように促し、その結果、みんなが最大限の力を発揮してくれます。これまでに達成した成果のなかで僕らがもっとも誇りに思うことは何か。それは、社会と環境のためになる会社を起業したことです。ミッションに根差した会社は人間と地球のためになるだけでなく、収益性を高めることができる時代になりつつあります。本書で述べたいくつかのトレンド（メディアの透明性、利己的であるほどグリーンになれること）は、ミッションを基盤とする会社が、大きくて古めかしいライバルに勝つためのチャンスを与えてくれます。あなたの社会的使命はどのようなものでしょう。それを推進するため、ソーシャルメディアの活用をお勧めします。まだミッションが定まっていないなら、確固たるミッションを探してください。あなたのビジネスを変革の手段にするのが社会的使命なのです。

それから、たまには戦略を忘れてみましょう。戦略だけでは成功は望めません。もっと深いところを見つめるのです。こだわりをもつことです。たとえばカルチャーなど、楽しいことにこだわってみましょう。インスピレーションが溢れてきませんか？　あなたのスタッフも同じように感じるはずです。そして、あなたならではの競争力といった難しいテーマにもこだわりましょう。こだわり続けていると、あなたが周囲とどう違うのかが鮮明になってきます。そして、こだわりが見つかったら、知らせてください。あなたのアイディアやこだわりについて、いつでもメールで知らせてください（eric@methodhome.comもしくはadam@methodhome.com）。写真やジョークも大歓迎です。

さて、僕たちが知っていることはすべてお話ししました。何か新しいことを教えてもらえれば、つぎの本の題材になるかもしれません。

どうもありがとう!

汚いもの反対同盟の一員となり、僕たちの製品を家に持ち帰ってくれたみなさん、ありがとう。みなさんは僕たちの使命を広めてビジネスを築いてくれています。決して期待を裏切らないと約束します。

これまでの10年間に、メソッドで働いてくれた人全員に感謝します。みんなはビジネスをつくり、僕らのインスピレーションの源になってくれています。

スティーブ・サイモン、ハーブ・サイモン、ティム・クーグル、スコット・ポッター、ロビー・レイン、ボブ・バウナーなど、投資家のみなさんは行動して、資金を提供してくれました。心からお礼申し上げます!

メソッドを毎日応援してくれる製造パートナーのみなさん、思い切った決断をして、全力を尽くしてくれていることに感謝します。

僕たちのパートナー、奥さん、家族、友だちは、この素晴らしい旅を支えるためにあらゆることをしてくれました。みんなは、僕たちの人生と成功の拠り所です。

マイケル、クレイグ、デイヴィッド、ジム、スティーブ、そして初期の頃のベンダーパートナーのみなさんは、支払いの約束ができなかったのに惜しみなく力を貸してくれました。メソッドを世に送りだす手助けをしてくださったことにお礼申し上げます。

執筆パートナーのルーカスは、素人の僕たち二人が心から誇りに思える本に仕上げる手助けをしてくれました。また一緒に書ける日を楽しみにしています。

僕らのロックスター級デザイナーのディーナとステファニー、それからポートフォリオ社のダニエル。この素敵な本をつくるために、才能と時間を提供してくれてありがとう。

編集者のブルックは、僕たちが書いたものを支持し、せっけんづくりで忙しくて締め切りを守らなかった僕らにとても辛抱強く付き合ってくれました。

エージェントのメルは、汚いもの反対同盟の一員となり、「エージェントに話してみてくれよ」と言うとき僕たちをクールな気持ちにしてくれました。一緒に仕事ができてよかったと思ってもらえたら最高です。

みなさんのうち誰か一人でもいなかったら、とてもここまでこられませんでした! どうもありがとう!

訳者あとがき

サンフランシスコに本社をおくメソッドは、日本ではまだそれほど知られていませんが、二〇〇一年に最初の商品を発売してからわずか八年で売上一億ドルを達成した急成長中の洗剤メーカーです。これはナイキやベン&ジェリーズをしのぐスピードだそうですが、洗剤業界が究極の寡占市場であることを考えると、まさに驚くべきことです。

本書はそんなメソッドの共同創業者エリック・ライアンとアダム・ローリーが、ビジネスの裏舞台についてあますところなく語った指南書です。

寡占市場に乗り込んで成功しただけでも大変なことですが、創業当時、エリックとアダムは洗剤はもとより、経営についてもまったくの素人だったというからますます驚きです。

エリックは一九七二年生まれ、アダムは一九七四年生まれ。ともにデトロイトのグロスポイントの出身です。グロスポイントは自動車産業で財をなした富裕層が居を構える全米屈指の高級住宅エリアとして知られ、二人は子どもの頃からの知り合いでした。

エリックはロードアイランド大学卒業後広告マンとして働き、アダムはスタンフォード大学を卒業してカーネギー研究所で気候の研究に携わっていました。それぞれまったく別の道を歩んでいた二人がたまたま同じ飛行機に乗り合わせ、何か事業を始めようと意気投合して誕生したのがメソッドです。

飛行機での再会から数か月、ブレインストーミングを続けた結果、せっけん業界で勝負しようと話がまとまりました。マンネリ化したさえない消費財をデザインの力でインテリアに変えるというアイディアです。化学に詳しいアダムの知識のおかげで、世の中の洗剤が人にも環境にも優しいとは言いがたい現状が見えてきて、二人はキレイな洗剤をつくろうと決心しました。健康と環境への徹底した配慮、そしてとびきりのデザイン、メソッドはこれらを二本柱として出発しました。

本書では成功までの道のりと、その土台となる「七つのこだわり」が詳しく述べられています。失敗から学んだことも多く含まれていますが、二人は起業当初から明確なビジョンをもっていました。エリックにしてもアダムにしても、いかにもカリスマ性溢れる起業家という雰囲気ではありません。同世代のトニー・シェイのように、九歳でミミズの養殖ビジネスに乗りだした根っからの起業家という感じでもなければ（残念ながらミミズは一か月で全滅したそうですが）、ＭＢＡとも無縁です。そんな二人がこれほどの成功を収めたことには、感心するばかりでした。

すると、七つ目のこだわりの章でこんな一節が目に留まりました。「メソッドを立ち上げた僕らの脳裏にはデトロイトの衰退の記憶が鮮明に残っていた。自動車産業の轍を踏んではならないと心に誓った」。最先端のデザインと技術力を誇った自動車産業は、イノベーションを怠り凋落しました。そんな様子を目の当たりにして育った二人には、起業の時点ですでにビジネスに対する成熟した視点が備わっていたのです。

とにかく二人は、揺るぎない「こだわり」をもってメソッドを率いています。メソッドでは役職名が「飼育係」、「浪費家」、「ブランド皇帝」だったりすることからも分かるように、スタッフからしてどこまでも愉快でユニークです（ホームページのブログを見れば、少なくとも筋金入りの仮装好き集団であることは間違いありません）。

ただし、そんなノリのいいスタッフの採用は、おそろしくシビアだということも見逃すわけにはいきません。面接を七、八回行ったうえに、宿題の発表まであります。この採用プロセス一つをとっても、強い信念と堅実主義がみてとれます。

本書では、成功を収めるための力強い「こだわり」がつぎつぎと披露され、最後まで読みごたえたっぷりです。

ところで、みなさんは洗濯洗剤を買うとき、何を基準に選んでいるでしょうか。私は主婦として、迷うことなくスーパーの特売コーナーに直行していました。正直、環境や家族の健康と結びつけて考えたことはありませんでした。洗剤が排水溝へと流れたあとのことも想像しませんでした。

それが本書と出会ったおかげで、意識が変わりました。健康にも環境にもいいものを使うことがいかに大切か、初めて実感できたのです。これまでも環境保護に関心はありました。現に、冷蔵庫には北極のシロクマの写真が貼ってあります。ところが、エリックとアダムが指摘するように、北極の氷が溶けてシロクマの暮らす場所がなくなると聞いても、本当に自分のこととしては受け止めていなかったのです。

本書を訳すにあたり、メソッドの商品をいろいろと試してみました。どれも申し分ない使用感です。お風呂のあとに壁にシュッとひと吹きするだけでキレイが続く、というシャワースプレーは、最初のうちは半信半疑でしたが、スプレーのおかげなのでしょう、今年の梅雨はカビが発生しませんでした。しかも、シュッとすると、イランイランの香りがほのかに広がり心地よいのです。眼鏡にマスクでカビの除去スプレーを吹きかける例年の梅雨とは大違いです。エリックとアダムの狙いどおり、メソッドの商品を使うと家事が数段楽しくなり、さらには自分までクールになった気がします。

サンフランシスコといえばヒッピーの聖地。その精神がオーガニック運動とエコ運動へと受け継がれ、アメリカのエコ系ブランドはサンフランシスコを中心としたベイエリアに集中しています。注目すべきは、二一世紀の幕開けとともにメソッドが登場し、エコ運動を新たな段階へと推し進めたことです。

これまで、エコ系ブランドは、野暮ったくて効果はいまひとつ、それでいて値段が高いという魅力に欠ける選択肢でした。ところが、エリックとアダムは、とびきりクールな商品をつくることでエコの裾野を広げています。メソッドはいわば、かつて世界を牽引したデトロイトの起業家精神と、ヒッピーのラブ&ピースの精神が融合して進化したブランドと言えるように思います。

私はメソッドの洗剤を使うようになってから、他の消費財についてもこれは健康や環境に優しいだろうか、と考えるようになりました。メソッドのような企業が増えてくれば、こうした意識は今後一段と高まってくるものと思われます。

これからは「エコなのに儲かる」ではなく、「エコだから儲かる」あるいは「エコじゃないと儲からない」という世の中になってゆくに違いありません。エリックとアダム、それにメソッドのみなさんの活躍にこれからも期待し、注目したいと思います。

本書をみなさまのもとにお届けできますのは、ひとえにフリー編集者の小都一郎氏とダイヤモンド社の中嶋秀喜氏のご尽力のたまものです。小都氏は本書をいち早く見いだし、翻訳作業を全面的にサポートして下さいました。また、中嶋氏は的確なご指摘とあたたかい励ましの言葉をかけて下さいました。この場をお借りして、お二人に心より感謝申し上げます。

二〇一二年八月

須川綾子

[著者]
エリック・ライアン&アダム・ローリー (Eric Ryan & Adam Lowry)
エリックとアダムはメソッドの共同創設者。ともにミシガン州デトロイト出身の幼なじみ。エリックは1972年生まれ。ロードアイランド大学、英国リッチモンド大学で経営学やコミュニケーション理論を学んだのち、広告会社でGAPやサターンなどのブランディングを担当。アダムは1974年生まれ。スタンフォード大学で化学工学と環境科学を専攻し、自然に還る素材やリサイクル素材などを研究。卒業後はカーネギー研究所で気候データの分析などを行っていた。
二人は2001年にメソッドを立ち上げ、エリックは最高ブランド設計者として営業やブランディングの指揮を執り、アダムはチーフ・グリーンキーパーとして研究開発部門を率いている。安全で、デザイン性に優れ、環境に優しいメソッドの商品は世界中に多くの「支持者」を獲得し、2010年からは日本でも発売されている。
http://www.methodhome.jp/

[訳者]
須川綾子 (すがわ・あやこ)
翻訳家。東京外国語大学外国語学部英米語学科卒業。訳書に『競争優位で勝つ統計学』(河出書房新社)、『世界鉄道史』(共訳、河出書房新社)、『ルネサンス 料理の饗宴』(共訳、原書房) などがある。

世界で最もイノベーティブな洗剤会社
メソッド革命
――業界の常識をひっくり返す品質とデザインはいかにして生まれたか

2012年10月12日　第1刷発行

著　者――エリック・ライアン、アダム・ローリー
訳　者――須川綾子
発行所――ダイヤモンド社
〒150-8409　東京都渋谷区神宮前6-12-17
http://www.diamond.co.jp/
電話/03・5778・7232(編集)　03・5778・7240(販売)
装丁――――重原隆
製作進行――ダイヤモンド・グラフィック社
印刷――――堀内印刷所(本文)・慶昌堂印刷(カバー)
製本――――川島製本所
編集担当――中嶋秀喜

ISBN 978-4-478-02096-8